高职高专系列教材

石油化工工艺实训教程

何小荣　史文权　主编

中国石化出版社

内 容 提 要

本书根据国家对高职高专石油化工类专业教学大纲要求以及石油化工生产职业标准编写。可作为高职高专院校石油化工生产技术、应用化工生产技术、炼油生产技术、精细化工生产技术、高聚物生产技术专业实训教材，也可作为石油化工生产技术专业、应用化工生产技术专业的专业课理实一体化教材，还可以作为石油化工生产企业技能训练培训教材。

图书在版编目(CIP)数据

石油化工工艺实训教程 / 何小荣，史文权主编 .
—北京：中国石化出版社，2011.2(2018.8 重印)
(高职高专系列教材)
ISBN 978-7-5114-0723-8

Ⅰ.①石… Ⅱ.①何… ②史… Ⅲ.①石油化工-工艺学-高等学校：技术学校-教材 Ⅳ.①TE65

中国版本图书馆 CIP 数据核字(2011)第 022764 号

中国石化出版社出版发行
地址:北京市朝阳区吉市口路 9 号
邮编:100020　电话:(010)59964500
发行部电话:(010)59964526
http://www. sinopec-press. com
E-mail:press@ sinopec. com
北京科信印刷有限公司印刷
全国各地新华书店经销
*
787×1092 毫米 16 开本 10.5 印张 259 千字
2018 年 8 月第 1 版第 5 次印刷
定价:24.00 元

前　　言

随着我国高等职业教育的不断改革与发展，传统的教育模式和教育资源已不能满足高素质技能型专门人才培养的需要。为了适应市场对技能型人才的需求，高职院校都在创新人才培养模式，不断改善教学资源，加大实训基地的建设力度，强化学生实践动手能力的培养，以培养符合经济发展和产业升级需要的高素质技能型专门人才。由于各院校不断扩充实践教学资源，加强内涵建设，提升教师的双师素质，传统的实践教学指导教材已远远不能满足新的教学环境和教学目标的要求。为了解决石油化工类高职院校石油化工工艺专业实践教学的需求，编者组织编写了《石油化工工艺实训教程》。

石油化工工艺实训有别于基础课程的实训，它具有更强的设备仿真性和石油化学工程与工艺背景，装置流程较长，规模较大，通过系统地训练来培养学生化工装置操作能力、分析问题、解决问题的能力和创新思维能力。本课程有可能与其他专业课程同时进行，它要求学生有一定的基础课和专业基础课的理论基础，才能很好地完成综合型实训装置的操作训练。本书编入了石油化工典型装置的装置介绍、工艺流程、控制条件、操作规程和操作步骤，便于石化类高职院校学生储备知识，提升操作技能。

本书由兰州石化职业技术学院何小荣、史文权老师编写，第三章与第四章的第二节、第四节~第六节，第五章的第四节、第五节、第七节由史文权编写，其余部分均由何小荣编写。全书由何小荣统稿，王焕梅教授主审。

本书所列举的实训装置有一部分作为专业实验、实习训练及科研使用；另一部分既可以作为生产性实训教学装置，也可以用来生产小批量的试剂级化工产品，因而可以完全满足工学结合的教学需求。

本书在编写过程中得到了兰州石化职业技术学院许多专业课教师及天津大学北洋化工设备有限公司刘光永教授的大力支持，在此表示感谢。

限于编者水平，本书虽经多次修改，仍难免有错误和不足之处，敬请各位专家、同行和使用该书的同学们不吝赐教并提出宝贵意见。

编者

目　　录

第一章　石油化工工艺实训基础知识

第一节　安全知识

一、化工生产过程的特点及安全

（一）石油化工生产过程的特点

石油化工生产是国家、社会经济发展的支柱产业，但其具有易燃、易爆、有毒、腐蚀性强，高温、高压操作，生产工艺复杂等特点，稍有不慎很容易发生火灾、爆炸事故，造成较大的损失（如经济、财物、生命、名誉等）。因此，搞好化工安全生产，不仅关系到企业的正常生产、学校的正常教学和职工、学生的人身安全，还关系到企业的生存发展和社会秩序的稳定。

1. 易燃易爆

石油化工生产从原料到产品，包括工艺过程中的半成品、中间体、溶剂、添加剂、催化剂、试剂等，绝大多数属于易燃易爆物质，还有爆炸性物质。它们多以气体和液体状态存在，极易泄漏和挥发。尤其在生产过程中，工艺操作条件苛刻，高温、深冷、高压、真空，许多加热温度都达到和超过了物质的自燃点，一旦操作失误或因设备失修，便极易发生火灾爆炸事故。另外，就目前的工艺技术水平看，在许多生产过程中，物料还必须用明火加热；而且日常的设备检修又要经常动火。这样就构成一个突出的矛盾，既怕火，又要用火。加之各企业及装置的易燃易爆物质储量很大，一旦处理不好，就会发生事故，其后果不堪设想。以往所发生的事故，都充分证明了这一点。

2. 毒害性大

石油化工生产中有毒物质普遍大量地存在于生产过程之中，其种类之多、数量之大、范围之广，超过其他任何行业。其中，许多原料和产品本身即为毒物，在生产过程中添加的一些化学物质也多属有毒的；在生产过程中因化学反应又生成一些新的有毒性物质，如氰化物、氟化物、硫化物、氮氧化物及烃类毒物等。这些毒物有的属一般性毒物，有许多属高毒和剧毒物质。它们以气体、液体和固体三种状态存在，并随生产条件的变化而不断改变原来的状态。此外，在生产操作环境和施工作业场所，还有一些有害的因素，如工业噪声、高温、粉尘、射线等。对这些有毒有害因素要有足够的认识，采取相应措施，否则不但会造成急性中毒事故，还会随着时间的增长，即便是在低浓度（剂量）条件下，也会因多种有害因素对人体的联合作用，导致发生各种职业性疾病。

3. 腐蚀性介质多

石油化工生产过程中的腐蚀性主要来源于：其一，在生产工艺过程中使用一些强腐蚀性物质，如硫酸、硝酸、盐酸和烧碱等物质，它们不但对人体有很强的化学性灼伤作用，而且对金属设备也有很强的腐蚀作用。其二，在生产过程中有些原料和产品本身具有较强的腐蚀作用，如原油中含有硫化物，常将设备管道腐蚀破坏。其三，由于生产过程中的化学反应，生成许多新的具有不同腐蚀性的物质，如硫化氢、氯化氢、氮氧化物等。根据腐蚀的作用机理不同，腐蚀分为化学性腐蚀、物理性腐蚀和电腐蚀三种。腐蚀不但大大降低设备使用寿命，缩短开工周期，而且更重要的是可使设备减薄、变脆，导致承受不了原设计压力而发生泄漏或爆炸着火事故。

4. 生产过程的高度自动化和连续性

石油化工生产已从过去落后的手工操作、间断生产转变为高度自动化、连续化生产；生产设备由敞开式变为密闭式；生产装置从室内走向露天；生产操作由分散控制变为集中控制，同时，也由人工手动操作变为仪表自动操作，进而又发展为计算机控制。在石油化工产品生产过程中，生产的工序多，过程复杂，随着社会对产品的品种和数量需求日益增大，迫使石油化工企业向着大型的现代化联合企业方向发展，以提高加工深度，综合利用资源，进一步扩大经济效益。其生产具有高度的连续性，不分昼夜，不分节假日，长周期的连续倒班作业。在一个联合企业内部，厂际之间、车间之间，管道互通，原料产品互相利用，是一个组织严密、相互依存、高度统一、不可分割的有机整体。任何一个厂或一个车间，乃至一道工序发生事故，都会影响到全局。

5. 生产工艺条件苛刻，污染严重

许多化工生产过程要在高温、高压、低温、高真空度下进行，生产工艺条件苛刻，生产过程控制难度大；生产过程中副产的污染物种类多，自然降解难度大，处理困难，危害性大。它不仅破坏大气组成、污染地表水，而且污染地下水、植物生长，造成酸雨、温室效应、厄尔尼诺现象等自然灾害，从而危害人类的生存环境。

（二）石油化工生产安全

1. 安全在石油化工生产中的地位

正因为化工生产具有以上特点，安全生产在化工行业就更为重要。一些发达国家的统计资料表明，在工业企业发生的爆炸事故中，石油化工企业占 1/3。此外，化工生产中，不可避免地要接触有毒有害的化学物质，化工行业职业病发生率明显高于其他行业。因而，与其他行业相比，化工生产潜在的不安全因素更多，危险性和危害性更大，对安全生产的要求也更严格。因此，所有的石油化工生产企业都有相对严格的安全生产管理制度。

2. 石油化工生产过程中潜存的不安全因素

（1）随着石油化学工业的发展，涉及的化学物质的种类和数量显著增加。很多化工物料的易燃性、反应性和毒性本身决定了石油化学工业生产事故的多发性和严重性。反应器、压力容器的爆炸以及燃烧传播速度超过声速，都会产生破坏力极强的冲击波，将导致周围厂房建筑物的倒塌，生产装置、储运设施的破坏以及人员的伤亡。如果是室内爆炸，极易引发二次或二次以上的爆炸，爆炸压力叠加，可能造成更为严重的后果。多数化工物料对人体有害，设备密封不严，特别是在间歇操作中泄漏的情况很多，容易造成操作人员的急性或慢性中毒。

（2）随着石油化学工业的发展，石油化工生产呈现设备多样化、复杂化以及过程连接管道化的特点。如果管线破裂或设备损坏，会有大量易燃气体或液体瞬间泄放，迅速蒸发形成蒸气云团，与空气混合达到爆炸极限。云团随风漂移，飞溅至居民区遇明火爆炸，会造成难以想象的灾难。

（3）随着石油化工装置的大型化、综合化发展，使大量化学物质都处于工艺过程或储存状态，一些密度比空气大的液化气体如氨、氯等，在设备或管道破裂处会以 15°～30°角呈锥形扩散，在扩散宽度 100 m 左右时，人还容易察觉迅速逃离，但在距离较远而毒气尚未稀释到安全值时，人则很难逃离并导致中毒，毒气影响宽度可达 1000 m 或更大。

3. 石油化工生产企业所发生的安全事故案例

案例 1：某厂发生了一起液态甲基异氰酸酯大量泄漏气化事故，使附近空气中的这种毒气浓度超过了安全标准的 1000 倍以上。在事故后的 7 天内，死亡人数 2500 人，该市 70 万人口中，约 20 万人受到影响，其中约 5 万人可能双目失明，其他幸存者的健康也将受到严重危害。该地区的大批食物和水源被污染，大批牲畜和其他动物死亡，生态环境受到严重破坏。事故后果之惨、损失之大，世人震惊。

案例 2：某石油化工厂，因环己烷氧化装置旁的一根直径为 50cm 的配管发生严重破裂，环己烷大量泄漏，可燃性气体几乎遍及全厂，引起大面积火灾爆炸事故。导致该厂的大部分设施受到破坏，厂外约 13km 范围内的 2488 座住宅、商店、工厂也受到损坏。事故损失额约 3. 6 亿美元。

案例 3：某化肥厂硝铵装置因油和氯进入中和系统发生爆炸，死亡 22 人、伤 50 多人，整个车间被毁，经济损失 7000 万元。

案例 4：某化工总厂发生液氯储罐爆炸事故，造成 9 人死亡，3 人受伤。

案例 5：某油轮在码头附近水域调头时，与另一艘装有 450t 三级有毒易燃化学品环己酮的油轮相撞，造成约 80t 有毒化学品倾泻到长江中。

案例 6：某化工车间连续发生爆炸。事故原因：发生爆炸的是该厂苯胺装置硝化单元，P-102 塔发生堵塞，循环不畅，因处理不当发生爆炸。此次爆炸事故造成 5 人死亡、1 人失踪、60 多人受伤。爆炸导致苯类污染物流入松花江，造成水质污染。

案例 7：某储运厂的碳四馏分储罐发生爆炸，造成 6 人死亡、多人受伤。爆炸波及 10km 以外的许多建筑物。

二、实训基地、实验室安全操作知识

在实训基地、实验室工作，必须十分重视安全操作问题，这是保证实训、实验工作顺利开展，防止发生事故的必要条件。石油化工工艺实训基地中经常要使用大量的危险药品，且往往要在高温、易燃、高压、剧毒的条件下进行实验，因此，除严格遵守化学实验安全操作规程和安全用电操作规程外，还应特别注意防火、防爆、防毒和高压实验的安全操作问题。在进行实验之前，应充分了解实训环境、实训装置的操作规程、所用设备、仪器和实验流程的原理、特点，熟悉所用化学试剂的性质。应根据实训、实验的具体情况，认真制订实训、实验的操作规程和安全保证措施，并在实训、实验过程中严格执行，以防由于操作上的疏忽和错误而造成仪器设备的损坏甚至引发意外的事故。

（一）危险药品的分类

实验室安全工作中最重要的内容之一就是危险药品的使用和保管问题。危险药品使用、保管不当，将会引起重大的事故。

实验室中使用的危险药品，必须合理地分类存放。例如，易燃物品不应和氧化剂放在一起，以免着火燃烧的机会增大。如果这两种药品放在一起，一旦发生火灾，危害很大。从这个角度考虑，危险品分类合理存放是保证安全的必要措施，了解危险药品的分类是十分必要的。危险药品大致可以分为下列九类：

1. 爆炸性物品

常见的爆炸性物品有硝酸铵(硝铵是炸药的主要成分)、重氮盐、三硝基甲苯(TNT)和其他含有三个以上硝基的有机化合物等。

这类物质对热和机械作用(如研磨、撞击等)都很敏感，爆炸威力一般很强，特别是多量干燥的爆炸物爆炸时威力更强。爆炸物爆炸时一般不需要空气中的氧助燃，并且会产生有毒的和刺激性的气体。

2. 氧化剂

某些氧化剂，如高氯酸盐、氯酸盐、次氯酸盐、过氧化物、硝酸盐、高锰酸盐、铬酸盐及重铅酸盐、过硫酸盐、溴酸盐和碘酸盐、亚硝酸盐等，本身一般不能燃烧，但在受热、受日光直射或与其他化学药品(如酸类或水)作用时，能产生助燃的氧，使可燃物猛烈燃烧。例如，过氧化钠与水作用时，反应非常剧烈，并引起猛烈的燃烧。强氧化剂与还原剂或有机物混合后，可能因受热、摩擦打击而发生爆炸。例如，氯酸钾与硫磺的混合物会因受撞击而爆炸；过氯酸镁是一种很好的干燥剂，但如果被干燥的气流中带有烃类蒸气时，过氯酸镁吸附烃类，就有爆炸的危险。

通常人们对氧化剂的危险性注意不够，这往往是发生事故的根源之一，必须对这一点给予足够的重视。

3. 压缩气体和液化气体

压缩气体和液化气体按其危险性大致可以分为三类：

(1) 可燃性气体，如氢、乙炔、甲烷、煤气等。

(2) 助燃性气体，如氧、氯等。

(3) 不燃性气体，如氮和二氧化碳等。

压缩气体通常都是装在钢瓶中，压力高。受日光直射或靠近热源时，由于瓶内气体受热压力增大，而钢瓶受热后耐压强度降低，这样就很容易引起爆炸，此外，如果氢气钢瓶漏气，或使用氢气的尾气直接在室内放空时，当空气中含氢量在4%~7.25%范围时，一遇火源即可爆炸。又如，当氯气遇到乙炔，氧气与油脂作用，均可能引发爆炸。

4. 自燃性物品

带油污的废纸、废布、废胶片、硝化纤维、黄磷等，都属于自燃性物品。它们在空气中会因逐渐氧化而生热，若产生的热不能散失。温度逐渐升高到该物品的燃点时，就发火燃烧。因此，这类有自燃性的废弃物品不要堆放在实验室内，应当及时清除掉，以防发生意外。

5. 遇水燃烧物

钾、钠、钙等轻金属遇水时能产生氢气和大量的热，以致发生爆炸；电石遇水能产生乙炔和大量的热，有时也能着火甚至爆炸。

6. 易燃液体

在石油化工实训基地，使用这类危险品的数量最多，它们大多容易挥发，易燃烧，遇明火后即能着火燃烧。在密封容器内着火时，甚至可能爆炸。这样的液体如乙醚、酒精、汽油、煤油等。易燃液体的蒸气密度一般比空气大，当它们在空气中挥发时，常常能在地面上飘浮，因此，可能在距离存在这种液体的地面相当远的地方着火，着火后容易蔓延开来，且回火引燃容器中的液体。所以使用这类物品时，必须严禁明火，远离电热设备和其他热源，更不能同其他危险品放在一起，以免引起更大的危害。

7. 易燃固体

松香、石蜡、硫、萘、镁粉和铝粉等，都属于易燃固体。它们不自燃，但易燃，燃烧速度一般较快。这类固体以粉尘状悬浮分散在空气中，达到一定浓度时，遇有明火可能发生爆炸。

8. 毒害性物品

毒害性物品的中毒途径有误服、吸入呼吸道、皮肤沾染等。有的物品的蒸气有毒，如汞等；有的气体物品有毒，如一氧化碳、硫化氢等；有的液体物品有毒，如丙烯腈等；有的固体物品有毒，如三氧化二砷等。根据毒品对人身的毒害情况，分为剧毒药品（如氰化钾、砒霜等）和有毒药品（如可溶性的钡盐、农药 、苯及苯类化合物等）。使用这类物品要注意防止中毒。实验室所用毒品应专人管理 ，建立保存、使用档案。

9. 腐蚀性物品

属于这类物品的有强酸、强碱、强氧化剂，如硫酸、硝酸、盐酸、氢氟酸、苯酚、氢氧化钾、氢氧化钠、双氧水等。这些物品对皮肤和衣物都有腐蚀作用，在浓度和温度都很高的情况下作用更加强烈。在使用中应防止与人体（特别是眼睛）和衣物直接接触，并且要按照这类药品使用规则进行使用（例如，配制硫酸溶液时，必须将浓硫酸在不断搅拌情况下加入水中，切忌将水加入浓硫酸中）；灭火时也要考虑这类物品是否可同时存放，以便采取适当措施。

（二）使用易燃易爆品及有毒药品的安全知识

1. 使用易燃易爆品的安全知识

存放及使用易燃易爆品的地方，应严禁明火。存放易燃易爆品处应远离热源，不应受日光直射。

实验室内领用易燃易爆品的数量，应根据实验的需要量并严格按照有关的规定数量领用。

使用危险品进行实验前，应当结合实验的具体情况，经过认真讨论，制定出安全操作规程，明确操作中容易发生事故的地方及必须十分注意的事项。例如，在蒸馏易燃液体有机化合物时就必须注意：蒸馏瓶中的液体有机化合物的数量不能超过蒸馏瓶容积的 2/3，一般约为 1/2，往蒸馏瓶中加入少量的沸石和毛细管，开始加热之前应往冷凝器中通入冷却水。在整个加热过程中，必须始终由操作人员照管，绝对不能在无操作人员照管的情况下加热易燃液体，绝对不能把加热着的蒸馏瓶塞打开，瓶中盛有蒸馏沸点很低的易燃有机物时，不能直接加热，并且不能加热太快，以免因急剧汽化冲开瓶塞，引起火灾，甚至造成爆炸事故。

在实验室进行实验的人员必须熟悉验室中灭火器材的种类、存放的地方及其使用方法。

对于实训装置在反应和分离过程产生的易燃气体应注意回收，如果是废气应及时排出室外，并随时监测室内该种气体的浓度，以防发生意外。

2. 防毒知识

石油化工实训、实验中常常要使用一些毒品或反应产生有毒物品，因此必须十分注意防毒问题。

实验室中使用的毒品，必须严格按照学校的规定领用、保管，使用毒品后的废液必须妥善处理，不得倒入下水道或酸缸中。反应产生的有毒物品要注意妥善保存，并注明有毒标识。

凡产生有毒、有害气体的实训、实验操作，都必须在通风橱中进行。将产生的有毒气体回收，或排出室外，并随时监测室内有毒气体的浓度。注意不使毒品洒落在实验台或地上，万一有洒落时，必须彻底清理干净。绝对不能用实验室任何容器作餐具，不在实验室内吃东西，不饮用实验室的自来水。实验完毕后必须洗手。

3. 使用压缩气体钢瓶的安全知识

装压缩气体的钢瓶，应当按表 1-1 规定漆色标注气体名称和涂刷横条。

装压缩气体的钢瓶，尤其是装液化气体的钢瓶，绝不能放在热源附近。应离开暖气散热片，避免阳光直射，以免因温度升高而使瓶内气体压力骤增，发生意外事故。按照规定，氧气瓶及可燃性气体气瓶与明火的距离不小于 10cm。钢瓶必须可靠地固定在架子上、墙上或实验台上。运送钢瓶时，应将钢瓶的安全帽和橡皮环套好。无论是使用时或运送时，都应严防钢瓶摔倒或受到撞击，以免发生意外的爆炸事故。

表 1-1　气瓶的标志

气瓶名称	外表面颜色	字样	字样颜色	横条颜色	阀门出口螺纹
氧气瓶	天蓝	氧	黑		正扣
氢气瓶	深绿	氢	红	红	反扣
氮气瓶	黑	氮	黄	棕	正扣
氦气瓶	棕	氦	白		正扣
压缩空气瓶	黑	压缩空气	白		正扣
石油气体瓶	灰	石油气体	红		反扣
氯气瓶	草绿	氯	白	白	正扣
氨气瓶	黄	氨	黑		正扣
丁烯气体瓶	红	丁烯	黄	黑	反扣
二氧化碳气瓶	黑	二氧化碳	黄		正扣
乙烯气瓶	紫	乙烯	红		反扣
其他可燃性气体瓶	红	气体名称	白		反扣
其他非可燃性气体瓶	黑	气体名称	黄		正扣

使用氧气时，无论在任何情况下，都严禁在钢瓶的附件上、氧气表上和连接管上粘附油脂，钢瓶的阀门和氧气表都不能用可燃性(如橡皮)垫圈，因为它在急速的氧气流冲击下可能着火，甚至引起钢瓶爆炸。

使用压缩气体钢瓶，必须有氧气表(或氢气表、氨表等)和减压阀，不经过氧(氢或其他)气表和减压阀就直接使用钢瓶中的氧气(或其他压缩气体)是十分危险的，这样会因为不能控制气体排放速度而发生大量气体冲出，可能造成一系列的事故。例如，造成与钢瓶联接的仪器损坏，大量氧气冲出时可能引起着火事故；大量的氮或二氧化碳冲出后，可能造成实验室内空气缺氧，使工作人员呼吸困难；氢气及其他可燃性气体冲出时，可能引起爆炸和火灾事故。

压缩气体钢瓶使用到最后时，瓶内剩余压力应在 49kPa(0.5kgf/cm^2)以上。使用压缩气体钢瓶至剩余压力过低，将会给钢瓶充气带来不安全因素，容易在充气时发生事故。乙炔钢瓶的规定剩余压力是根据室温定的，见表 1-2。

表 1-2　乙炔钢瓶的剩余压力与室温的关系

室温/℃	-5	-5~5	5~15	15~25	25~35
钢瓶内压/Pa	4.9×10^4	9.8×10^4	1.47×10^5	1.96×10^5	2.94×10^5

4. 防爆知识

各种易燃的液体有机化合物的蒸气和可燃气体在空气中的含量达到一定比例时就与空气构成爆炸性混合气体，这种气体遇到火源，就能闪火发生爆炸。

任何气体在空气中构成爆炸性混合气体时，该气体所占的最低体积分数叫做爆炸下限；所占的最高体积分数叫做爆炸上限。气体体积浓度在爆炸下限和爆炸上限之间就能引起爆炸，这个浓度范围就叫做爆炸极限或爆炸范围。例如，甲苯在空气中的爆炸下限为 1.2% ，爆炸上限为 7.1% ，这就是说，空气中含有 1.2%~7.1%的甲苯时，空气与甲苯就构成爆炸性的混合气体；又如，空气中如含有 4.0%~75.2%的氢气时，空气与氢气就构成爆炸性的混合气体。这时，一遇火源(包括明火、红热的表面、火星或火花等)即发生爆炸。空气中含有低于 1.2% 或高于 7.1% 的甲苯(或空气中含有低于 4.0% 或高于 75.2%的氢气)时，即使有火源，也不会发生爆炸。但在上限以上的混合气体遇火源时可以燃烧起来。

当某些气体和空气的混合气体在燃烧时也可能发生爆炸，这是因为这些气体在空气中所占比例逐渐升高或降低，以致由爆炸极限以外逐渐进入爆炸极限以内；反之，爆炸性的混合气体由于成分的变化，也可以在爆炸中逐步变为非爆炸性的气体。实验室中常见的一些易燃物的爆炸极限列于表 1–3。

表 1–3　一些常见易燃物的爆炸极限

液体或气体名称	与空气混合时的爆炸极限含量/%(体积)		液体或气体名称	与空气混合时的爆炸极限含量/%(体积)	
	下限	上限		下限	上限
煤油	1.0	7.5	乙烯	2.7	36.0
汽油	1.0	7.5	丙烯	2.4	11.0
丙酮	2.0	13.0	丁烯–1	1.6	10.0
甲乙酮	1.6	8.2	丁烯–2	1.7	9.7
苯	1.3	7.9	1,3–丁二烯	2.0	12.0
甲苯	1.2	7.1	一氧化碳	12.5	74.0
邻二甲苯	1.0	6.0	甲烷	5.0	15.0
间二甲苯	1.1	7.0	乙烷	3.0	12.4
对二甲苯	1.1	7.0	丙烷	2.1	9.5
环氧乙烷	3.6	100.0	正丁烷	1.8	8.4
甲醛	7.0	73.0	戊烷	1.4	7.8
乙醛	4.0	57.0	庚烷	1.0	6.7
丙醛	2.9	17.0	乙炔	2.5	100.0
乙醚	1.0	40.0	环乙烷	1.2	7.7
醋酸乙酯	2.2	11.0	乙酸	5.4	17.1
甲醇	6.7	36.5	顺丁烯二酸酐	1.4	7.1
乙醇	3.3	19.0	氯乙烯	3.6	33.0
正丙醇	2.1	13.7	丙烯腈	3.0	17.0

显然，在使用易燃易爆品时，可能发生爆炸的条件是：一是该种物质与空气混合，浓度在爆炸极限之内；二是遇到火源。因此，防止爆炸事故的方法是：

(1) 不使爆炸极限范围内的混合物存在。这就要求在进行反应实验时，配制反应混合物要注意控制其浓度，使其保持在安全操作的浓度范围之内。当往反应器或容器中通入可燃气体或可燃物的蒸气前，必须将其中的空气吹扫干净；在往装有可燃气体或液体的实验装置或容器中通空气前，也必须将可燃气体或蒸气吹扫干净。在使用可燃气体或易燃液体进行实验时，实验装置必须保证密闭不漏气。室验室内应通风良好。

(2) 消除一切可能引起爆炸的外因，杜绝可能引起爆炸的一切火源。例如，禁止室内使用明火和开放式的电热器，不使室内有产生火花的条件存在等，并应注意某些剧烈放热的化学反应有时也可能引起自燃或爆炸。总之，只要我们充分掌握可能引起爆炸的原因，思想上充分重视，工作中认真谨慎，遵守操作规程，就可以防止爆炸的发生。

(三) 安全用电知识

1. 保护接地和保护接零

在正常情况下电器设备的金属外壳是不带电的，但设备内部某些绝缘材料若损坏，金属外壳就会带电。当人体接触到带电的金属外壳或带电的导线时，就会有电流流过人体。带电体电压越高，流过人体的电流就越大，对人体的伤害也越大。当大于 10mA 的交流电或大于 50mA 的直流电流过人体时，就可能危及生命安全。我国规定 36V(50Hz)的交流电是安全电压。超过安全电压的用电就必须注意用电安全，防止触电事故。

为防止发生触电事故，要经常检查实验室用的电器设备，寻找是否有漏电现象。同时要检查用电导线有无裸露和电器设备是否有保护接地或保护接零措施。

(1) 设备漏电测试。检查带电设备是否漏电，使用试电笔最为方便。它是一种测试导线和电器设备是否带电的常用电工工具，由笔端金属体、电阻、氖管、弹簧和笔尾金属体组成。大多数将笔尖做成改锥形式。如果把试电笔尖端金属体与带电体(如相线)接触，笔尾金属端与人的手部接触，那么氖管就会发光，而人体并无不适感觉。氖管发光说明被测物带电，如果不发光就说明被测体不带电，这样，可及时发现电器设备有无漏电。一般使用前要在带电的导线上预测，以检查是否正常。

用试电笔检查漏电只是定性的检查，欲知电器设备外壳漏电的程度还必须用其他仪表检测。

(2) 保护接地。保护接地是用一根足够粗的导线，一端接在电器设备的金属外壳上，另一端接在地体上(专门埋在地下的金属体)，使其与大地连成一体。一旦发生漏电，电流通过接地导线流入大地，降低外壳对地电压。当人体触及外壳时，流过人体电流很小而不致触电。电器设备接地的电阻越小则越安全。如果电路有保护熔断丝，会因漏电产生电流而使保护熔断丝熔化并自动切断电源。一般的实验室用电采用这种保护接地方法已较少，大部分用保护接零的方法。

(3) 保护接零。保护接零是把电器设备的金属外壳接到供电线路系统中的中性线上，而不需专设接地线和大地相连。这样，当电器设备因绝缘损坏而碰壳时，相线(即火线)、电器设备的金属外壳和中性线就形成一个“单相短路”的电路。由于中性线电阻很小，短路电流很大，会使保护开关动作或使电路保护熔断丝断开，切断电源，消除触电危险。

在保护接零系统内，不应再设置外壳接地的保护方法。因为漏电时，可能由于接地电阻比接零电阻大，致使保护开关或熔断丝不能及时熔断，造成电源中性点电位升高，使所有接零的电器设备外壳都带电，反而增加了危险。

保护接零是由供电系统中性点接地所决定的。对中性点接地的供电系统采用保护接零是既方便又安全的方法。但保证用电安全的根本方法是电器设备绝缘性良好，不发生漏电现象。因此，注意检测设备的绝缘性能是防止漏电造成触电事故的最好方法。

设备绝缘情况应经常进行检查。

2. 实验室用电的导线选择

实验室用电或实验流程中的电路配线，设计者要提出导线规格，有些流程要亲自安装，如果导线选择不当就会在使用中造成危险。导线种类很多，不同导线和不同配线条件下都有允许的安全载流量规定，在有关手册中可以查到。

在实验时，应考虑电源导线的安全载流量。不能任意增加负载而导致电源导线发热造成火灾或短路的事故。合理配线的同时还应注意保护熔断丝选配恰当，不能过大也不应过小，过大失去保护作用，过小则在正常负荷下会熔断而影响工作。熔断丝的选择要根据负载情况而定，可参看有关电工手册。

3. 实验室安全用电注意事项

① 进行实验之前必须了解室内总电闸与分电闸的位置，以便出现用电事故时及时切断各电源。

② 电器设备维修时必须停电作业。

③ 带金属外壳的电器设备都应作保护接零，定期检查是否连接良好。

④ 导线的接头应紧密牢固，接触电阻要小。裸露的接头部分必须用绝缘胶布包好，或者用塑料绝缘管套好。

⑤ 所有的电器设备在带电时不能用湿布擦拭，更不能有水落于其上。

⑥ 电源或电器设备上的保护熔断丝或保险管，都应按规定电流标准使用，不能任意加大，更不允许用铜或铝丝代替。

⑦ 电热设备不能直接放在木制实验台上使用，必须用隔热材料垫架，以防引起火灾。

⑧ 发生停电现象必须切断所有的电闸。防止操作人员离开现场后，因突然供电而导致电器设备在无人监视下运行。

⑨ 合电闸时如发生保险丝熔断，应立刻拉开电闸并检查带电设备上是否有问题，切忌不经检查便换上熔断丝或保险管就再次合闸，这样会造成设备损坏。

(四) 消防知识

除严格遵守安全操作规程外，为防止意外事故，实验室应准备一定数量的消防器材。在实验室中进行工作，必须了解消防器材存放的位置及其使用方法，决不允许把消防器材移作它用。实验室内常用的消防器材有以下几种。

1. 灭火砂箱

易燃液体和其他不能用水来灭火的危险品(如钾、钠)着火时，可用沙子来扑灭，它的灭火原理主要是隔断空气，同时还能起降温作用，灭火用的沙子中不能混有可燃性杂物，并且一定要干燥。潮湿的沙子遇火后水分蒸发会使燃着的液体飞溅。此外，还可用滑石粉末等不燃性固体粉末来灭火。

2. 石棉布、毛毡或湿布

这些器材适于迅速扑灭区域不大的火灾，也是扑灭衣服着火的常用方法．它们的作用在于隔绝空气，达到灭火的目的。

3. 手提泡沫灭火器

这种灭火器外壳用薄钢板做成，里面有一个玻璃瓶胆，瓶胆中盛有硫酸铝，瓶胆外装有碳酸氢钠溶液，加有发泡剂(干草精)。灭火液由 50 份碳酸氢钠和 5 份干草精组成。使用时，将灭火器倒置，泡沫即由喷嘴喷出，其化学反应如下：

$$6NaHCO_3+Al_2(SO_4)\longrightarrow 3Na_2SO_4+Al_2O_3+3H_2O+6CO_2$$

这种泡沫沾附在燃料物表面上，使之与空气隔绝而灭火。它用于扑灭实验室的一般火灾。油类着火时应在燃料开始发生时使用。泡沫灭火器不能用于扑灭电线和电器的着火，因为药液本身是导电的，会引起触电事故。

4. 四氯化碳灭火器

这种灭火器适于电器设备着火时使用，灭火器中装有四氯化碳液体，并加入压缩空气(7×10^5Pa)。使用时将其倒置，喷嘴向下，旋开手阀，由于瓶内压缩空气的作用，使四氯化碳喷出。四氯化碳是一种不燃液体，其蒸气比空气重，能使燃烧物表面与空气隔绝而灭火。因为四氯化碳有毒，使用这种灭火器时要站在上风侧，注意防止中毒。用四氯化碳在室内灭火后，应打开门窗通风一段时间后，才能进入室内。

5. 二氧化碳灭火器

此种灭火器是装有压缩的二氧化碳的耐压瓶。使用时旋开手阀，二氧化碳就急剧喷出，使燃烧物与空气隔离，并降低空气中的氧含量。当空气中的二氧化碳含量达12%~15%时，燃烧即行停止，使用二氧化碳灭火时要注意防止窒息。

第二节　石油化工工艺实训、实习与石油化工生产的关系

石油化工工艺专业实训、实习就是在实训基地通过运行各种小型实训、实验装置，使学生了解石油化工生产的特点，以达到以下目的。

① 在各个实训项目的实施过程中，使学生了解化工生产特性、原理、应遵循的规律。做到理论指导实践，实践检验理论，为将来从事石油化工生产工作进一步夯实理论基础，掌握操作技能，真正做到工学结合。

② 通过实训装置，使学生了解石油化工生产装置的基本组成(反应部分和分离部分)和主要设备(反应器、换热器、精馏塔等)的基本结构，为装置操作打好基础。

③ 通过运行实训装置，使学生学会石油化工单元操作和石油化工生产过程控制，培养学生的动手能力。

④ 通过运行实训装置，使学生学会石油化工生产过程故障排除方法和应急事故处理方法，培养学生分析问题、解决问题的能力。

⑤ 通过运行实训装置，使学生学会原料预处理方法和产品检测方法，从而了解在石油化工生产过程中处理原料和检测产品的目的及意义。

⑥ 通过运行实训装置，使学生学会石油化工生产用催化剂合成方法及催化剂性能检测方法，从而了解催化剂在石油化工生产过程中的重要作用。

⑦ 通过运行实训装置，使学生学会化工生产过程最佳工艺条件的选择方法，进而使他们懂得为什么在化工生产过程中必须严格遵守工艺纪律。

⑧ 通过运行实训装置，使学生了解影响石油化工生产过程的各种因素及会造成的后果，培养学生重视安全的意识。

综上所述，通过石油化工工艺专业实训、实习，培养学生对石油化工生产过程的适应性，为其步入工作岗位夯实基础。因此，石油化工工艺专业实训、实习是石油化工类专业学生必不可少的一门课程，对将要进入石油化工生产行业的从业者尤为重要。

第三节　常用实训、实验设备仪器简介

一、常用测量仪器的使用及其标定方法

（一）热电偶测温

在石油化工生产和科学实践中，许多物理化学现象和化学反应过程都与温度有着密切的关系。正确使用温度计，准确测量温度，对保证安全、促进生产和科学研究的发展，都有着重要的作用。

热电偶是实验室中最常用的测温原件之一，要能用它准确地测量温度，就必须正确掌握它的使用方法。

1. 热电偶的测温原理和构造

把两根不同材料的金属丝的两端分别焊接，构成回路，如果两端的温度不同，分别为 T_1 和 T_0，那么，在回路中就会产生热电动势，这种现象叫做热效应。这样的两根不同金属丝的组合，就构成热电偶。热电偶温度高的一 端，叫做热端或工作端；温度低的一端，叫做冷端或自由端；用来焊制热电偶的金属丝叫偶丝，焊成热电偶的两根偶丝叫热电极。热电极有正极和负极之分，在与仪表连接时，正极应接仪表的正端，负极应接仪表的负端。

热电偶产生的热电动势大小，决定于两个热电极的材料性质和热电偶两端的温度差，而与热电偶的长度和直径大小无关。热电偶两端温度相等时，热电动势为零，两端温度差愈大，热电动势也愈大，如果使热电偶冷端的温度维持恒定(一般为 0)，则热电动势的大小随热端的温度升高而增大。这样，把仪表接入热电偶的回路中就可以用仪表读出热电动势的数值，来确定热端的温度。

用热电偶测量温度，具有结构简单、使用方便、测量精度高、测量范围宽、便于远距离传送与集中检测等优点。如果热电偶和适当的仪表配合，还可以自动记录温度和控制温度。

2. 热电偶的标定

新焊制的热电偶和使用一定时间(一般约半年)后的热电偶都必须进行标定。标定的方法是根据热电偶使用的测温范围，选用 4~5 种纯物质作基准物，测定热电偶在各个基准物的凝点(或沸点)时的热电动势，绘制出温度-毫伏曲线，供测温时使用。

根据实验室测温范围，一些常用的基准物及其凝点(或沸点)列于表 1-4。

表 1-4　常用基准物及其温度

基准物	温度/℃	备注	基准物	温度/℃	备注
蒸馏水	100	沸点	锌	419. 58	凝点
锡	231. 97	凝点	锑	630. 74	凝点
铅	327. 3	凝点			

标定热电偶用的设备见图 1-1，用保护套管把热电偶套好，插在盛有基准物的坩埚中置于电热炉中加热，热电偶的冷端用冰浴保持在 0℃，用导线与电位差计连接好，用自耦变压器调节坩埚炉，以 1~2℃/min 的速度升温，直至温度比基准物的凝点高约 10℃，停止加热，使坩埚炉以约 0. 5℃/min 的速度缓缓降温，每隔 2min 记录一次电位差计的读数，电位差计的读数(mV)就是这个基准物凝点时的热电动势。对每一基准物都重复测定 2~3 次，取各次

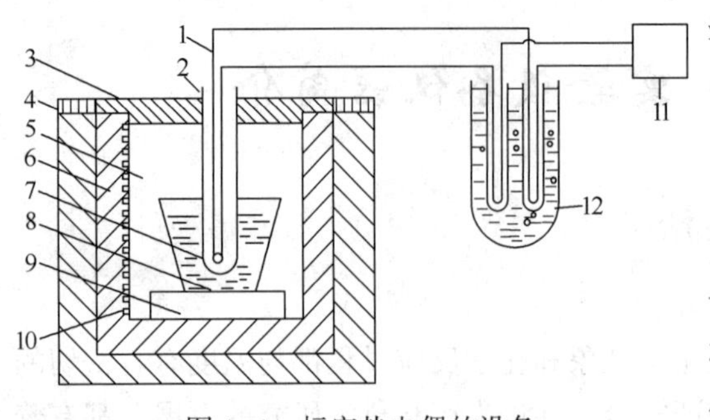

图 1-1　标定热电偶的设备

1—热电偶；2—保护套管；3—炉盖；4—炉丝；5—炉膛；6—保温层；7—基准物；8—坩埚；9—底座；10—接变压器；11—电位差计；12—冰浴

测定结果的平均值，得出一组温度(凝点)-热电动势数据。根据各个基准物测得的温度-热电动势数据，画出温度-热电动势曲线，就可以根据热电偶产生的热电动势(mV)数值，从曲线查出温度的数值。采用面板式数字温度计所显示的温度数据与凝点温度进行校正后确定热电偶真实温度，同样做出校正曲线，供实验时查用。

除用基准物来标定热电偶的方法外，还可用标准热电偶与待标定热电偶进行比较的方法来标定。用标准热电偶校正热电偶是根据原机械工业部规定的技术条件进行的，校验温度点温度必须控制在温度点的±10℃范围内，见表 1-5。

表 1-5　校验规定

分度号	标准热电偶名称	校验点温度/℃	允许偏差			偏　差
			温度/℃	偏差/℃	温度/℃	
LB-3	铂铑-铂	600、800 1000、1200	0～600	±24	>600	占所测热电势的±0.4%
EU-3	镍铬-硅镍	400、600 800、1000	0～400	±4	>400	占所测热电势的±0.75%
EA-2	镍铬-铐铜	300、400 600	0～300	±4	>300	占所测热电势的±1%

在 300℃以下使用的 EU、EA 热电偶应增加 100℃校验点，用标准水银温度计进行检验。热电偶校正装置如图 1-2 所示。

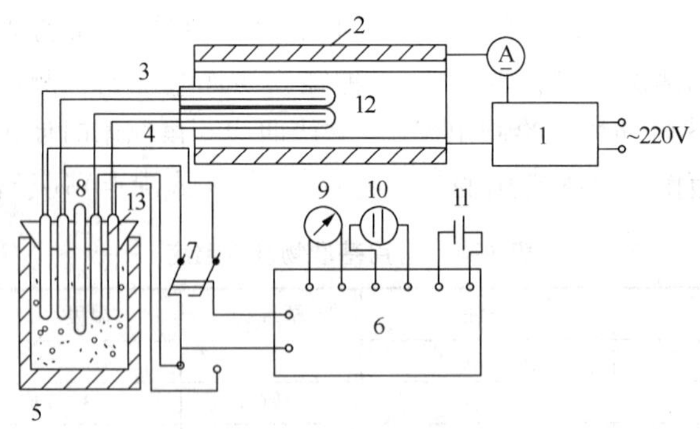

图 1-2　热电偶校正示意图

1—可控硅调压器；2—管式炉；3—标准热电偶；4—被校热电偶；5—冰点槽；6—手动电位差计；7—转换开关；8—水银温度计；9—光点检流计；10—标准电池；11—工作电池；12—保护套管；13—试管

校验时，用可控硅控制电炉温度，炉温变化不超过 0.2℃/min，炉子内有 100mm 的恒温区，电位差计精度不应低于 0.03 级。标准热电偶约为二级或三级铂铑-铂热电偶，热电偶插入炉内深度一般为300mm，最少不应短于150mm。当炉温达到校验点温度附近 ±10℃时，温度变化范围应控制不超过0.2℃/min，且应恒温，开始测量。读数时，每支热电偶读数不得少于四次，读数应按校-1、标-1，校-2、标-2，校-3、标-3，校-4、标-4；取四次读数平均值，给出校正误差数据时必须对标准热电偶的热电势进行修正。

如果用显示仪表并接在测量电路上，用转换开关切换，可直接把温度显示值通过电位差计读数时反映出来以做校正。

（二）气体流量的测定

测定气体流量的方法和所用流量计种类很多。在化工实验室中常用湿式气体流量计、转子流量计、皂膜流量计和毛细管流量计等来测定气体的流量。

气体的体积随温度和压力变化而变化，因此，在校正流量计和用流量计测定气体的流量时都必须注意测定时的温度和压力等条件。凡在测定流量时，气体与流量计中的水或水溶液有充分接触的机会，所测定的气体体积实际上包括有饱和水蒸气的体积，从理论上讲，必须从气体的体积中扣除水蒸气的体积。

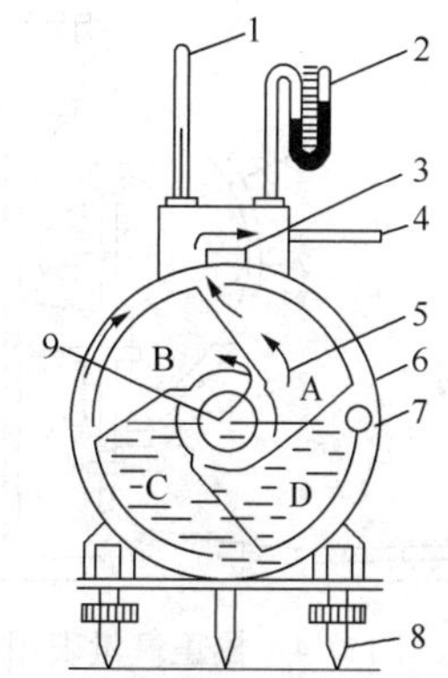

图1-3 湿式流量计简图

1—温度计；2—压差计；3—水平仪；4—排气管；5—转鼓；6—壳体；7—水位器；8—可调支脚；9—进气管

1. 湿式气体流量计

（1）结构与操作原理。该仪器属于容积式气体流量计，其构造主要由圆鼓形壳体、转鼓及传动记数机构所组成，如图1-3所示。转鼓是由圆筒及四个弯曲的叶片构成，四个叶片构成四个体积相等的小室，鼓的下半部浸没在水中，充水量由水位器指示。气体从背部中间的进气管9处依次进入小室，并相继由顶部排出时，迫使转鼓转动。由转动的次数，通过记数机构，在表盘上记数器和指针显示体积。在配合秒表计时，可直接测定气体流量。

工作时，在图1-3所示位置，气体由进气管进入，A室正在排气，B室正在进气，C室开始进气，而D室排气将尽。国产的湿式气体流量计的型号和技术数据见表1-6。

表1-6 湿式气体流量计的主要技术数据

型　号	SQL-1	SQL-2	SQL-3	SQL-4
鼓轮每转气体流量/L	2	5	10	20
正常流量/(m^3/h)	0.2	0.5	1	2
最大流量/(m^3/h)	0.3	0.75	1.5	3
正常压力/mmH_2O	100	100	100	100
示值误差/%	±1	±1	±1	±1
最小刻度值/L	0.01	0.03	0.03	0.04
计数器最大度数/m	100	100	100	100

注：$1mmH_2O=9.806Pa$。

湿式气体流量计的优点是读数比较准确，使用比较方便，对于各种不同的气体都可以直接测定。缺点是价格比较昂贵，比较笨重，对易溶于水和腐蚀性的气体不宜使用。在低于0℃的环境使用时，要加防冻剂（如乙二醇或甘油），否则会因表内的水冻结而损坏仪器。

（2）使用要点。使用湿式气体流量计测定气体流量时，必须注意：

① 检查流量计各部位严密不漏气。

② 调节支脚旋钮，使流量计水平放置。

③ 往漏斗中加水，直至流量计中的水平面恰好与调节水面漏斗口一样高；在使用流量计时，应当定期检查其水面高度是否变化，及时补充注水。

④ 如果被测定的气体中带有易溶于水且有腐蚀性的气体或蒸气，以及带有容易冷凝的油蒸气等，在导入流量计之前，必须通过洗瓶或干燥塔(干燥管)，用适当的吸收液或固体吸附剂除去这些气体或蒸气。

⑤ 必须记录测定的温度和压力，以便将测定的气体流量换算为标准状态下的气体流量。在必要时，还应扣除测定条件下的饱和水蒸气的体积。

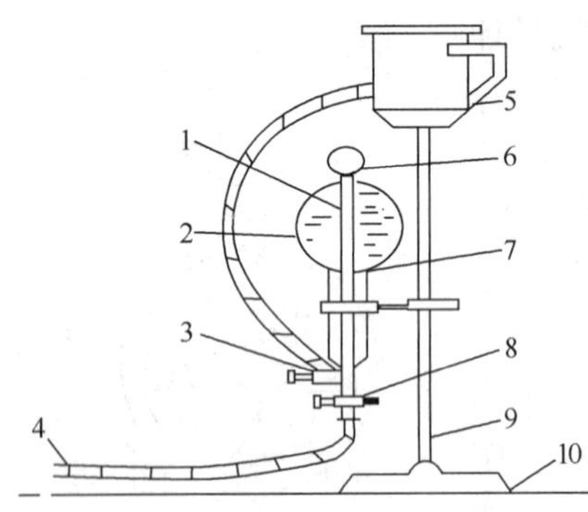

图 1-4　校正气量表用的气瓶

1—量瓶的内管；2—量瓶；3—玻璃两通旋塞；4—橡皮管(接待校正的流量计出口)；5—高位槽；6—量瓶上部标线；7—量瓶下部标线；8—三通旋塞；9—杯架；10—桌面

(3) 校正方法。校正的目的是检验计数机构显示的字盘读数与通过流量计的气体体积是否一致，最简便的方法是用图 1-4 所示的量瓶来校正。量瓶的上部标线和下部标线之间的容积为 1L，量瓶侧边的支管上有一个玻璃二通旋塞，用橡皮管与高位杯的小口连接起来。量瓶下边的支管上有一个三通旋塞，其侧边支管与大气相通，下边支管用橡皮管与待校正的量气表出口相连接。校正时，先往高位杯加满水，打开玻璃二通旋塞，同时将三通旋塞转至使内管与大气相通。高位杯内的水经橡皮管和二通旋塞流入量瓶内，并通过内管经三通旋塞将量瓶中的空气排至大气中。当瓶内的水面升高到上部标线处，立即关闭二通旋塞，并将三通旋塞转至使内管与大气相通处，取下高位杯放到桌面上。打开二通旋塞，量瓶中的水就流到高位杯中，并使流过流量计的气体经过三通旋塞由内管进入到量瓶内。当量瓶内的液面降至下部标线时关闭三通旋塞。这时，进入量瓶内的气体流量计指示读数也应当是 1L。如果流量计的示值不是 1L，而是大于或小于 1L，即可由示值与实际流过的气体体积求出校正系数 f，f=气体流量计的示值/实际流过的气体体积。重复进行校正若干次，测定出校正系数 f 后，当用流量计测定气体流量时，将其读数乘上校正系数 f，即得真实的气体流量数值。

如果没有上述的量瓶，也可以用两个集气瓶来校正流量计，如图 1-5 所示。

集气瓶 1 中充满空气，集气瓶 4 中充满水，校正时，从集气瓶的漏斗慢慢往瓶 1 中注入水，使其中的空气流经流量计后经玻璃三通旋塞通到大气中，待流量计指针转到刻度 0 时，转动三通旋塞，使流量计出口管与集气瓶 4 相通，同时调节集气瓶 4 中的压力应始终保持与大气压相等。这样，放至容量瓶中的水的体积，就等于经过流量计流入集气瓶 4 内的气体体积。根据流量计的读数和测得的气体实际流量，可求出气体流量计的校正系数。

2. 转子流量计

转子流量计的构造和原理见化工原理有关部分。

化工实验室中测定小流量气体时，常用微型转子流量计，LZB 系列微量玻璃转子流量计就是其中的一种。这一系列的气体玻璃转子流量计的主要技术数据见表 1-7 和表 1-8。

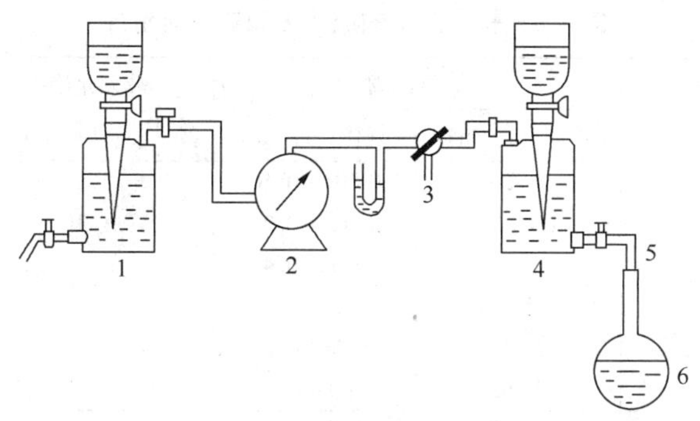

图 1-5　用集气瓶校正气体流量计

1—集气瓶；2—湿式气体流量计；3—玻璃三通旋塞；4—集气瓶；5—玻璃两通旋塞；6—容量瓶

表 1-7　LZB 型气体玻璃转子流量计

型　　号	流量/(mL/min)	最大允许工作压力/(kgf/cm²)	精度/±%
LZB1. 5	6. 0～6. 0	2. 5	2. 5
	10～100		
	16～160		
	25～250		
LZB2. 5	40～400	2. 5	2. 5
	60～600		
	100～1000		
	160～1600		

注：$1kgf/cm^2=98.067kPa$。

这种转子流量计的标定条件是：21. 33kPa(160mmHg)、20℃下用空气标定，如果被测介质与上述条件不同，需进行校正。同时在实际使用中，如果被测定气体的温度、压力条件与转子流量计标定时条件不同时，也需要进行校正。

因为转子流量计是根据转子在管子中停留的高度来指示流量的，而转子停留的高度，除了决定于转子的重量和转子与管壁的间隙外，还因气体的密度、黏度、入口和出口的压力而异。对于一个确定的转子流量计，它的转子重量一定，转子与管壁之间的间隙也已确定。如果根据实验中需要测量的气体来标定转子高度与流量的关系，可以得出如图 1-6 所示的标定曲线，并指定作为某一种气体用。例如，WL-01、WL-02 型转子流量计就根据标定时所用的气体种类不同，而分为空气流量计、氢气流量计、氮气流量计等，出厂时都附有自己的标定曲线。这种流量计一般是不在刻度盘上直接标出流量值的。其实，空气转子流量计也可用来测量其他气体，只不过标定曲线必须重新测定。

校正转子流量计的方法很多。如果测定流量比较大的转子流量计，可以用湿式气体流量计来校正。根据湿式气体流量计的读数和对应的转子停留高度，测得如图 1-6 所示的标定曲线。校正时，必须进行两次，一次将转子流量计装在湿式气体流量计的前面，一次安装在它后面，把两次标定测得的数据分别作图，得到两条曲线。把两条曲线的中间连成曲线，就是指定气体真实标定曲线。

表 1-8　较大流量的流体玻璃转子流量计

型号	通径/mm	测量范围		最大允许工作压力/(kgf/cm^2)	精度/±%
		液体/(m^3/h)	气体/(m^3/h)		
LZB-4	φ4	1~10 1.6~16 2.5~25	0.016~0.16 0.025~0.25 0.04~0.4	10	4
LZB-6	φ6	2.5~25 4~40 6~60	0.04~0.4 0.06~0.6 0.1~1.0	10	2.5
LZB-10	φ10	6~60 10~100 16~160	0.1~1.0 0.16~1.6 0.25~2.5	6	2.5
LZB-15	φ15	16~160 25~250 40~400	0.25~2.5 0.4~4.0 0.6~6.0	6	2.5
LZB-25	φ25	40~400 60~600 100~1000	1.0~10 1.6~16 2.5~25	6	1.5

注：$1kgf/cm^2 = 98.066kPa$。

也可以用皂膜流量计来标定转子流量计，这一方法适于微型转子流量计的标定。标定系统的流程图如图 1-7 所示。

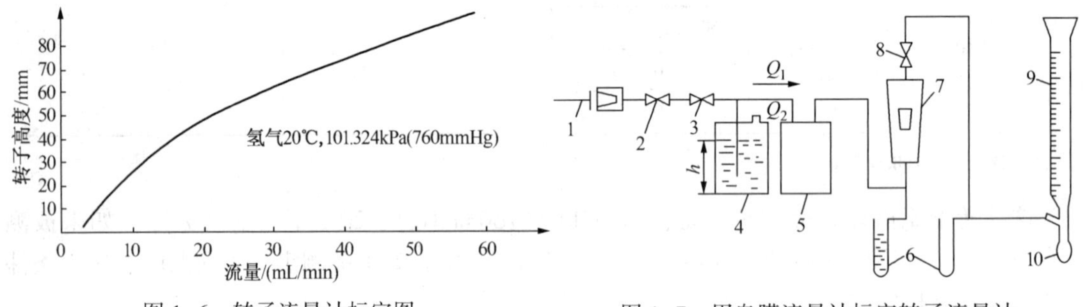

图 1-6　转子流量计标定图

图 1-7　用皂膜流量计标定转子流量计

1—减压阀；2—截止阀；3—节流阀；4—定压容器；5—稳压容器；6—U 形管；7—转子流量计；8—调节阀；9—皂膜流量计；10—橡皮球

减压阀 1 将来自空气压缩机的空气或气瓶中的其他气源的压力减小到所需要的大小；气体经过截止阀 2 和节流阀 3 后分为两路；一路气流 Q_2 通过导管进入定压容器 4 内水面下，从管口逸出水面而进入大气(如为可燃气体应当引出室外放空)，管口到水面的高度 h，随所需恒压大小而定。另一路气流 Q_1 即以接近水柱高度 h 的压力进入稳压容器 5 内，进一步给后面管路减少气体压力的波动，然后流进被标定的转子流量计 7，再经过流量调节阀 8，进入皂膜流量计 9，根据皂膜流量计测定气体的流量和对应的转子的停留高度，绘出如图 1-6 的标定曲线。如果气源压力不高时，减压阀 1 可以省去，一般定压容器 4 和稳压容器 5 可以用 20L 的玻璃瓶。

因为进入皂膜流量计的气体压力接近大气压，而进入被标定的转子流量计的气体压力为 P_1，高于大气压，因此，流过被标定转子流量计中的流量 Q_1 应根据皂膜流量计测得的流量

Q 按下式求得：

$$Q_1 = Q[10330/(10330 + P_1)]^{0.5} \tag{1-1}$$

式中，10330 是以 mmH_2O 柱计（$1mmH_2O=9.806Pa$）的一个大气压力数值，P_1 也应以 mmH_2O 柱计。

如果在常压下使用转子流量计，则可以用图 1-5 的装置进行标定。

实验室中使用转子流量计测量气体流量时，常常遇到测定条件变化比较大、很难用标定曲线来计量气体的流量。例如，在气相色谱分析时，由于色谱柱的填充情况不同，柱长、柱温也经常变动，因此，出口处的压力也经常变动，这样就很难用标定曲线来测定载气的流速。为此，把转子流量计装在色谱柱之前作指示仪表用，而在出口处装一皂膜流量计，供随时检测出口处载气流量用。

使用转子流量计时必须注意：

（1）流量计要垂直安装。

（2）应根据流量计说明书表明的工作压力使用。例如，WL01、WL02 型转子流量计工作压力大于 $5kgf/cm^2$；LZB 型微量玻璃转子流量计最大允许工作压力为 $2.5kgf/cm^2$。

（3）这种流量计不适于用来测量高温气体。

（4）必须防止油污、尘埃弄脏锥形管和转子，否则不能正常工作。

（5）应注意防止流入转子流量计内的气量骤增，以避免有过猛的冲击力，造成流量计的损坏。

3. 皂膜流量计

皂膜流量计是一种构造简单、使用方便的流量计，其构造见图 1-8。它是一根带有刻度的玻璃管，下端有一个盛肥皂水的橡皮球，被测量的气体由侧边的支管通入皂膜流量计中，用手轻轻挤压橡皮球，使球中的肥皂水上升到进气支管管口，就可以在气体进气口处形成一个皂膜，同时被气流带起向上移动。用秒表计量此皂膜上移一段容积的时间，就可以计算出气体的流量。有的皂膜流量计还在管子的上端气体出口处装有一只玻璃温度计，用来测定气体的温度。

图 1-9 是用三段直径大小不同的刻度玻璃管熔接起来的皂膜流量计，这样，对于测量 1mL/min、10mL/min 和 100mL/min 的不同流量都很准确。如果没有皂膜流量计，可以用量气管或碱式滴定管代用。

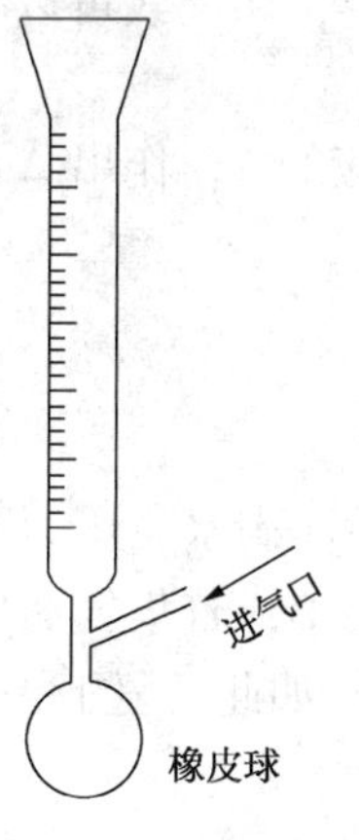

图 1-8　皂膜流量计

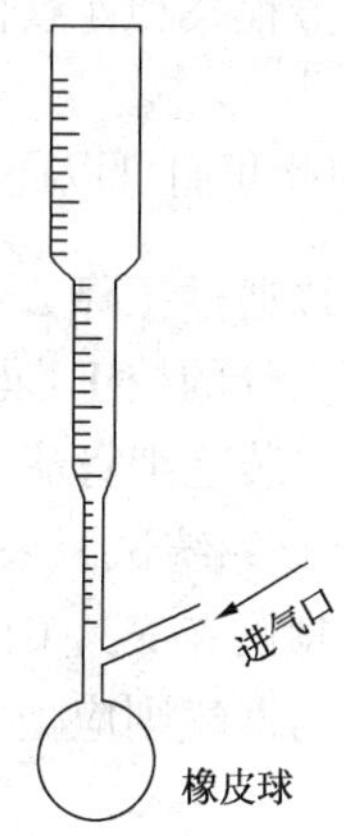

图 1-9　量程较宽的皂膜流量计

使用皂膜流量计时应注意：

（1）流量计管必须垂直放置。

（2）管的内壁必须保持清洁。测量气体流量之前，应先用肥皂水将管壁润湿。

（3）这种流量计不适用于测量易溶于水的气体。测量时，气体中包含饱和水蒸气，必要时应考虑水蒸气的体积。

（4）测量气体流量时，管内只允许有一个皂膜通过。这种流量计不能连续测定和指示气体的流量。它只能间断地测定小流量的气体，或用作校正和标定其他流量计。

皂膜流量计的校正方法和滴定管校正方法相同。

4. 毛细管流量计

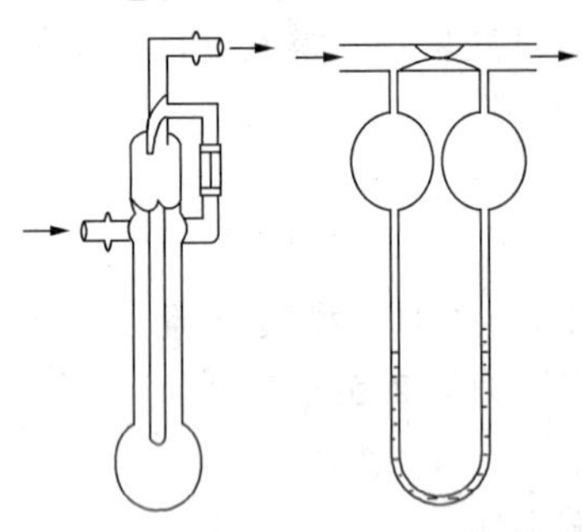

图 1-10　毛细管流量计结构图

该流量计在实验室内多以玻璃管制成，其结构示于图1-10。

在气体进口与出口之间安装一个毛细管，类似锐孔。当气体通过毛细管时造成阻力，使两个管段有压差产生。利用该压差与流速之间的比例关系，可测出单位时间内通过系统的气体体积。此流量计中气体运动决定于毛细管的直径。直径小，气体就具有层流性质，这时其流量与管前后压差呈线性关系变化，压差可用液体在两管之间的高度表示。液体密度不同，其测定的流量范围也随之不同。同一密度的液体，降低毛细管直径可减少流量测定范围，反之亦可。这种流量测定适于低流速，一般小于 10L/h，对微小流量更适用。通常采用皂膜流量计和湿式流量计进行校正。这种流量计造价低，安装方便，与皂膜流量计连用可随时校正，但最大的缺点是容易因系统压力突变而造成反冲，使流速过大吹出管内溶液。一旦发生这种现象，必须拆下毛细管重新清洗，将毛细管的水分吹干才能使用，否则阻力发生变化，要重新校正才可靠。这往往给实验带来困难。一般在实验室中，如果转子流量计能测定流量则都倾向于使用微型转子流量计，因此毛细管流量计目前在流程上使用较少。毛细管流量计的校正方法如下。

（1）校正原理：毛细管流量计是利用气体通过毛细管时，由于有阻力而在毛细管前后产生了阻力降，通过测量压力降而找出与流量的对应关系，从而确定气体的流速。如果毛细管一定，根据柏努利方程式和连续性方程可以得到 $w = 2y\dfrac{\Delta p}{r}$，从此式可以看出流速与压降的 $\dfrac{1}{2}$ 次方成正比，因此我们可以通过不同的压降 Δp 找出相应的 w，作出 $\Delta p \sim w$ 关系曲线，应用该关系曲线就可以通过压降 Δp 得到相应的流速 w。

（2）毛细管流量计的校正步骤：

① 按图 1-11 安装毛细管流量计校正流程图。

② 系统试漏。该系统试漏采用负压法：将集气瓶 7 中注满水，压力计 9 上接胶皮管的螺旋夹夹紧，旋紧螺旋夹 E，关闭旋塞 B、C，拧开螺旋夹 D，若集气瓶中滴几滴水后不再滴水，即不漏气。若漏气则应把漏气处找到，并进行处理，如此反复下去，直至整个系统不漏气为止。

③ 校正步骤：

a. 关闭螺旋夹 D，将集气瓶注满水，将旁道 A、C 全开，关闭旋塞 B，开动空压机逐步关小旁道 A，使稳压瓶内产生少量气泡。

b. 调节 B 使 Δp 为指定值，当稳压后关闭旁道 C，同时调节螺旋夹 D，使排出集气瓶的水量等于进入集气瓶的气体量，此时集气瓶上的压差计应不出现压差。

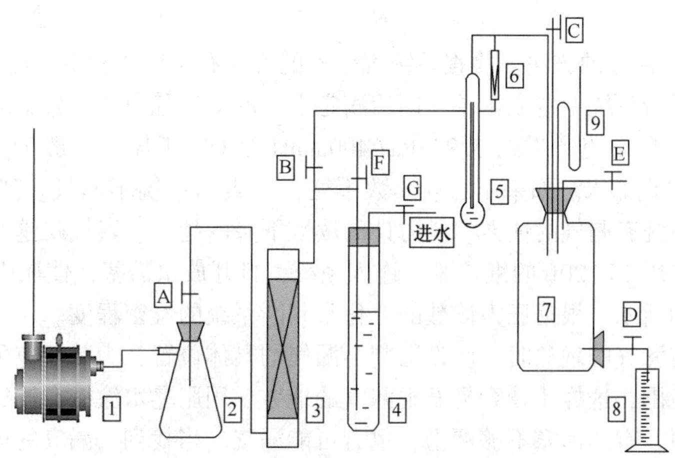

图 1-11　毛细管流量计校正流程图

1—压缩机；2—缓冲瓶；3—干燥器；4—稳压器；5—压差计；
6—毛细管；7—集气瓶；8—量筒；9—U 形压差计

c. 稳定后，将排出的水量用秒表定时放入量筒中，记下时间、水量、流量计的压差 Δp。重复上述操作，直至数据吻合：即相同的 Δp 下，单位时间排出的水量相同。记录实验数据。

压降 Δp					
时间					
流量					

d. 改变 Δp 值，重复上述步骤，获得几组不同数据即 Δp 和流量 w。

压降 Δp						
流量 w						

e. 作出 $\Delta p \sim w$ 关系曲线。

（3）实验应注意以下几点：

① 实验操作点应选曲线斜率较小处为宜，这样能保证流量变化小时有较大的 Δp 变化。

② 毛细管必须保持干燥、干净。若因操作不慎将指示液冲入毛细管，必须洗净、吹干再用。干燥好的毛细管不要用嘴吹。

（4）实验装置的安装：

① 安装时的注意事项。因为在系统中常常是易燃易爆气体，所以在安装实验装置时，必须注意保证系统的气密性。为此，在选用橡皮塞或乳胶管时应选用富有弹性的，且乳胶管与玻璃管径相同，这样才能紧紧套在玻璃管上，不致产生泄漏。另外在连接玻璃管时要将玻璃管管口烧至光滑，以免将乳胶管刺破。套玻璃管若困难，可在玻璃管上涂些甘油或水。用乳胶管连接两个玻璃管时，最好应使两个玻璃管碰上，乳胶管不需过长，一般为 2cm 即可。

应当选用口径合适的塞子，使得塞子塞好后有2/3的高度进入瓶中。装玻璃管或其他物件时，所选打孔器的直径应略小于所需安装物件的直径，所打的孔必须垂直。

安装实验装置时，应尽可能缩短各仪器之间的距离。只要不妨碍操作，还应注意美观和整洁。

② 检查系统气密性的方法：检查系统气密性的方法有正压法和负压法。

正压法：就是给系统中造成正压。即给滴定空气的集气瓶中注入自来水，从而使系统中形成一定的正压。当系统产生约3.92kPa(400mmH_2O柱)正压，一般为4~6.67kPa(30~50mmHg)时，即停止加水。如果压力计读数不变，就表示系统不漏气。如果压力计读数逐渐下降，就表示系统有漏气的地方。压力计的读数下降的越快，漏气就越严重。

负压法：一般用10~20L的细口瓶，连入系统，打开放水活塞，使瓶中水流出，系统形成负压，然后关闭活塞，根据压力读数的变化来判断系统的气密程度。

当发现系统有漏气的现象时，应设法判定漏气的具体位置，为此，应采用分段检查的方法，缩小检查的范围，这样比较容易发现漏气的地方。用肥皂水涂抹在连接处可能漏气的地方进行检查。有时，有的活塞不够严密，也有可能漏气。当找到了漏气的地方时，应设法改进改装，使之不漏。实在没有办法时，才采用封胶堵漏。

二、加热设备

（一）管式电炉和电热烘箱

1. 管式电炉

管式电炉是利用电流通过绕在炉膛内的电炉丝(镍铬丝)或其他加热元件而加热，常用的由镍铬丝绕成的电炉工作温度达950℃。

使用过程中应注意：

① 被加热物不得与炉膛在高温下发生任何作用(融熔等)。

② 接通电源前应处于无负载状态。

③ 从低负荷状态下开始升温，一般升至400℃，不要快于1h，然后即可迅速升温。新电炉或长期未用者升温更要缓慢，并在150℃维持1h。

④ 操作温度不得高于仪器规定的最高温度，注意计量温度的部位应位于温度最高处。

⑤ 停止使用时，先将负荷减下，然后拔下电源，使其自然冷却。

2. 电热烘箱

使用过程中应注意：

① 被烘物料装于容器内，放在箱内的隔板上，被烘仪器应预先尽量减少它所带的水分(如可能时把外表面先擦干)。

② 不能烘具有可燃、爆炸危险的物料，不能烘能放出腐蚀性或有毒气体的物料。

③ 开始通电时将加热开关调到“预热”处，以加速升温并注意温度变化。接近所需温度时将加热开关调到加热段(“低温”为80℃以下，“中温”为110℃以下，“高温”为140℃以下)。不允许温度超过铭牌规定的最高值(一般是200℃)。

④ 当温度到达所要求的值时，转动调温旋钮至指示灯出现明暗闪耀为止，可自动保持恒温(调温旋钮的刻度盘读数不是烘箱内的实际温度)。

⑤ 烘后及时取出试料及仪器。

用完后将调温旋钮转到零处，加热开关转到断处。

（二）恒温槽、接触温度计和电动搅拌器

1. 恒温槽和接触温度计

恒温槽用水或其他液体作介质，装有电热器和搅拌机，利用接触温度计(又称导电表)连接电子管控制器，可自动控制温度，波动不大于±0.1℃至±0.001℃。接触温度计是一支水银温度计，在底部导线与水银接触，作为一电极接到所控制温度处(可以上下调节)，再将二极引出，可以允许微弱电流通过。接触温度计只用于控制温度，它的读数并不代表真正温度。

使用过程中应注意：

① 使用的介质要注意不腐蚀容器，如用蒸馏水或加有缓蚀剂的自来水(如0.1%～1% Na_3CrO_4溶液)，或采用护屏蔽保护等。一个月以上不用时应放干、擦净。

② 只有当槽内水面超过加热器2cm以上时方可通电，以防加热器过热，断电后也不要立即把水倒出。

③ 利用磁铁使接触温度计内的悬线升降。当达到欲控制温度时使悬线端点刚好触及汞柱(可由控制器的指示灯的闪耀看出)，即可自动保持恒温(但仍应经常检查)。

④ 注意避免任何物料溅落于槽中。

2. 电动搅拌器

实验室常用的搅拌器采用25W单相串极电动机驱动，转速达4000～6000r/min。降低转速的方法有：降低输入电压、串联一个足够大小的电阻或电抗、利用机械方法等。

使用过程中要注意：

① 使用前先用手转动转轴，如果转动不灵活或触及其他仪器，要重新调整。

② 显示转速为最低，然后根据需要加速。

③ 如果通电后电动机不转，应立即断电检查。

④ 电动机的表面温度不得超过铭牌规定的允许温度(一般为65℃)。

三、常用反应器

（一）化工厂生产常用标准反应器。

1. 反应器分类

实际生产过程中，存在各种各样的化学反应，反应类型不同，所用反应器的结构也不相同。通常为了便于研究和应用，先将化学反应进行分类，然后根据反应类型确定反应器的类型。

按化学反应的可逆性，可以分为可逆反应和不可逆反应；按化学反应的热效应，可以把所有的反应分为放热反应和吸热反应两大类；按反应机理的繁简程度与彼此间的关系，可以分成简单反应和复杂反应，对复杂反应又可按基元步骤间的关系不同，再分为平行反应、连续反应等；按反应物的性质，可分为无机反应、有机反应和生化反应等；按反应的动力学特性，可分为零级反应、一级反应、二级反应和多级反应等；按参与反应分子种类，可以把反应分成单分子反应、双分子反应和三分子反应；按引起化学反应的原因不同，可以把反应分为热化学反应、光化学反应以及核化学反应等；从反应物质所处状态，又可以分成气相反应、液相反应、固相反应和多相反应等。

由于分类的标准不同，化学反应可以进行多种多样的分类，以适应不同情况的需要，使复杂的化学反应知识系统化。表1-9是按照反应工程的观点给出的常见化学反应分类方法和种类。

表 1-9　常见化学反应分类方法和种类

分类依据	反应类型	
反应物系相态	均相反应	非均相反应
	气相、液相、固相	气液、气固、液固、液液、固固、气液固
是否用催化剂	催化反应、非催化反应	
操作条件	等温反应、变温反应、常压反应、加压反应、减压反应	
操作方式	间歇反应、连续反应、半连续半间歇反应	

(1) 按物料的聚集状态分类：这种分类的实质是按动力学特性分类。不同聚集状态的物质，其反应有不同的动力学规律。按物料的聚集状态，可分为均相反应器和非均相反应器两大类。它们又可分为若干种，如表 1-10 所列。这类分类常应用于科学研究中。

表 1-10　按物料聚集状态分类的反应器

聚集状态	反应相态	举例	特性	适用的反应器型式
均相	气相	燃烧、裂解、烃高温氯化等	无相界面，反应速率只与浓度、温度有关	管式
	液相	中和、酯化、水解等		釜式、管式
非均相	气-液相	氧化、氯化、加氢、化学吸收等	有相界面，实际反应速度与相界面大小及相间扩散速度有关	釜式、塔式
	液-液相	磺化、硝化、烷基化等		釜式、塔式
	气-固相	燃烧、还原、各种固相催化等		固定床、移动床、流化床
	液-固相	还原、离子交换等		釜式、塔式
	固-固相	电石、水泥制造等		回转窑式
	气-液-固相	加氢裂解、加氢脱硫等		釜式、固定床、流化床

(2) 按反应器的结构型式分类。这种分类的实质是按传递特性分类，反映出不同的反应器中最基本的传递过程的差别。按反应器的结构特征，常见的工业反应器可分为釜式、管式、塔式、筒式等反应器。它们最显著的区别是高径比的差异。釜式反应器又叫槽形反应器，它的高径比通常接近于 1；管式反应器的长径比相差很大，呈细长形结构，有单根直管、盘管、列管等型式；塔式反应器的高径比在上述两者之间，一般来说，高径比还是较大的。这种分类常见于工业生产中。表 1-11 列出了一些反应器的型式、特性及应用举例。

表 1-11　反应器的型式、特性及应用举例

型式		适用的相态	优缺点	生产举例
管式	单管排管列管	气相、液相	返混小，所需反应器容积小，比传热面大；轴向温差大，慢反应时，要求管长压降大	石脑油裂解，甲基丁炔醇的合成，管式法高压聚乙烯等
釜式	搅拌釜（单釜或多釜串联）	液相、液-液相、液-固相（可连续可间歇）	适应性大，操作弹性大，产品质量较均一；连续操作，容积要求大	苯的硝化，氯乙烯的聚合，高压聚乙烯，顺丁橡胶聚合以及制药、油漆、染料的生产
	鼓泡式搅拌釜	气-液相、气-液-固（催化剂）相	返混程度大，传质速度快，需耗动力	苯甲酸氧化，苯的氯化，液态烃的氧化等
塔式	空塔或搅拌塔	液相、液-液相	结构简单，返混程度与高/径比及搅拌有关；轴向温差大	苯乙烯本体聚合，醋酸乙烯溶液聚合，己内酰胺缩合等
	鼓泡塔	气-液相，气-液-固（催化剂）相	气体返混小，液体返混大，气体压降大，流速有限制	苯的烷基化，乙醛氧化，二甲苯氧化等
	填料塔	液相、气-液相	结构简单，返混小，压降小；有温差，填料装卸麻烦	化学吸收
	板式塔	气-液相	逆流接触，气液返混均小，可板间换热；流速有限制	异丙苯氧化，苯连续磺化等
	喷雾塔	气液相快速反应	结构简单，相界面积大；气速有限制	氯乙醇制丙烯腈，高级醇的连续磺化等
固体相静止	固定床（列管或塔）	气固相	返混小，固体催化剂不易磨损，传热不佳	乙苯脱氢，合成氨，SO_2接触氧化，乙烯直接氧化制环氧乙烷等
	蓄热床	气相，以固相为载热体	结构简单，材料易得，切换频繁，温度波动大	石油裂解，天然气裂解等
	滴液床	气-液-固相	催化剂带出小，易分离，气液分布均匀；温度调节困难	焦油加氢精制，丁炔二醇加氢等

2. 基本反应器

（1）基本反应器类型。在化工生产中，把反应器的结构型式和操作方法结合起来考虑，最简单、最常用的反应器称为基本反应器。基本反应器有以下三种：间歇釜式反应器（简称间歇釜）、管式反应器（简称反应管）、连续釜式反应器（简称全混釜）。图 1-12 为常见的反应器，基本反应器如图 1-13 所示。

（2）基本反应器的特点。在基本反应器内，如果进行的化学反应只有一个相，那就是均相反应器。常见的有均匀液相反应和均匀气相反应。这一大类反应的范围广泛，如酸碱中和、酯化、皂化等均为液相均相反应，氯气与氢气合成氯化氢气体以及烃类的高温裂解等为气相均相反应。

① 间歇理想釜式反应器。间歇理想釜式反应器简称间歇釜，结构如图 1-14 所示。反应

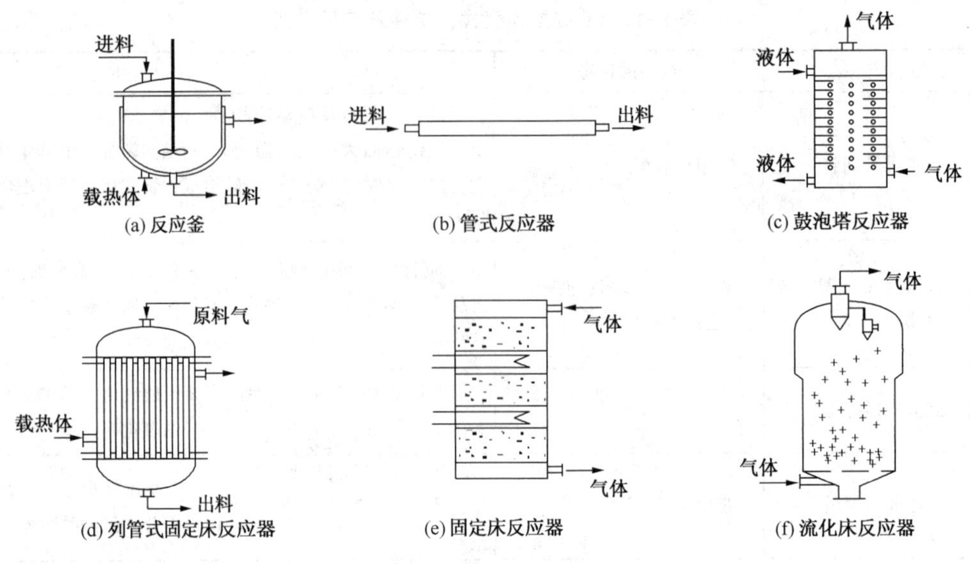

图 1-12　常见反应器

器主体为一钢制筒体，外有夹套用以加热或冷却反应器内物料，装有可调速的搅拌器，上端有进料口，下端有出料口。另外还有测温点和压强表等。

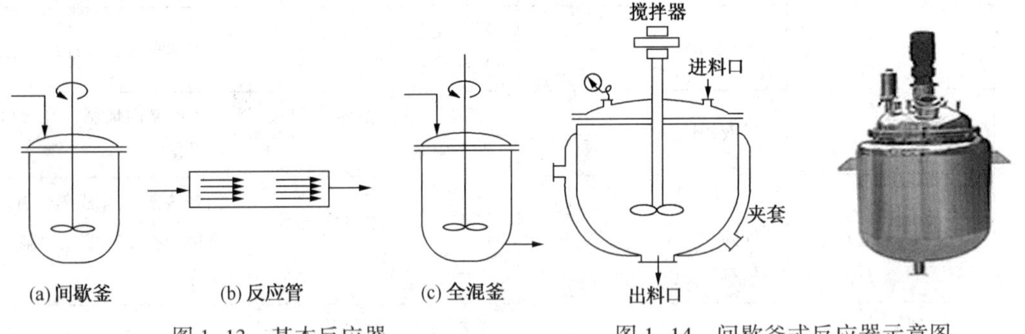

图 1-13　基本反应器　　图 1-14　间歇釜式反应器示意图

反应物料一次性由进料口按一定配比加入，物料的体积一般为反应器几何容积的 1/2~2/3。然后开动搅拌器，使整个釜内浓度和温度保持均匀。夹套通入加热或冷却载体，控制料液温度使之在指定的范围之内。当反应达到预定的转化率后，将物料放出，并将反应器清洗干净，完成一个生产周期，准备下批物料的生产。

这种反应器的生产是分批进行，每批操作过程是：进料→升温→反应→降温→出料→清洗。

其中，进料、升温、降温、出料、清洗各步所需的时间加起来称为辅助时间 τ'，反应所需时间为 τ，故每批生产所需的总时间为 $\tau+\tau'$。由于这种反应器基本符合间歇完全混合流动模型，因而有：

反应过程中，C_A、x_A、反应速率$(-r_A)$是时间的函数，它们随时间变化，因而是一个不稳定过程；

物料在器内混合均匀，釜中任一微元的组成即可代表全釜的组成，即空混=∞；

所有物料在反应器中的停留时间是相等的，即返混=0；

操作弹性大，灵活性大，主要用于液相反应；不易实现自控，每批产品质量易不均，占用劳力多，不易实现大规模生产。常用于多品种、小批量的生产。

② 连续理想管式反应器。这种反应器又称平推流反应器、活塞流反应器或反应管。这种反应器的结构非常简单，一般是直管，要求有足够大的长径比(L/d>50)。反应物料从管的一端送入，一边流动一边反应，从管的另一端引出时，已达到预定的转化率。如图 1-15 所示。

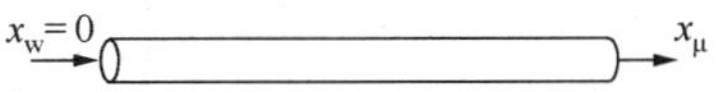

图 1-15　连续理想管式反应器示意图

由于这种反应器基本符合连续理想流体流动模型。故其性能和特点有：

a. 通常情况为连续稳定过程，在反应器的各个截面上，C_A、x_A、$(-r_A)$ 均为定值，但其随管长方向变化；

b. 各质点在反应器中停留时间相同，没有反混；

c. 各质点在流动方向上作有规则的平行移动，相互之间并无位置的交换，没有空混；

d. 容易实现大规模生产和自动控制。常用于气相均相反应的场合，如石油烃类的热裂解反应等。

在等温等容的过程中，同一反应在相同的反应条件下，为达到相同的转化率，反应组分在理想间歇釜中的反应时间与理想管式反应器内的空间时间是相同的。这是因为在这两种反应器内物料没有返混，所有微元停留时间相同，反应物浓度经历了相同的变化过程，只是在理想间歇釜内浓度随时间变化，而在理想管式反应器内浓度随轴向长度变化而已。

③ 连续理想釜式反应器。这种反应器又称连续理想混合反应器、全混釜。结构与图 1-5 完全相同，只不过是它们的操作方式不同。连续理想釜式反应器是连续进料，连续出料，进料出料的速率是均匀的。

由于连续理想釜式反应器基本符合连续理想混合流动模型，故其性能和特点是：

空混=∞，釜内各点的 C_A、x_A、$(-r_A)$ 都是相同的，且与出口处的各参数是一致的；

返混=∞，这种反应器由于返混对物料浓度的冲稀程度最大，存在停留时间分布，有平均停留时间；

各参数不随时间变化，是连续稳定过程；

多用于液相均相反应，且反应物的浓度要求较低的情况下。

中、小型化工生产过程中多采用釜式反应器，石油化工中试装置即采用了多个反应釜，下面特地介绍釜式反应器。

釜式反应器又称槽式反应器、反应锅或反应釜，它的主体一般为敞口或密闭的圆筒形釜体，釜底呈椭圆形或圆锥形，釜盖为平形或椭圆形。见图 1-16。

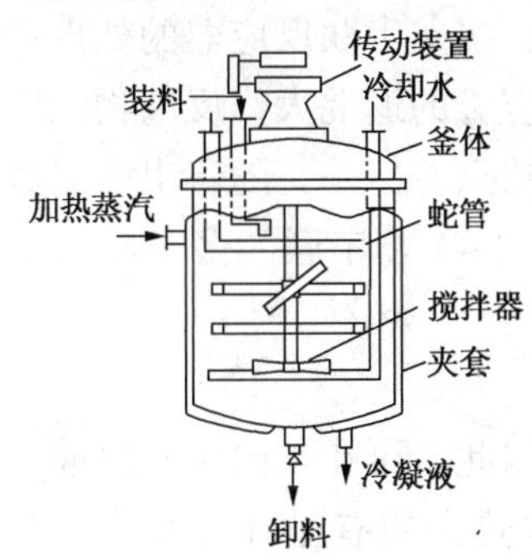

图 1-16　搅拌式反应釜的结构

为了物料的混合，釜内常设置搅拌装置。搅拌装置一般采用机械搅拌器和气(液)流搅拌器两类。机械搅拌釜式反应器根据操作方式可分为间歇搅拌釜式、连续搅拌釜式和多级串联搅拌釜式反应器等型式，其示意流程如图 1-17 所示。

釜式反应器在化学工业中应用十分广泛，它不仅用于液相反应、固相反应、气液反应或气液固反应，也可用于混合、溶解、结晶或热交换操作。它用于高分子聚合反应时，一般常称为聚合釜，用于高压操作时，则称为高压釜。

釜式反应器根据物料的腐蚀性，可采用铸铁、钢、不锈钢等各种材料制造，亦有适用于特定场合的搪瓷反应釜，近年来，

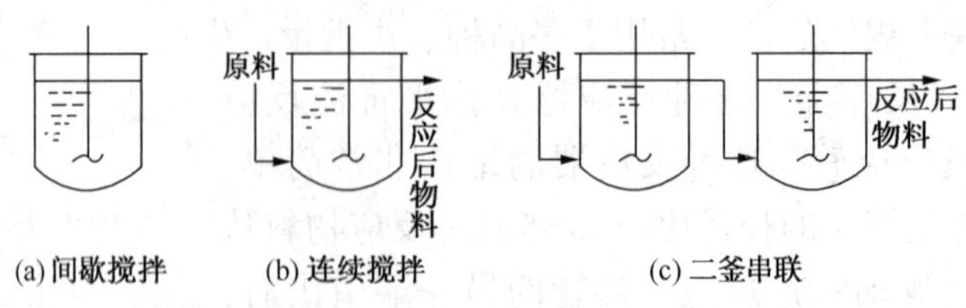

图 1-17 间歇搅拌、连续搅拌和多级串联

钛材的应用为解决反应釜的耐腐蚀问题开辟了新的途径。

搅拌釜式反应设备在一般化工生产以及高聚物生产中被普遍采用。搅拌不仅能改善传热条件，使聚合温度趋于均匀，而且能强化传质过程，有利于聚合反应进行。聚合反应器中约有 90%采用搅拌釜。在成纤高聚物生产中，如聚酯、聚酰胺和聚丙烯腈的生产，均可采用搅拌釜式反应器。此外，熔融、混合、溶解、脱泡等过程也可采用。所以搅拌釜式反应器是应用广泛的一种设备。

搅拌釜式反应器的结构应满足聚合反应工艺的要求，必须具有足够的容积、换热面积、机械强度和刚度，具有良好的搅拌及抗腐蚀能力，并且要求结构简单、密封可靠、制造与维修方便。

同样的搅拌釜，可以采用间歇法操作，也可采用连续法操作。由于操作方法不同，其工作原理亦不同。

④ 多釜串联。在多釜串联反应器中，就每一个釜而言，都具有理想混合反应器的特征。釜与釜之间为管道连接，可认为不存在返混，相当于活塞流。但对多釜串联反应器整体来看却发生了显著变化。比如，虽然在任意一个釜内反应物浓度、温度、反应速度都一样，但由于反应不是在一个釜内一次完成，而是在多个串联的釜中逐步进行的，因而反应物浓度从第一个釜起依次到最后一个釜是阶梯式降低的。因此，如果把一个容积为 V_R 的理想混合反应釜用 N 个容积为 V_R/N 的理想混合反应釜串联来代替。若两者的起始和最终浓度及反应温度都相同时，后者只有在最后一个釜(第 N 个釜)内的反应物浓度 C_{AN} 与容积为 V_R 的单釜内的浓度 C_{Af} 相同，而其余各釜内的浓度均高于第 N 釜。从整个反应过程来看，在单个连续理想反应釜中，反应物浓度由 C_{A0} 一次降至 C_{Af}。在管式反应器中，反应物浓度从 C_{A0} 逐渐降低，直到出口等于 C_{Af}。故在单个连续理想反应釜中，反应物浓度是最低的。多釜串联反应器中，反应物浓度处于两者之间。串联的釜数愈多，浓度的分布愈趋近于管式反应器，釜数愈少，愈近于连续理想反应釜。反应物浓度高，反应速度快，因而完成同样的反应，在相同条件下，所需多釜串联反应器的容积比单釜的小；反之，若容积相同，多釜串联反应器的处理量比单釜的大。因此，多釜串联反应器既可以克服单个连续理想反应釜的返混大、反应物浓度低的缺点，又可以避免管式反应器的温度差大、难于稳定控制的缺点。但是，随着串联釜数的增多，使设备投资和操作费用增加。因此，实际生产中常采用 2~4 釜串联。多釜串联反应器和单个釜式反应器一样，多用于液相反应。

3. 反应釜的控制

(1) 反应温度控制。反应过程有吸热反应，也有放热反应，因此，可在釜内设取热或供热盘管；也可在釜外壁设夹套，通入取热或供热介质。常用的取热介质有循环冷却水、盐水、导热油等，本实训装置采用在夹套内通循环冷却水进行取热方式。常用供热介质有水蒸气、导热油等，有时也可在釜内安装电加热管，直接通电加热，本实训装置采用在夹套内通水蒸气进行供热方式。在反应釜内设置有铂电阻或热电偶，利用温差产生不同的电量转换成电讯号，传输至温度指示调节仪，调节控制取热或供热介质流量，对加热电路采用固态调压器来调压，调节电位器的大小，从而改变加热输出电压的大小，达到无级调压，如果调节适当就能满足升温或降温速度及恒温的目的。

(2) 反应压力控制。有些时候反应压力对反应过程影响较大。因此，要采取相应措施来满足反应过程对压力的不同需求。反应过程的压力一般有减压、常压、加压三种反应压力操作模式。通过对反应釜内抽真空方式实现减压反应模式，抽真空方法有机械抽真空和流体水力抽真空两种方式，本实训装置这两种方式都能实现。加压反应可通过向反应釜内通入高压惰性气体的方式实现，常压反应可通过自然或放空方式来实现。总之，反应过程压力可通过抽真空负荷、放空、通入惰性气体压力等方式来实现不同压力控制。

(3) 搅拌转速控制。搅拌驱动电机为交、直流伺服电机，可实现搅拌转速显示和无级调速功能。

4. 反应釜的操作规程

(1) 开车准备：

① 检查釜内、搅拌器、转动部分、附属设备、指示仪表、安全阀、管路及阀门是否符合开工和安全要求。

② 检查水、电、气是否符合开工和安全要求。

③ 检查各种所需物料是否准备就绪。

(2) 开车：

① 加料前应先开搅拌器，无杂音且正常时，将料加到釜内，加料数量不得超过工艺要求。

② 打开蒸汽阀前，先开回气阀，后开进气阀。打开蒸汽阀应缓慢，使之对夹套预热，逐步升压，夹套内压力不准超过规定值。

③ 蒸汽阀门和冷却阀门不能同时启动，蒸汽管路过气时不准锤击和碰撞。

④ 开冷却水阀门时，先开回水阀，后开进水阀。冷却水压力不得低于 0.1PMPa，也不准高于 0.2MPa。

⑤ 水环式真空泵，要先开泵后给水；停泵时，先停泵后停水，并应排除泵内积水。

⑥ 随时检查设备运转情况，发现异常应停车检修。

⑦ 清洗钛环氧(搪瓷)设备时，不准用碱水刷釜，注意不要损坏搪瓷。

(3) 停车

① 停止搅拌，切断电源，关闭各种阀门。

② 铲锅时必须切断搅拌机电源，悬挂警示牌，并设人监护。

③ 反应釜必须按压力容器要求进行定期技术检验，检验不合格不得开车运行。

(二) 实验室常用非标准反应器

1. 合成反应器

有市售定型反应器和非定型反应器两类。自行设计、加工的反应器，虽没有统一的规格标准，但必须考虑以下因素：

① 反应器在使用中的最高承受温度和最低承受温度。

② 反应器材质是否与反应物有化学反应。

③ 反应是在怎样的压力下进行。

④ 反应属于一般工艺合成实验，还是属于化学动力学实验等。

只有充分考虑上述情况，才能制造出合适的反应器。

2. 均相反应器

均相反应中，物料是均匀单一相态。例如，石油裂解反应中采用的反应器是均相反应器。由于反应温度高，产物组成十分复杂，所以反应器由不锈钢管制成。如果反应管长度≤500mm，可用直管并配用管式电炉。如果超出这个长度，可用盘管，并配用金属块热浴。

在实验室中，液相均相反应通常是在带搅拌器的三口烧瓶中进行。实际上，它是一种简单的带搅拌的釜式反应器，不但适用于液相均相反应，也适用于液相非均相反应。近年来，在高分子化工、精细化工研究中，多采用此类反应器，所以说，它是液相反应中最典型的反应器。

图 1-18 中，(a)是气相均相反应采用的盘管式管形反应器；(b)是液相反应通常采用的三口烧瓶(釜式)反应器，它带有回流冷凝管、电动搅拌器、温度计等。加热方式有浴热、电热套等。

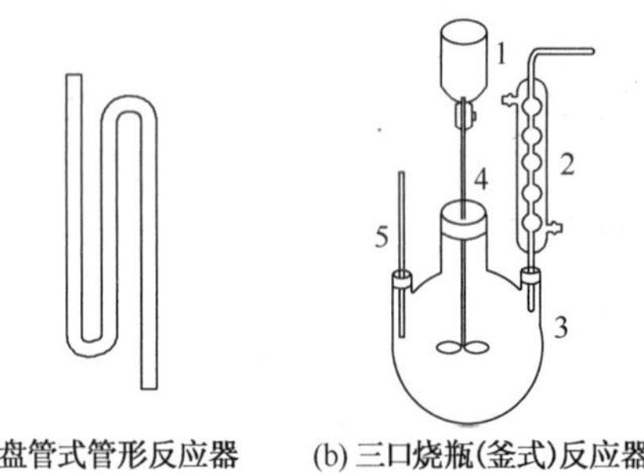

(a) 盘管式管形反应器　　(b) 三口烧瓶(釜式)反应器

图 1-18　均相反应器

1—电动搅拌器；2—水冷凝器；3—三口烧瓶(反应器)；4—搅拌器；5—温度计

3. 气-液相反应器

气-液相反应器是处理气液相反应过程的反应器。它的种类很多，从外型上可分为塔式(填料塔、板式塔、鼓泡塔、喷雾塔、膜式塔)和机械搅拌式反应器两类；从气液相界面的形成方式分为鼓泡塔、机械搅拌釜式和膜式反应器等。气-液相反应器主要应用在两个方面：一是用来除去气体中的微量有害杂质，或用来回收有用物质，作为化学吸收反应器；二是作为生产新化学品的合成反应器。随着化学工业的迅速发展，气-液相反应的应用正在日益增多，出现这种趋势的主要原因是由于高效液体催化剂的不断研发，新工艺的不断出现，使气-液相反应过程的经济技术指标不断改善。

在液体的氯化、氧化、烷基化等反应中，都可以使用气-液相反应器。

因为鼓泡塔反应器的结构简单，常用于很多场合，其结构见图 1-19。

4. 气-固相反应器

反应物料呈气相、催化剂为固体颗粒的化学反应称为气-固相反应。气-固相反应所采用的反应器按反应床型分为绝热固定床式、管式固定床式和流化床式三种。其中绝热床式反应器是最简单的气-固相反应器。其反应层与外界绝热，但反应层温度并不均匀。所以它只适用于对温度不太敏感的反应或热效应很大的吸热反应。它的反应层不能太厚，所以反应要分为多段进行。对于反应热效应较大、对温度较为敏感的放热反应，并且要求转化率高的反应，实验时多采用管式固定床反应器。流化床反应器与固定床反应器不同，它采用小颗粒的

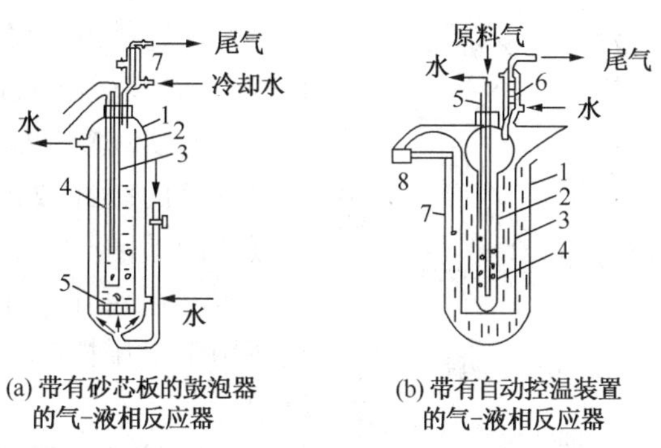

(a) 带有砂芯板的鼓泡器的气-液相反应器　　(b) 带有自动控温装置的气-液相反应器

图 1-19　气-液相反应器

1—反应器；2—夹套；3—加热电阻丝；5—砂芯板；6—冷却入口；7—水冷凝器；

1—浴热槽；2—反应器；3—加热电阻丝；4—鼓泡器；5—长脚温度计；6—水冷凝器；7—温控热电偶；8—电位差计

催化剂，处于不停的流动状态，因此，它既有利于内扩散控制的反应，又强化了催化剂层的传热，使反应层内温度均匀。但是，因为催化剂始终处于流动状态，互相碰撞的机会多，因此催化剂磨损也较大。对某些反应，它的转化率及选择性往往不及固定床反应器。

这里着重介绍实验用固定床反应器。在合成实验里，气-固相固定床反应器是应用较多的一种。这种反应器是由实验者根据实验目的和试验条件，自行设计和制作的一种非定型仪器。

实验室常用的几种气-固相催化反应器如图 1-20 所示：图中(a)是竖式气-固相催化反应器，热电偶套管和反应管为同心管，顶端熔接在反应管上端，底端卡在催化剂托盘中心。热电偶可以在热电偶套管中上下移动，以测定床层轴向温度。(b)是简易竖式气-固相催化反应器，它与(a)的区别在于出口不同：(a)为标准磨口，与产物接受器的口配套；(b)为敞口(用塞子)。(c)为卧式气-固相催化反应器，测温套管是穿过塞子的一只细口径硬质玻璃管，其中可放入热电偶，也可以插入玻璃温度计，以测量催化剂床层温度。

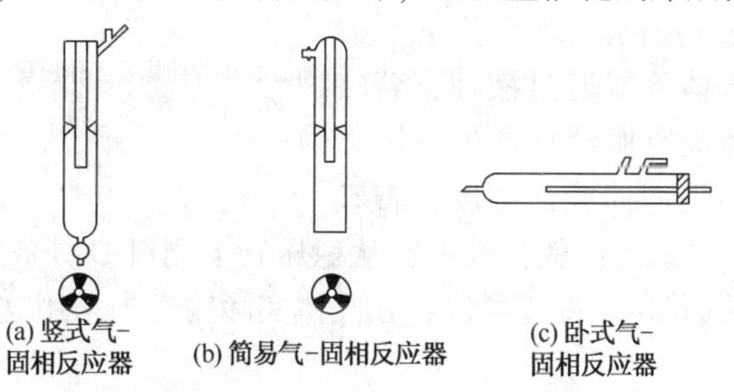

(a) 竖式气-固相反应器　　(b) 简易气-固相反应器　　(c) 卧式气-固相反应器

图 1-20　实验室用气-固相催化反应器示意图

以上三种型式的反应器均采用高温硬质玻璃制成，特点是轻便、灵巧，可以夹在实验铁架的任意位置上操作。

四、气体输送装置

1. 气流的缓冲装置

如图 1-21 所示，气体在管路中输送，常因为操作不正常或气体压缩机脉冲运动造成气流不稳定，使系统压力发生波动，给实验带来不良后果，实验室常利用缓冲罐或缓冲瓶使气流的流动变得平稳和缓和。

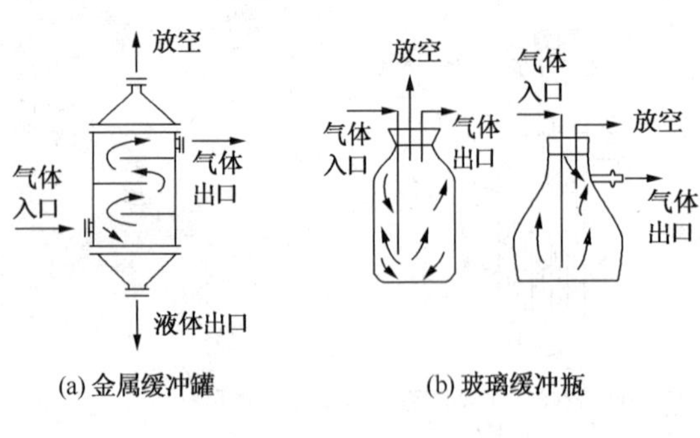

图 1-21　气流的缓冲装置

缓冲罐是由金属制造的体积较大的筒体，快速流动的气流经过这里，就会因体积突然变大而速度减慢。如果缓冲罐里面填充填料，则对气流的缓冲效果更好。它不适合于有腐蚀气体的操作。

缓冲瓶可用 10L 大口瓶或吸滤瓶代替，只适用于常压操作，玻璃缓冲瓶的优点是耐腐蚀。

2. 气流的稳压操作装置

压力是影响反应的重要参数之一。原料气体在管路中输送，因为环境温度的变化或气体输送设备的脉冲运动(如空气压缩机)，系统压力发生波动，这对原料气的计量及反应均不利。为此，采用一定技术措施防止系统压力波动是十分必要的。

前述缓冲罐和缓冲瓶那样的缓冲装置只能使管路系统的压力波动得到缓解，但不能使压力恒定。

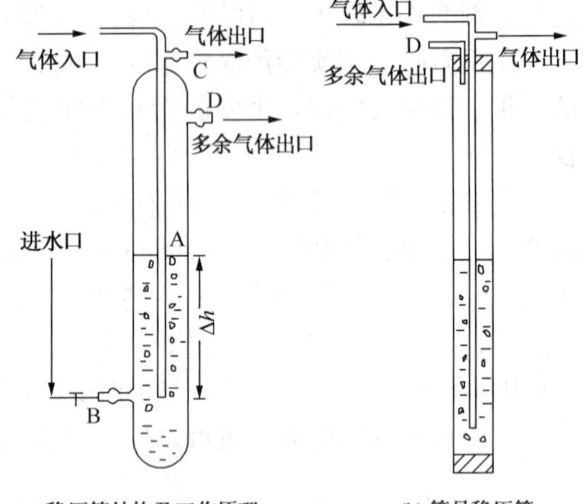

图 1-22　气体稳压管

图 1-22(a)所示的气体稳压管，是直径为 25～30mm、长为 1000～1500 mm 的玻璃制品，管内是一根直径为 7～8 mm 的同心管。下支管是进口管，用以调节液柱水位。图 1-22(b)是自制简易稳压管，其工作原理同图 1-22(a)。

稳压管水位高度 Δh 由进水口螺丝夹 B 来调节。液面 A 到进水口 B 之间的距离为 Δh，系统压力由 Δh 的大小进行控制。Δh 产生的压力若大于系统压力，则气体不能通过液柱；若略小于系统压力，则气体能克服液柱产生的阻力鼓泡通过液面。因此事先调控液面高度，若气路系统一旦压力增高，多余气体就会鼓泡，从稳压管上侧口 D 处放空，从而使支管 C 排出气体的压力因 Δh 恒定而稳定不变。所以，在气体实际输送中采用这种稳压装置输出的气体压力就能达到恒定。

Δh 的高度，调到刚好有少量气体鼓泡而出为宜。如果液柱差 Δh 产生的压力太小，气体通过液柱阻力太小，呈沸腾状并有大量的气泡冒出，不但使稳压管中的水有冲出的危险，而且水冲出后使液柱高度变小，使系统的压力发生变化，达不到气体稳压目的。玻璃制稳压管只适于常压下气体稳压操作。

五 、泵类设备

1. 真空泵

根据中华人民共和国机械行业标准 JB/T 7673—95 的规定，国产各种真空泵是由基本型号和辅助型号两部分组成，两者中间为一横线。其表达型式为 123—456。数字 123 表示基本型号，456 表示辅助型号。

国产真空泵的型号通常以表 1-12 中的汉语拼音字母来表示。若在拼音字母前冠以“2”字，则表示泵在结构上为双级泵。

某些真空泵系列对其抽气速率则以几何级数来分档。其单位是“L/s”。共分 18 个等级，分别为 0.2，0.5，1，2，4，8，15，30，70，150，300，600，1200，2500，5000，10000，20000，40000。

真空泵系列有时也可用泵的入口尺寸来表示，其单位是“mm”。由于泵的种类较多，选用时应根据实际需求，并参阅不同生产厂家的产品说明书式样本，这是很重要的。

表 1-12　常用真空泵的汉语拼音代号及名称

序号	代号	名　称	序号	代号	名　称
1	W	往复真空泵	11	YZ	余摆线真空泵
2	Z	油扩散喷射泵(油增压泵)	12	DG	灌注式低温泵
3	D	定片真空泵	13	L	溅射离子泵
4	S	升华泵	14	IF	分子筛吸附泵
5	X	旋片真空泵	15	XD	单级多旋片式真空泵
6	LF	复合式离子泵	16	SZ	水环泵
7	H	滑阀真空泵	17	F	分子泵
8	GL	锆铝吸气剂泵	18	PS	水喷射泵
9	ZJ	罗茨真空泵(机械增压泵)	19	K	油扩散真空泵
10	DZ	制冷机低温泵	20	P	水蒸气喷射泵

真空泵的种类很多，但实训、实验室常用的有 2X 系列真空泵，该种泵的结构较简单、体积小，使用方便。真空泵在使用过程中要注意观察油窗液位的变化，及时补充真空泵润滑油，以保证泵工作时润滑良好。

2. 空气压缩机

空气压缩机是气源装置中的主体，它是将原动机(通常是电动机)的机械能转换成气体压力能的装置，是压缩空气的气压发生装置。空气压缩机的种类很多，按工作原理可分为容积式压缩机、往复式压缩机、离心式压缩机。容积式压缩机的工作原理是：压缩气体的体积，使单位体积内气体分子的密度增加以提高压缩空气的压力；离心式压缩机的工作原理是：提高气体分子的运动速度，使气体分子具有的动能转化为气体的压力能，从而提高压缩空气的压力；往复式压缩机(也称活塞式压缩机)的工作原理是：直接压缩气体，当气体达到一定压力后排出。

无油式螺杆空压机排出压缩空气不含润滑油。其特点是：螺杆与箱体之间，螺杆之间不接触，不需要内部润滑，可以得到不含油分的清洁压缩空气；排出压力没有脉动；维护与检修方便；震动小。缺点是所排出压力受到限制。

空气压缩机的选择主要依据气动系统的工作压力和流量。气源的工作压力应比气动系统中的最高工作压力高 20%左右，因为要考虑供气管道的沿程损失和局部损失。如果系统中某些地方的工作压力要求较低，可以采用减压阀来供气。空气压缩机的额定排气压力分为低压(0.7~1.0MPa)、中压(1.0~10MPa)、高压(10~100MPa)和超高压(100MPa 以上)，可根据实际需求来选择。

3. 计量泵

计量泵是一种可以计量被输送流体的特殊容积式泵，由动力驱动、流体输送和调节控制三部分组成。动力驱动装置经由机械联杆系统带动流体输送隔膜(活塞)实现往复运动：隔膜(活塞)于冲程的前半周将被输送流体吸入并于后半周将流体排出泵头，所以，改变冲程的往复运动频率或每一次往复运动的冲程长度即可达到调节流体输送量的目的。精密的加工精度保证了每次泵的输出量，进而实现被输送介质的精密计量。因其动力驱动和流体输送方式的不同，计量泵可以大致划分成柱塞式和隔膜式两大种类。

柱塞式计量泵：有普通有阀泵和无阀泵两种。柱塞式计量泵因其结构简单和耐高温高压等优点而被广泛应用于石油化工领域。针对高黏度介质在高压力工况下普通柱塞泵的不足，一种无阀旋转柱塞式计量泵受到愈来愈多的重视，被广泛应用于糖浆、巧克力和石油添加剂等高黏度介质的计量添加。因被计量介质和泵内润滑剂之间无法实现完全隔离这一结构性缺点，柱塞式计量泵在严防污染流体计量应用中受到诸多限制。

隔膜式计量泵：是利用特殊设计加工的柔性隔膜取代活塞，在驱动机构作用下实现往复运动，完成吸入-排出过程。由于隔膜的隔离作用，在结构上真正实现了被计量流体与驱动润滑机构之间的隔离。高科技的结构设计和新型材料的选用已经大大提高了隔膜的使用寿命，加上复合材料优异的耐腐蚀特性，隔膜式计量泵目前已经成为流体计量应用中的主力泵型。在隔膜式计量泵家族成员里，液力驱动式隔膜泵由于采用了液压油均匀地驱动隔膜，克服了机械直接驱动方式下泵隔膜受力过分集中的缺点，提升了隔膜寿命和工作压力上限。为了克服单隔膜式计量泵可能出现的因隔膜破损而造成的工作故障，有的计量泵配备了隔膜破损传感器，实现隔膜破裂时自动连锁保护；具有双隔膜结构泵头的计量泵进一步提高了其安全性，适合对安全保护特别敏感的应用场合。作为隔膜式计量泵的一种，电磁驱动式计量泵以电磁铁产生脉动驱动力，省却了电机和变速机构，使得系统小巧紧凑，是小量程低压计量泵的重要分支。

第二章　化工过程开发及专业实验设计

第一节　化工过程开发与实验技术

一、过程开发的意义

工业技术发展几乎都是与生产技术开发或者说过程开发紧密相连的。过程开发推动了生产的进步，对石油化学工业也不例外。

石油化工领域的过程开发是指从实验室取得一定的小规模生产效果和相关试验数据之后(包括采用某种新工艺、新原料、新产品、新催化剂、新设备等)，将其过渡到第一套工业装置的全部过程。由于它涉及到化学工业的化工工艺、化学工程、化工装置、设备材料、操作控制、技术经济等各个领域，包括了从试验研究到工程设计、设备选型、设备制造以及最终施工建厂、投入生产的所有过程，所以，它是一项综合性、技术性很强的庞大工程。

化学工业发展过程中，化学工程理论的发展大大缩短了从实验室向工业规模过渡的进程。尤其在化工数学模型化和电子计算机广泛应用的时代，把化工开发推向了一个新的高度，能使某些过程从实验室规模一次放大至数千倍甚至一万倍以上，并直接用于生产。最典型的实例就是精馏过程的放大，但是，绝大多数的开发还达不到这种程度。

任何一种过程开发的第一个阶段都是从实验室开始的，这一工作是最基本的。通常实验过程对选择的工艺路线、反应方式、分离方法和步骤等各种方案进行对比，用所得的最佳数据(最大收率、最大选择性、最低能耗、最低投资费用)去证实方案的可靠性和可行性，以此确定开发工作是否进行下去。从这一意义上讲，实验阶段是开发工作的起点。但实验室研究成功的项目并不等于工业上能付诸实现，把实验室取得的成果过渡到工业生产还要进行一系列开发工作(包括模型装置和中间试验装置的设计等实验)。当然，这时的开发工作属于以工业生产为目标的工程阶段。

鉴于目前化工过程开发处于从经验向科学过渡阶段，相似放大已不能满足复杂过程的要求。数学模拟放大是当前最重要的放大手段。可是，不管是经验、半经验或数学模型的放大方法，原始数据的来源大都是从实验中取得。故掌握实验技术，掌握进行实验的操作技能，是快速、准确、有效地进行化工开发工作的基础。本课程目的在于，将有关化工开发的实验技术较全面系统地介绍给学生，使学生掌握较多的实验理论和技术，提高实践能力，为胜任化工产品的过程开发工作打下基础。

二、化工开发的内容

化工开发工作从何处入手，它的范围如何，步骤是什么，与实验技术有何联系，这些问题都是化工生产的过程开发所需要说明的。

从广义上讲，化工开发是对某一产品进行全面的开发以满足国民经济发展的需要；从狭义上讲，在开发产品过程中，对每一个局部问题的处理和解决都应视为开发。当然化工开发中也存在技术风险，主要表现在工艺发展前途和竞争状况等方面。所以，化工开发必须工艺先进、经济合理、技术可靠。若对其他技术领域也有价值，则将更有开发意义。

通常将开发过程分为过程研究和工程研究两大类。过程研究包括小试、中试、冷模实验等实验内容，以及有关问题的实验室研究工作。工程研究是在实验室研究的基础上进一步从工程的角度收集整理有关技术资料，进行概念设计以及开发中的各种评价和基础设计。小型实验若不能揭示过程的各种特征，用工程研究就很难有应用的可能性。实验基础不牢固，往往导致实践的失败。因此，实验室研究工作的深度和广度并不亚于过程研究本身，它是整个化工开发的重要组成部分。例如，各种分析方法的研究，催化剂的开发，反应动力学数据测定，最佳工艺条件的选择等。进行这类工作的研究者要有足够的工程经验和理论水平，并掌握一定的实验技术，这样就能在小试中通过现象的积累而形成概念，以致完成概念设计和基础设计。开发应尽可能利用数学模型，通过实验再修正，最终完成设计。

由于化工反应过程的放大，其传递现象不能按小型设备取得的数据进行预测，因此必须用相当规模的模型实验去测定工程数据。故二次、三次评价基本上是中试实验，而第一次评价差不多全部是小型实验。实验进行过程中把资料上所不能解决的问题都予以解决，这样形成的概念和设计是可靠的。对评价结果(不管哪一个评价结果)若达不到理想的设计目的，则开发就要中止。因此，尽可能在前期做好各种评价，以避免出现开发最终终止现象的发生。

三、化工开发实验技术

化工开发的实验技术包括实验中的主观和客观所具备的条件。前者指在探求客观事物存在的归路中采用什么样的方法，以期用最少的实验获得可靠而明确的结论；后者是指在研究过程中选择什么样的装置、以什么样的手段获得过程和工程研究中所需的相关数据。

在实验中，采用普遍适用于各类研究的与对象特征无关的实验简化方法，如网络法、正交设计法、因次分析法、序贯设计法等，但真正大幅度简化则必须考虑特殊对象，不能随意采用上述方法安排实验，若采用数学模型使实验分解和简化，往往能快速获得最优结果。

在安排实验时，必须涉及实验方法论，应注意工程与实验的特性。获得一般规律并具有普遍实用性为目的与仅为解决特定的工程问题为目的是不同的，故采用的方法亦不同。

化工开发实验属于工程实验，否则，会使实验进入纯理论研究而不能快速解决实际工程问题。

化工开发的实验过程仅有正确的方法而不能采用先进的实验装置和巧妙的实验手段，也照样得不到可靠的数据。所以，当选定一种研究课题后，必须构思一条完成该任务的研究方案，审阅有关文献和资料，选择流程，确定研究设备而后才能展开工作。由于化工技术进展迅速，范围广泛，内容复杂，选择并建造优良的实验条件，将成为开发成功的关键。因此，实验技术显得格外重要。实验技术所概括的内容，大部分指实验研究的技术问题。我们把这一内容作为加强学生实践能力的学习之补充，予以重点介绍。

当前，化工开发研究方面所采用的实验技术有：基础研究的物质物性常数测定技术(包括纯物质或混合物的各种物性数据)、分析测试技术(包括化学分析与仪器分析)、催化剂制备与性能测试技术、化工反应技术(包括气液和气固反应、气固相催化反应、微型感应色谱、无梯度反应、程序升温脱附、激光反应、生化反应技术等)、分离技术(包括精馏、离子交换、膜分离、吸附分离、萃取、结晶、过滤、层析等分离技术)、高压实验技术、真空与超级真空实验技术、放射性物质的反应与测试技术以及与实验有关的自动控制技术等。实践中将根据研究目的选择相应的实验技术。

陈敏恒教授曾把实验过程答题分为两个阶段，即预实验阶段和系统实验阶段。预实验的目的是对研究对象有一个定性，最多是半定性的全面认识。这个阶段没有全面的计划，通过实验提出新问题，组织新的实验。一般把预实验分为三种情况：①为认识研究对象的归路和特征而专门设计的认识实验；②为弄清影响实验结果的各种因素而专门组织的析因实验；③对实验结果进行理论思考加工后再进行验证的鉴别实验。预实验是为概念设计服务的。

系统实验是为基础设计而进行的定量实验，有慎密的实验计划，使实验有系统的进行，实质上是以解决放大问题为目的，既是实验方法问题，也是选择放大路径的问题。

许多研究工作是遵循由小到大的实验原则，也未必按上述方法进行。例如某化工产品的工艺开发，开发的首要任务是进行催化剂研究。一旦该催化剂经初步评价认为有工业化前景时，工作即可进入开发的其他阶段。这时需进行反应动力学数据测定，以便进行反应器放大。在这之前，又必须确定反应器的类型。只有这种实验结束后才能建立中试装置。

物料分离的难度较小。在小规模试验之后即可建立中试装置。有些物质分离不经中试也可放大，因为这些过程基本属于物理过程。化学过程则不然，就反应器放大而言，比前者困难得多。虽然化学反应本身并不随装置变化而发生改变，但工程性的传递过程则会影响化学反应。这就必须进行放大实验，在许多情况下甚至需多级模拟放大才能保证放大的成功。这就是说，反应器放大只有经过测定物质的传递数据后才能最后确定反应器尺寸。

分析方法研究应放在首位，它对工艺过程开发很重要。有些物料需要有新的分析方法。对化工开发过程重要的是分析方法的可靠性和经济性，凡能选用标准方法的尽量使用标准方法。反应过程中必须选用适当分析方法对物料变化进行监督，这也是控制最优化的基本量度。分析数据的可靠性关系到化工开发的前途，因此有关分析方面的实验技术是极为重要的。

物性数据包括相平衡、临界参数、热物性数据及传递参数和安全技术等方面的特性数据。大部分数据可通过查阅手册，利用经验或半经验公式计算获得。当前各种数据库已经存储了所有公开发表的数据，如果不能满足要求则须进行直接测定。测定方法应尽可能利用文献推荐的装置或标准装置进行，如测定方法太复杂又须自行设计，则应把问题和热力学性质适当简化，以便能适合已知的测定方法。相平衡数据测定是化工开发的重要实验技术内容，其方法很多，可通过多种方法测定。

动力学数据测定中，对机理研究的测定技术不应列入化工开发的实验内容。因为有许多催化剂在工业上已成功的应用，虽然机理并未搞清，但也能有效的放大，这已被众多的实例所证实。如果通过机理模型测定反应动力学速度方程并应用反应器模拟放大，则不属此列。

单元操作实验是开发过程的重要内容之一。因为实验条件下的许多准数方程未必普遍适用，要进一步在开发实验中给予修正。如传热中对流给热是主要的，但在固体物料参与下有升华、凝固现象存在时，所有的间接传热都与热传导有关。传质问题比传热更复杂，实验中同时测定浓度差、温度差、压力差是非常困难的。必须以符合工艺传质设备的实验为依据，利用传热类似性和双膜理论、渗透理论测定传质阻力，利用湿壁塔或自由液体射流技术测定气液间传质系数，再考虑各种因素在模型装置上进行调整和计算，这样就能达到工业规模的分离效果。

总之化工开发实验技术是提供开发新工业装置数据的手段，精通实验技术是搞好开发工作的基本条件。

第二节　化工过程开发工艺流程的组织原则

一、石油化工生产工艺路线选择

近年来石油化工生产技术发展十分迅速，产品愈来愈多，技术愈来愈先进、成熟，同样一种原材料可以生产出各种不同的产品，同一种产品又可以用不同的技术路线与不同的工艺生产。要确定一种较理想的生产工艺路线，必须经过全面分析比较。

(1) 生产方法的技术经济指标：技术经济指标包括产品产量、质量、劳动生产率、原材料与能量消耗、资金占用、资金利税率、产值利税率、主要技术装备的更新周期以及先进设备的自给率等。

(2) 技术的先进性与可靠性：首先要考虑采用比较先进的生产工艺路线，但同时必须保证先进技术的可靠性，先进与可靠两者必须同时考虑，不可偏废。石油化工生产要尽量采用连续性生产，使产品质量稳定、流程简单、设备紧凑、便于自控、节省投资、降低成本。

(3) 经济技术比较：经济指标包括设备投资、消耗定额、产品成本等。一条好的工艺路线，不但要技术上先进，而且经济上也要合理，即尽量做到投资少，原材料、动力消耗少，物料循环量少，能量综合利用好。

(4) 三废处理措施是否具体可行，能否达到国家标准。一个再好的生产工艺路线都不可能十全十美，因此在设计生产方案时，要根据具体情况，抓住主要矛盾和主要问题，提出合理的处理三废的方案。

二、原材料来源与生产规模确定

生产需用的主要原材料一般都应尽量做到立足国内，立足本地区，努力达到自给。如能利用本厂联副产品或其他装置的下脚料，则应首先考虑利用。在对各种原材料的经济指标进行比较时，还要考虑运输等条件。

生产规模包括主产品和各种副产品的年产量。一个装置生产规模的大小，一方面要考虑原材料资源情况、国家计划安排以及市场容量，同时还要考虑单位产品成本和能耗多少、企业经营管理水平等。

确定石油生产装置经济合理最优规模的方法，有总费用最低法(即达到一定产量规模支付的总费用最低)和利税最大法(即达到一定生产规模获利税最大)。总费用计算公式为：

$$F(\mathrm{V}) = C(\mathrm{V}) + S(\mathrm{V}) + Q(\mathrm{V}) \cdot E(\mathrm{V})$$

式中　$F(\mathrm{V})$——年产量 V 的总费用，元；

$C(\mathrm{V})$——年产量 V 的生产费用，元；

$S(\mathrm{V})$——年产量 V 的流通费用，元；

$Q(\mathrm{V})$——新建(改建)装置直接和相关的基建投资额，元；

$E(\mathrm{V})$——基本建设投资效益系数。

三、能量回收与利用

石油化工生产一般能量消耗都比较大，做好能量回收利用，不仅可以节约大量燃料、动力和投资，还可减少生产费用，降低生产成本。能量回收包括热量和动力两部分，在石油化工生产中，主要是热量的回收和利用。

(1) 废蒸汽的利用。如将高压蒸汽去供压力较低的设备使用，或去加热其他冷介质，形成二次蒸汽、三次蒸汽阶梯形分级使用，可合理利用热量。

(2) 冷热物料交叉换热。可充分利用冷热物料本身自相换热，以节约蒸汽和冷却水。

(3) 废热利用。对大型裂解装置，从裂解炉出来的高温裂解气，可通过废热锅炉产生高压蒸汽，再进入蒸汽透平机带动大型压缩机，节约大量电力。同时，利用工艺过程的热能，通过废热锅炉产生蒸汽，作为工艺生产需要的能源，可使能量得到合理利用。

总之，在石油化工生产中，能量的回收利用是很重要的一个问题，但在能量回收利用时，必须与投资、操作费用平衡考虑。不能为了利用一些热量，使工艺操作复杂化、动力消耗增大、投资过大，得不偿失。

四、三废处理与综合利用

在生产石油化工产品的同时，通常都伴随着产生大量的三废，即固体废物、悬浮液和渣浆、排放水、废气、粉尘等有害物质。

三废治理工作首先应考虑改革不合理工艺，使三废少产生或不产生，把三废消灭在生产过程中。因此，选择工艺路线时，不仅要对几种不同的生产方法进行技术经济上的比较，还要重点考虑有没有三废，或三废处理措施是否可行，处理结果能否达到国家规定的排放标准。

对于生产工艺中不能解决的三废问题，要开展综合利用，化害为利，变废为宝。对不能综合利用的三废，也要有切实可行的治理措施．三废的处理方法主要有化学法、生物法和物理法等。

在组织石油化工生产的同时，结合开展综合利用与回收利用，不仅可以减少污染，还可以降低成本、减少消耗，所以有人称三废是资源的第二次开发。

第三节　化工开发实验与安全技术

化工实验是一门实践性很强的技术。而实践过程中必须遵守一些共同的不可违犯的安全技术。由于化工开发实验涉及内容十分广泛，对研究人员来说，应有足够的安全知识才能保证工作顺利进行。因为在实验过程中要接触具有易燃、易爆、有腐蚀性和毒性或放射性的物质和化合物，同时还要在高压、高温或低温、高真空条件下操作。此外，还要涉及用电和仪表操作等方面的问题，故要能有效地达到实验目的就必须精通安全技术。

实验与安全是不可分的。安全要贯彻在整个实验过程中，掌握实验技术也要掌握安全技术。这是由化学工业的特殊性所决定的。化工安全技术是一门独立的学科，对于化工实验应真正了解下述安全问题：

(1) 由于对化学危险物质使用不当会造成严重事故；

(2) 为防止可燃物燃烧、爆炸引起危害，必须有良好的通风。电器和实验设备布局与安装都应符合规范要求；

(3) 设备设计错误与操作失误会带来严重危害，装置应力计算必须校对。操作失误不仅会造成设备损坏，同时也会因事故造成人员伤亡。往往在实验后期接近成功之时，由于操作的失误会使前功尽弃，故不允许没有经过安全教育的人进行实验操作。

第四节　化工工艺专业实训的设计与开发

石油化工工艺专业实训装置是为石油化工类专业学生提供实践锻炼的操作平台，是实现工学结合的基本保证。因而石油化工工艺实训过程的设计与开发应按照石油化工生产的特点和化工过程开发及实验技术的要求去进行。对高职类学生来讲，不需要做深层次的理论研究，但必须了解实验原理，会组织工艺过程，能够进行设备选型、装置安装和组织实施实验。

一、化工工艺专业实训设计与开发的基本要求

(1) 要有相对完整的基本理论作支撑(反应原理)。对所开发的实训项目要写出主、副反应方程式，并注明主、副反应发生的趋势及发生反应的条件。由于我们所开发的实训项目是为满足职业院校的教学需求，因而不需要对反应过程进行更深层次的探讨。

(2) 要有合理的实训方案。要根据化工生产的特点和所开发实训项目的具体情况来确定合理的实训方案，即确定实训工作流程。

(3) 要有相对确定的工艺条件。即明确反应条件(温度、压力、原料配比、催化剂等)和分离条件(精馏、结晶、过滤、干燥等)，从而确定其反应深度和分离精度。

(4) 要规划出合理实训工艺过程(工艺流程)。根据所开发的实训项目，绘制其实验装置流程图，并注明主要设备的结构及主体尺寸。为选择或加工实验设备、制造或安装实验装置创造条件。

(5) 设计正确的实验步骤。按照所设定的实验步骤进行操作，获得相关实验数据或验证其设定的数学模型或选择最佳工艺条件，并有一定数量的产品产生。

(6) 设计或选择合理的原料或产品检测方法 。合理的分析方案不仅能够检测原料的纯度、产品的组成，还能为所获得的实验数据的可靠性提供一定的保证。

二、实验装置安装基本操作

在绝大多数情况下，所设计和开发的实训项目没有现成的实训装置，短时间内又没有加工厂家，这就需要设计者根据项目情况、实训基地的仪器、设备情况自行组建、安装一套实训装置(构成大部分是玻璃仪器)，以保证实训项目的完成。在组建、安装实训装置时，要按照下列要求进行操作。

1. 配塞子和打孔

(1) 选择大小合适、不用预先作任何加工就可以严密地塞在瓶口上的白胶塞，以能插入瓶口 1/2 ~1/3 为宜。

(2) 白胶塞使用前应擦净。

(3) 打孔器的孔应与玻璃管外径一致，打孔前打孔器用甘油或水润滑。

(4) 打孔应两面打，先从小的一端，垂直顺时针方向旋转打进 2/3 左右，然后从大的一端打孔，两面打的孔应对准重合。

(5) 打完后，用细圆锉挫光。

(6) 玻璃管插入白胶塞的孔时，孔处应涂水或其他惰性液体润滑，不断旋转而入，管与塞应严密，防止漏气，插入玻璃管时，手握的位置尽可能靠近白胶塞，不得用手握在玻璃管弯曲的部位，因为这样会使玻璃管折断，刺伤手指。

（7）开始打孔时，用废旧塞练习。先在小塞子上打孔，熟练后，才能在大塞子上打孔。

2. 截断玻璃管

（1）根据需要截取玻璃管。为了合理使用玻璃管，应尽量用短的玻璃管，只有在特殊情况下，才能用长玻璃管。

（2）将玻璃管平放在桌子边缘上，左手握住玻璃管，以左手拇指指甲放在将要截断的玻璃管的切口处。

（3）右手拿三角锉刀，锉刀靠在左手拇指旁，用锉刀的棱边压住玻璃管要截断的地方用力向回拉，使玻璃管锉出一道深而短的切痕，切痕应与玻璃管轴向垂直。

（4）锉刀只能向一个方向挫，不准来回锉，以免损坏锉刀。

（5）双手握住玻璃管，两个拇指抵住切痕的背面，使截断处的刻痕正好处在两个拇指之间，稍用力向两端拉出，同时轻轻向内弯折，将玻璃管折成两段。

（6）将玻璃管内擦干净，若有少量水点时可加热蒸发；不准有水珠，防止水柱倒流到玻璃管的加热端，将玻璃管炸裂。

（7）干燥的玻璃管的切断处用锉刀锉齐，再在酒精灯上烧圆，即烧熔化时该处玻璃平滑，否则，在安装流程时会将连接的乳胶管划破而使系统漏气，也会因安装不慎将手划破。

（8）烧过的玻璃管应放在石棉网上或耐火板上逐渐冷却，不能放在实验台上，以免将桌面烫坏。

3. 酒精喷灯的使用

（1）用漏斗向酒精储罐灌入经过过滤的300mL左右酒精，将盖拧紧，将旋塞拧到畅通位置。将酒精储罐挂在高处，酒精即顺橡皮导管流到喷灯的下部。立即将喷灯旋钮拧紧防止酒精喷出形成喷泉，再将喷火孔打通。

（2）向喷灯中间的引火碗中加入2mL酒精，用火柴点燃引火碗中的酒精，将喷灯内的酒精加热。

（3）碗中酒精烧尽时，将喷灯开关稍拧开，喷灯内酒精即汽化喷出酒精蒸气，用火柴点燃酒精蒸气。

（4）调节喷灯开关，使酒精蒸气火焰适当。

4. 弯玻璃管

（1）用干布将玻璃管内外擦干净，用小火预热一下。

（2）双手拿住玻璃管，将玻璃管要弯的部分放在喷灯的宽火焰上，不断朝一个方向转动，把将要弯成弯管外面的一侧灼烧得较强烈一些。

（3）待玻璃管发黄软化时，将玻璃管从火焰中拿出，稍等1~2s轻轻弯一下，弯成所需的角度。在火焰中弯，容易发生扭曲。为了不使弯曲的地方收缩，可以采用预先将玻璃管一端用石棉绳封严，在弯曲时往玻璃管中轻轻吹气的方法。

（4）若一次弯不成所需角度，可以再放进火焰中继续加热，受热的部位较前一次偏右或偏左一点，玻璃管再次软化后，从火焰中拿出，弯成所需的角度。弯好后放在石棉网上冷却。

（5）弯玻璃管要经过几次实践才能弯好，要先用旧短玻璃管练习。弯管时要耐心、细心。要求弯管角度准确，整个玻璃管在同一平面上，弯曲部分的厚度和外径必须保持均匀。

（6）弯坏的玻璃管要及时处理和回收。方法是：在坏弯管处两旁用锉刀将玻璃管截断，短管用作连接管，长管可继续弯玻璃管，坏弯管投入铁簸箕中，由弯坏者负责处理。

5. 洗仪器

（1）脏的玻璃仪器用洗液(浓硫酸+重铬酸钾)洗，洗液洗完后回收，倒回洗液瓶。也可用洗衣粉洗仪器。

（2）第一遍水倒入水缸，再用水冲洗几遍，最后用蒸馏水洗一遍，蒸馏水用量约为容器容积的1/10，能将器壁润湿即可。

（3）磨口塞胶管不能用洗液洗，可以用水、蒸馏水洗，最后用试剂溶液洗一遍。

（4）洗仪器要认真、小心，不要性急，防止打碎玻璃仪器。

6. 安装流程

（1）安装流程必须认真，一丝不苟。

（2）流程安装应从左到右，由下到上；先放仪器，后配弯管。

（3）流程安装应整齐，从侧面看，主要设备仪器应成一条直线。仪器应竖直，管路应竖直水平，除特殊情况外弯曲处都应成90°角。

（4）流程布置应便于操作。

（5）通气体用的玻璃管需要洗净。当气体不能和水接触时，管路还要干燥。两个玻璃管的接头胶管用富于弹性的乳胶管。接头胶管要短而紧，一般长度30mm左右，内径要稍小于被连接的玻璃管。用乳胶管连接玻璃管时，可用手指蘸点水，在玻璃管上涂一圈作为润滑剂，然后将乳胶管旋转接上。

被连接的两段玻璃管的端点要尽可能的接近，这样不但连接处紧密，而且连接处的胶管不易被管内流体溶胀或腐蚀。

（6）磨口玻璃仪器的磨口、三通活塞、酸滴定管活塞的旋塞表面应涂薄薄一层凡士林润滑。旋塞另一端套小橡皮圈，以防止旋塞滑出打碎。

（7）冷凝器反应管等仪器要用万能夹夹住，要适当夹紧，以防滑落。

（8）分液漏斗用铁圈固定，分液漏斗的塞子要用细棉绳与漏斗系住，防止掉出打碎。水冲泵要用铁丝、棉绳与水龙头系牢，以防打碎。

（9）冷却水管用旧橡皮管。没有特殊要求的长玻璃管应该用短玻璃管接起来，要注意勤俭节约。

三、工艺实验设计案例

以乙醇和苯为原料如何生产苯乙烯。

（一）设计实验的理论依据

1. 乙烯生产原理

主反应：$$CH_3CH_2OH \longrightarrow C_2H_4 + H_2O$$

副反应：$$2CH_3CH_2OH \longrightarrow CH_2CH_2OCH_2CH_3 + H_2O$$

2. 乙苯生产原理

主反应：$$C_6H_6 + C_2H_4 \longrightarrow C_6H_5C_2H_5$$

副反应：$$C_6H_6 + 2C_2H_4 \longrightarrow C_6H_4(C_2H_5)_2$$

3. 苯乙烯生产原理

主反应：

$$C_6H_5C_2H_5 \longrightarrow C_6H_5CH{=}CH_2 + H_2$$

副反应：

$$C_6H_5C_2H_5 \longrightarrow C_6H_6 + C_2H_4$$

$$C_6H_5C_2H_5 + H_2 \longrightarrow C_6H_5CH_3 + CH_4$$

$$C_6H_5C_2H_5 + H_2 \longrightarrow C_6H_6 + C_2H_6$$

$$C_6H_5C_2H_5 \longrightarrow 8C + 5H_2$$

$$C_6H_5C_2H_5 + 16H_2O \longrightarrow 8CO_2 + 21H_2$$

$$C + 2H_2O \longrightarrow CO_2 + 2H_2$$

（二）生产工艺条件

（1）催化剂：

a. 脱水反应催化剂：Al_2O_3或 H_2SO_4(浓)；b. 烷基化反应催化剂：$AlCl_3$-HCl 的络合物；c. 脱氢反应催化剂：Fe_2O_3-CuO-K_2O / MgO。

（2）温度：

a. 脱水反应温度：用 Al_2O_3作催化剂，温度为 360~380℃；用浓 H_2SO_4作催化剂，温度为 170~180℃。

b. 烷基化反应温度：90~100℃(363~373K)。

c. 脱氢反应温度：580~620℃(853~893K)。

（3）压力：以上反应均在常压下进行。

（4）原料配比。乙苯的生产量随乙烯对苯摩尔比的增加而增加，当此值超过 0.6 时，乙苯生成量的增加不明显，所以乙烯对苯的摩尔比为 0.5~0.6。

当水蒸气与乙苯的用量摩尔比超过 9 时，乙苯转化率不明显。所以，水蒸气 :乙苯=(6-9) :1(mol)。

（三）实验装置图

实验装置图是装置制造和安装的基本条件，是所设计的实验能够顺利进行的基本保证，需要设计者认真规划和组织。一般要先画出方块图，再画出基本流程图，最后绘制带控制点的工艺流程图。下面就画出本次设计案例的方块图：

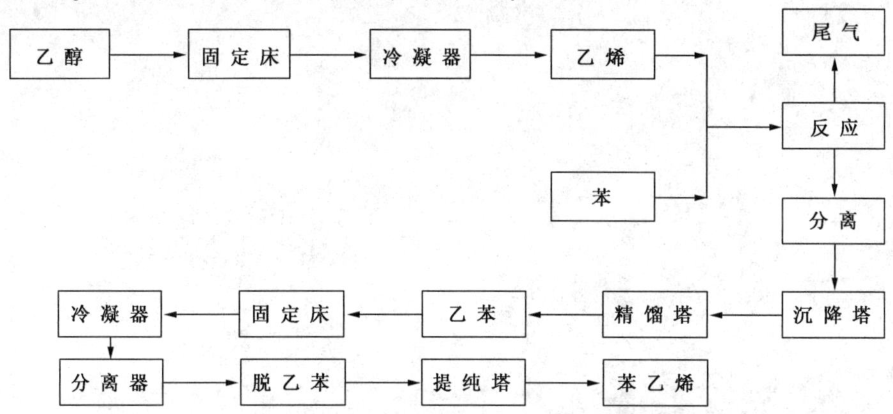

（四）简述生产过程

以乙醇和苯为原料生产苯乙烯。因乙烯是由乙醇脱水反应生成的，在这一工艺过程中温度因催化剂的选用不同而不同。若选用 Al_2O_3 作催化剂，反应温度在 360℃左右，在固定床反应器中进行脱水反应，反应物冷却分离得乙烯；将 Al_2O_3-HCl 的络合物催化剂和苯加在鼓泡塔反应器中，再按照原料配比要求慢慢通入乙烯，在 363~373K 经烷基化反应制得粗产品乙苯，对粗产物精馏得乙苯；再将乙苯和水按一定比例汽化后送入固定床反应器，在 Fe_2O_3-CuO-K_2O / MgO 的催化剂上，控制温度为 853~893K 进行脱氢反应，反应后冷凝液分离(脱苯、脱甲苯、脱乙苯)，从而得到我们所要产品苯乙烯。

（五）实验运行保证

（1）安全保证。要有具体的安全制度和应急事故处理方案。

（2）实验装置、仪器、设备、耗材保证，要提出所需设备、仪器、药品等计划。

（3）实验时间、场地保证。要有可安装所设计实验装置的场地和能够进行实验运行的人员和时间。

（六）实验运行

（1）实验装置安装及系统检查。

（2）实验装置开车运行。

（3）产品生产、分离、检测。

（4）实验数据处理及结果分析与讨论。

（七）设计方案优化

根据实验运行情况，设计者对所设计的实验装置、实验过程运行方案进行修正，使其更加合理、科学，为中试和化工过程开发提供详实、科学的理论依据。

第三章　石油化工催化剂及其合成

第一节　概　　述

催化剂是一种在化学反应过程中能改变化学反应速度，而自身的组成和性质保持不变的物质。它具有一定的选择性，能使某一反应朝着一定方向加速或延缓(又叫负催化剂)进行。催化剂在参与化学反应过程时，虽然能影响化学反应的速率，但决不能改变反应物间的平衡状态。

现代石油化工生产中已广泛使用催化剂，在石油化工生产过程中，催化反应过程约占85%以上，这一比例还在不断增长。采用催化方法生产，可以大幅度降低生产成本，提高产品质量，合成用其他方法不能制得的产品。石油化工许多重要产品的技术突破都与催化技术的发展有关，因此可以这样说，没有现代催化科学的发展和催化剂的广泛应用，就没有现代的石油化工。

每当发现一个新的催化剂，常常可以使某一产品的生产条件大大趋向缓和，同时生产成本大幅度降低，或者得到具有新性能的产物。例如，羰基合成用的铑铬催化剂的发现，由于其活性比早期使用的钴催化剂活性高1000倍，所以反应温度由300℃降至100℃，反应压力由30.4MPa降到1.5MPa，醛的转化率为99%，可节约生产费用35%左右。催化剂的开发和应用可促进技术革新和生产发展，并能改造老装置的面貌。

一、催化剂的分类及组成

1. 催化剂的分类

催化剂的种类繁多，催化反应多种多样，按催化剂和反应体系的相态分，有均相催化剂和多相催化剂。前者是催化剂和反应物处于同一相态，后者是催化剂与反应物处于不同相态。按化学反应类型可分为加氢催化剂、脱氢催化剂、氧化催化剂、氧化脱氢催化剂、芳烃转化催化剂、化肥工业催化剂等。按催化剂存在的状态，又可分为气体、液体和固体三种，其中固体催化剂是目前应用最多、最广，也是最重要的催化剂。催化剂有的是单一化合物，有的是络合化合物或是混合催化剂、骨架催化剂、载体催化剂，在石油化工生产中应用较为广泛的是多相固体催化剂。

2. 作为石油化工生产用催化剂的基本条件

为了在生产中能得到目的产物、减少副产物、提高质量，并具有合适的工艺操作条件，要求催化剂必须具备以下条件：

(1) 具有良好的活性，特别是在低温下的活性；

(2) 对反应过程，具有良好的选择性，尽量减少或不发生不需要的副反应；

(3) 具有良好的耐热性能和抗毒性能；

(4) 具有一定的使用寿命；

(5) 具有较高的机械强度，能够经受开停车和事故的冲击；

(6) 制造催化剂所需要的原材料价格便宜，并容易获得。

催化剂要达到上述要求，首先取决于催化剂的化学和物理性能、制造方法。同时在使用过程中，也必须采用合适的工艺条件和操作方法。

3. 催化剂的化学组成

金属、金属氧化物、硫化物、碳化物、氮化物、硼化物以及盐类，都可用作催化剂。适用的催化剂常常包括一种以上金属或者盐类。催化剂一般都由活性组分、助催化剂与载体等三部分组成。

(1) 活性组分(主催化组分)：活性组分指的是对一定化学反应具有催化活性的主要物质，一般称为该催化剂的活性组分或活性物质。例如，加氢用的镍催化剂，其中镍为活性组分。

(2) 助催化剂：助催化剂是催化剂中的少量物质，这种物质本身没有催化性能，但能提高活性组分的活性、选择性、稳定性和抗毒能力，一般称为助催化剂(又称添加剂)。例如，脱氢催化剂，其中的 CaO、MgO 或 ZnO 就是助催化剂。

在镍催化剂中加入 Al_2O_3和 MgO 可以提高加氢活性。当加入钡、钙、铁的氧化物时，则对苯加氢的活性下降。在催化裂化中，单独使用 SiO 或 Al_2O_3作催化剂时，汽油的生成率较低；如果两者混合作催化剂时，则汽油的生成率可提高。

(3) 载体：载体是把催化剂活性组分和其他物质载于其上的物质。载体是催化剂的支架，又叫催化活性物质的分散剂。它是催化剂组分中含量最多的一种组分，也是催化剂不可缺少的组成部分。载体能提高催化剂的机械强度和热传导性，增大催化剂的活性、稳定性和选择性，降低催化剂成本。特别是对于贵重金属催化剂，对降低成本作用更为显著。

石油化工所用的催化剂，多数属于固体载体催化剂。最常用的载体有 SiO、Al_2O_3、MgO 天然浮石、硅藻土以及各种黏土等。载体有的是微粒子，是比表面积大的细孔物质；有的是粗粒子，是比表面积小的物质。根据构成粒子的状况，可大致分为微粒载体、粗载体和支持物三种。在工业生产中由于反应器型式不同，所以载体具有各种形状和大小。

① 固定床反应器，用直径 4~10mm 的圆柱、球形、粒状或环状等载体(实验装置可小一些)。

② 流化床反应器，用 20~150μm 或更大直径的微球颗粒载体。

③ 流动床反应器，用 1~2mm 的粒状或微球载体。

④ 液相悬浮床反应器，用 1μm 的粉状或 1~2mm 粒子的载体。

载体与催化剂活性组分组合的方法很多，工业上常采用的组合方法有混合法、浸渍法、离子交换法、沉淀法、共沉淀法、液相吸附法、喷雾法、蒸汽相吸附法等。各种方法均有特点，至于选取何种方法，取决于载体的性质、催化剂组分的物理、化学性质，以及工业催化剂的经济效果等。

二、催化剂性质

催化剂的性质包括活性、稳定性(特别是热稳定性)、选择性和抗毒性以及机械强度等。这些性质不但与催化剂的化学组成有关，而且也与催化剂的物理状态有关。

1. 催化剂的物理性质

催化剂的物理性质，如机械强度、形状、直径、密度、比表面积、孔容积、孔隙率等都是十分重要的。它不仅影响催化剂的使用寿命，而且还与催化剂的催化活性密切相关。所以一个良好的催化剂，也应该同时具有良好的物理性质。

（1）催化剂的机械强度。催化剂的机械强度是催化剂的一个重要性质。随着石油化工工艺过程的发展，对催化剂的机械强度提出了更高的要求。如果在使用过程中，催化剂的机械强度不好，催化剂将破碎或粉化，结果导致催化剂床层压降增加，催化效能也会随之显著下降。催化剂的机械强度大小与下列因素有关。

① 组成催化剂的物质性质。烃类蒸气转化制合成气的二段炉催化剂，当采用水泥作载体的镍催化剂时，温度为1200~1300℃。在这样的高温下，不仅容易引起催化剂的收缩与熔结，而且水泥容易破裂，使催化剂机械强度下降。因此，通常采用耐高温的铝镁尖晶石作载体。

② 制备催化剂的方法。对于载体催化剂，采用不同的成型方法和成型设备，其催化剂的机械强度也不一样。例如，用挤压成型制得的催化剂，其机械强度一般不如压片成型催化剂，环状催化剂的机械强度不如柱状催化剂。

③ 催化剂的机械强度还与使用时的升温、还原、操作条件、气流组成等有关。例如，粒状催化剂，当升温脱除物理水时，遇到剧烈升温，表面水分将迅速蒸发，造成催化剂表面局部存在过高的水蒸气分压，使催化剂表面破裂。

（2）催化剂比表面积。当以1g催化剂为标准，计算其表面积时，称为催化剂的比表面积，以符号 S_g 表示，单位为 m^2/g。催化剂的比表面积可用下式计算：

$$S_g = \frac{V_m \cdot N_\sigma \cdot \sigma}{22.4 \times 1000W}$$

式中 V_m——单位分子层覆盖所需气体体积，mL；

N_σ——阿佛加德罗常数(为 6.023×10^{23})；

W——催化剂样品质量，g；

σ——吸附分子的截面积，m^2。

不同的催化剂具有不同的比表面积，如熔铁催化剂，$S_g=8\sim16m^2/g$，裂化用催化剂 $S_g=200\sim600m^2/g$。用不同的制备方法制备同一种催化剂，其比表面积也相差很大，如 $ZnO-Cr_2O_3$(高压法合成甲醇)催化剂，用湿法制备时 $S_g=5\sim6m^2/g$(未还原前)；用共沉淀法制备时 $S_g=70\sim80m^2/g$。催化剂比表面积的大小与催化剂的活性有关，但不成正比例关系，因此催化剂的比表面积只是作为表示各种处理对催化剂总表面积改变程度的一个参数。

（3）孔容积：为了比较催化剂的孔容积，以单位质量催化剂所具有的孔体积来表示。通常以1g催化剂中，颗粒内部微孔所占据的体积作为孔容积，以符号 V_s。表示，单位为mL/g。催化剂的孔容积实际上是催化剂内部许多微孔容积的总和。各种催化剂均具有不同的孔容积。测定催化剂的孔容积，是为了帮助人们选定合适的孔结构，以便提高催化反应速度。

（4）催化剂的形状和粒度：在石油化工生产中，所用的固体催化剂有各种不同的形状。常用的有球状、环状、条状、片状、粒状、柱状和不规则形状等。催化剂的形状取决于催化剂的操作条件和反应器类型。例如，烃类蒸汽转化反应是将催化剂装在一直径为100mm左右、高9000mm左右的管式反应器中，为了减少床层的阻力降，将催化剂制成环状有利。当反应为内扩散控制的气-固相催化反应时，一般将催化剂制成小圆柱状或小球状。催化剂粒度大小的选择，一般由催化反应的特征与反应器的结构以及催化剂的原料来决定。

（5）催化剂密度：表示催化剂密度的方式有三种，即堆积密度、假密度与真密度。

① 堆积密度。堆积密度是指单位堆积体积内催化剂的质量。

② 假密度。1L 催化剂的质量除以不含颗粒空隙的体积为该催化剂的假密度。

③ 真密度。将催化剂(1L)颗粒之间的空隙及颗粒内部的微孔，用某种气体(如氮)或液体(如苯)充满，用 1L 减去所充满的气体或液体的体积，即为催化剂的真实体积。

(6) 催化剂孔隙率。催化剂的孔隙率指的是在催化剂颗粒之间没有空隙，在一定体积催化剂内所有孔体积的百分数。

(7) 催化剂寿命。催化剂从开始使用到经过再生也不能恢复其活性的时间，即为催化剂的寿命。通常分为成熟期、不变活性期、累计衰化期等三个阶段。不同的催化剂，对于这三个时期，无论其性质和时间长短都是各不相同的。催化剂的寿命愈长，生产运转周期就愈长，它的使用价值就愈大。但是，对催化剂寿命的要求不是绝对的，如长直链烷烃脱氢的铂催化剂，在活性极高状态下，寿命只有 40 天。对容易再生或回收的催化剂，与其长时期在低活性下操作，不如在短时间内高活性下操作，这样从经济角度来衡量是合理的。

2. 催化剂的活性与选择性

(1) 活性：催化剂的活性是衡量催化效能高低的标准，根据使用的目的不同，催化剂活性的表示方法也不一样。活性的表示方法可大致分为两类，一类是在工业上衡量催化剂生产能力的大小；一类是供实验室筛选催化活性物质或进行理论研究。工业催化剂的活性，通常是以单位质量催化剂在一定条件下，在单位时间内所得的生成物质量来表示，其单位为 kg/kg・h。催化剂的活性，也可用在一定条件下(温度、压力、反应物浓度、空速等)反应物转化的百分率(转化率)表示活性的高低。

$$\text{转化率} = \frac{\text{反应物转化了的摩尔数}}{\text{通过催化剂床层反应物的摩尔数}} \times 100\%$$

转化率愈高，表示催化剂活性愈大。

(2) 选择性：当化学反应在理论上可能有几个反应方向(如平行反应)时，通常催化剂在一定条件下，只对其中一个反应方向起加速作用。这种性能称为催化剂的选择性。催化剂的选择性通常以转化为目的产物的原料对参加反应原料的摩尔分数表示，如下式所示。

$$\text{催化剂的选择性} = \frac{\text{生成目的产物所消耗原料的摩尔数}}{\text{通过催化剂床层转化的原料的摩尔数}} \times 100\%$$

由于在工业生产过程中除主反应外，常伴有副反应，因此选择性总是小于 100%。

3. 催化剂的中毒与再生

(1) 催化剂的中毒：催化剂在使用过程中的活性与选择性，可能由于外来微量物质(如硫化物)的存在而下降，这种现象叫做催化剂中毒，外来的微量物质叫做催化剂毒物。催化剂毒物主要来自原料及介质气体，也可能在催化剂制备过程中混入，或者来自其他方面的污染。由于中毒作用通常仅发生在催化剂表面上，所以微量毒物可引起催化剂活性显著下降，例如，0.16%的砷能使铂的活性下降一半，0.1%的氢氰酸能使镍催化剂完全失去活性。对于不同类型的反应和不同的催化剂，催化剂毒物也可能不同。

催化剂中毒可分为可逆中毒和不可逆中毒两类。当毒物在活性表面上的吸附或结合较弱时，可用简单的方法使催化活性恢复，这类中毒叫做可逆中毒，或叫暂时中毒。当毒物与表面结合很强，不能用一般方法将毒物除去时，这类中毒叫做不可逆中毒。

在工业生产中，预防催化剂中毒和使已中毒的催化剂恢复活性是人们十分关注的问题。在一个新型催化剂投入工业生产以前，需给出哪些是毒物和允许的最高含量。毒物一般允许含量为百万分之几($\times10^{-6}$)，甚至十亿分之几($\times10^{-9}$)。

对于可逆中毒的催化剂，通常可以用氢气、空气或水蒸气再生。当反应产物在催化剂表面沉淀时，可造成催化剂活性下降，这对于催化剂的活性表面来说只是一种简单的物质遮盖，并不破坏活性表面的结构，因此只要将沉淀物燃烧掉，就可以使催化剂活性再生。

（2）催化剂再生：催化剂再生指的是催化剂在生产运行中，暂时中毒而失去大部分活性的，可采用适当的方法（如解析或分解）和工艺操作条件进行处理，使催化剂恢复或接近原来的活性。工业上常用的再生方法有如下几种方法。

① 蒸汽处理。如镍基催化剂处理积炭时，可用加大蒸汽量或停止加油的方法，用蒸汽吹洗催化剂床层，可使所有的积炭全部转化为氢和二氧化碳。因此，工业上常用加大原料中的蒸汽含量，对清除积炭、脱除硫化物等均可收到较好的效果。

② 空气处理。当炭或碳氢化物吸附在催化剂表面，把催化剂的微孔结构堵塞时，可通入空气进行燃烧，使催化剂表面上的炭及其焦油状化合物与氧反应。例如，原油加氢脱硫，当铁钼催化剂表面吸附一定量的炭或焦油状物时，活性显著下降。采用通入空气的办法，可将吸附物烧尽，恢复催化剂活性。

③ 氢或不含毒物的还原性气体处理。当原料气体中含氧或氧的化合物浓度过高时，使催化剂受到毒害，通入氢气、氮气，催化剂即可获得再生。加氢办法，也是除去催化剂中油状物质的有效途径。

④ 酸或碱溶液处理。加氢用的骨架镍催化剂被毒化，通常采用酸或碱溶液恢复活性。

催化剂的再生操作可以在固定床、流化床或移动床内进行，再生操作的方式取决于许多因素，首先是催化剂活性的下降速度。当催化剂的活性下降比较慢，例如能允许数月或一年后再生时，可采用固定床再生。对于反应周期短，需要进行频繁再生的催化剂，最好采用移动床或流化床连续再生，如石油烟分流化床催化裂化催化剂的再生。但是，由于移动床或流化床再生需要两个反应器，所以设备投资较高，操作也较复杂。然而这种方法能使催化剂始终保持着新鲜的表面，为催化剂充分发挥催化效能提供了条件。

三、催化剂的使用技术

为了更好地发挥催化剂的作用，除了正确地选取合适的催化剂、严格的制备成型外，在使用过程中还需要按其基本规律精心操作。

1. 催化剂装填技术

催化剂的装填方法取决于催化剂的形状与床层的形式，对于条状、球状、环状催化剂，强度较差容易粉碎，装填时要特别小心。对于管状床层，装填前必须将催化剂过筛，在反应管最下端先铺一层耐火球和铁丝网，防止高速气流将催化剂移动。在装填过程中催化剂应均匀撒开然后耙平，使催化剂均匀分布。为了避免催化剂从高处落下造成破碎，通常采用装有加料斗的布袋，加料斗架于人孔外面。当布袋装满催化剂时缓慢提起，并不断移动布袋，直到最后将催化剂装满为止。不管用什么方法装填催化剂，最后都要对每根装有催化剂的管子进行阻力降测定，以保证在生产运行时每根管子的气量分布均匀。

2. 催化剂的升温还原技术

催化剂的升温与还原，实际上是催化剂制备过程的继续，升温还原将使催化剂表面发生不同的变化，如结晶体的大小、细孔结构等，其变化直接影响催化剂的使用性能。用于加氢或脱氢等反应的催化剂，常常是先制作成金属盐或金属氧化物，然后在还原性气体下活化（还原）。

催化剂的还原，必须达到一定温度后才能进行。例如，铁、钴、镍、铜等催化剂一般在200～300℃下用氢气或其他还原性气体，将其氧化物还原为金属或低价氧化物。因此，从室温到还原完成，都要对催化剂床层逐渐提升温度。催化剂从室温到还原开始，是完全在外热作用下进行稳定、缓慢升温，以便不断脱除催化剂表面所吸附的水分(表面水)，这段时间升温速率一般控制在30～50℃/h。为了催化剂床层径向温度分布均匀，升温到一定温度时要恒温一段时间。还原开始后，大多数催化剂放出热量，对于放热量不大的催化剂，一般采用原料气作为还原气，在还原的同时也进行了催化过程。催化剂在升温还原过程中，温度必须均匀的升降，为了防止温度急剧升降，可加入惰性气体(氮气、水蒸气)稀释还原介质，以便控制还原速度。

催化剂经还原后，在使用前不应再暴露于空气中，以免剧烈氧化引起着火或失活。因此，还原活化通常就在催化剂反应的反应器中进行，还原以后即在该反应器中进行催化反应。已还原的催化剂，在冷却时常常会吸附一定量的活性状态的氢，这种氢碰到空气中的氧就能产生剧烈的氧化作用，引起燃烧。因此，当停车检修时，常用纯氮气充满反应器床层，以保护催化剂不与空气接触。

3. 催化剂操作温度控制

在催化反应中，温度不但对反应物的产率和反应速度影响最大，而且还能影响催化剂的性能与寿命。对于不可逆反应，在其他工艺条件不变时，大多数情况下升高温度，反应速度增大。所以无论是放热或吸热反应，都应该在尽可能高的温度下进行，以加快反应速度，获得较高的反应产率。但是，任何一种催化剂都有一个温度控制的上限和下限，温度过高会加快催化剂表面结晶长大而使活性下降。因此，要严格控制温度在催化剂活性温度范围内。

对可逆吸热反应，如烃类蒸气转化，提高温度可提高反应产率，又可增大反应速度，因此应在尽可能高的温度下反应。但是，由于反应器材质及催化剂的强度、积炭、床层阻力降等因素，反应温度不能无限度提高。对可逆放热反应，催化反应开始时，提高温度有利于反应速度增大，但到一定数值后，再提高温度时，受催化剂性能的影响反应速度反而下降。因此，对于一定的反应混合物，在一定的温度条件下能达到最大反应速度，催化剂的活性能力又发挥的最大(不影响其老化与使用寿命)，则该温度条件是催化剂的最佳温度条件。

4. 催化剂储存

石油化工生产用的许多催化剂都是有毒、易燃并且具有吸水性，一旦受潮，其活性将会降低。因此，对未使用的催化剂一定要妥善保管，要作到密封良好、远离火源且存放在干燥处。在搬运、装填、使用催化剂时也要加强防护，轻装轻卸，防止破碎。例如，Al_2O_3催化剂，决不允许与水直接接触，要严格防湿。由于催化剂活化后在空气中容易失活，有些甚至容易燃烧，所以催化剂常以尚未活化的状态包装作为成品。催化剂成品多是装于圆形容器中，包装量为10～100kg，要注意防潮，且保证在80℃以下不会自燃。

第二节　催化剂制备实验

一、催化剂载体——活性氧化铝的制备

活性氧化铝(Al_2O_3)是一种具有优异性能的无机物质，不仅能做脱水吸附剂、色谱吸附剂，更重要的是做催化剂或催化剂载体，并广泛用于石油化工领域。它涉及重整、加氢、脱

氢、脱水、脱卤、歧化、异构化等各种反应。之所以能如此广泛地被采用，主要原因是它结构上有多种形态及物化性质上千差万别。学习有关 Al_2O_3的制备方法，对掌握催化剂制备有重要意义。

（一）实验目的

（1）通过铝盐与碱性沉淀剂的沉淀反应，掌握氧化铝催化剂和催化剂载体的制备过程。

（2）了解制备氧化铝水合物的技术和原理。

（3）掌握活性氧化铝的成型方法。

（二）实验原理

催化剂或催化剂载体用的氧化铝，在物性和结构方面都有一定要求，最基本的是比表面积、孔结构、晶体结构等。例如，重整催化剂是将贵重金属铂、铼载在 $\gamma-Al_2O_3$或$\eta-Al_2O_3$上。氧化铝的结构对反应活性影响极大，载于其他形态的氧化铝上，其活性是很低的。如烃类脱氢催化剂，若将 Cr-K 载在 $\gamma-Al_2O_3$或 $\eta-Al_2O_3$上，活性较好，而载在其他形态氧化铝上，活性很差。这说明它不仅起载体件用，而且也起到了活性组分的作用，因此，也称这种氧化铝为活性氧化铝。$\alpha-Al_2O_3$在反应中是惰性物质，只能作载体使用。制备活性氧化铝的方法不同，得到的产品结构亦不相同，其活性的差异颇大，因此制备中应严格掌握每一步骤的条件，不应混入杂质。尽管制备方法和路线很多，但无论哪种路线都必须制成氧化铝水合物(氢氧化铝)，再经高温脱水生成氧化铝。自然界存在的氧化铝或氢氧化铝脱水生成的氧化铝，不能作载体或催化剂使用。这不仅因杂质多，主要是难以得到所要求的结构和催化活性。为此，必须经过重新处理，可见制备氧化铝水合物是制备活性催化剂的基础。

氧化铝水合物经 X 射线分析，可知有多种形态，通常分为结晶态和非结晶态。结晶态中含有一水和三水化物两类形体；非结晶态则含有无定形和结晶度很低的水化物两种形体，它们都是凝胶态。可总概括为下述表达形式：

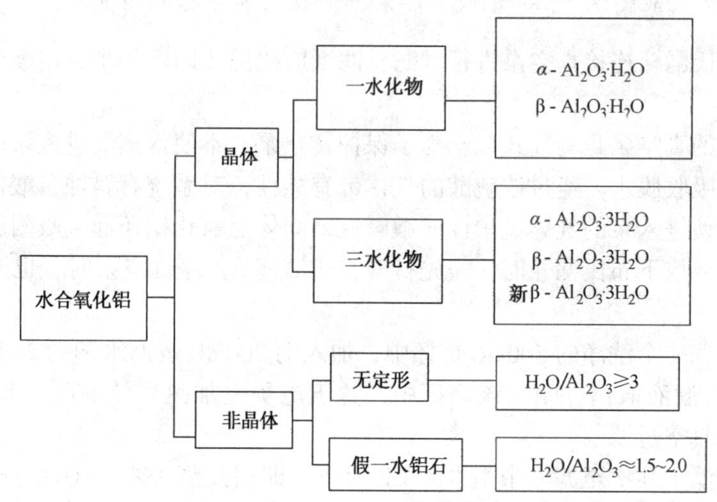

无定形水合氧化铝，尤其假一水铝石，在制备中能通过控制溶液 pH 值或温度，向一水合氧化铝转变，经老化后大部分变成 $\alpha-Al_2O_3 \cdot H_2O$，而这种形态是生成 $\gamma-Al_2O_3$的唯一路线。上述 $\alpha-Al_2O_3 \cdot H_2O$ 凝胶是针状聚集体，难以洗涤过滤。$\beta-Al_2O_3 \cdot 3H_2O$ 是球形颗粒，紧密排列，易于洗涤过滤。

氧化铝水合物是非稳定态，加热会脱水，随着脱水气氛和脱水温度的不同可生成各种晶形的氧化铝。当受热到1200℃时，各种晶形的氧化铝转变成α-Al_2O_3(亦称为刚玉)。

制备水合氧化铝的方法很多，其中以铝盐、偏铝酸钠、烷基铝、金属铝、拜尔氢氧化铝为原料，并控制温度、pH值、反应时间、反应物浓度等操作来制得。下面给出以结晶氯化铝为原料制备水合氧化铝催化剂的方法。

(1) 称重、溶解：用牛角匙取$AlCl_3 \cdot 6H_2O$，置于洗净擦干的大表面皿上，用粗天平称取92.6g。倾入洗净的1000mL大烧杯中，加蒸馏水150mL左右搅拌，制成$AlCl_3$水溶液。

(2) 沉淀：制备含$NH_3$10%的NH_4OH水溶液，用比重计测定NH_4OH水溶液密度。由相对密度换算成含量。$d_4^{20}=0.965$时，NH_3%(质量)=8，$d_4^{20}=0.958$时，NH_3%(质量)=10，$d_4^{20}=0.950$时，NH_3%(质量)=12。

将NH_4OH水溶液加到洗净的碱滴定管中，逐滴将NH_4OH滴到$AlCl_3$水溶液中，用搅棒搅拌，使$Al(OH)_3$沉淀生成。

$$AlCl_3 \cdot 6H_2O + 3\ NH_3 \longrightarrow Al(OH)_3 \downarrow + NH_4Cl + 3H_2O$$

继续加NH_4OH至pH=8为止。记下NH_4OH的浓度和总加入量，并与理论计算量比较。

(3) 过滤：按图3-1安装真空过滤实验装置。

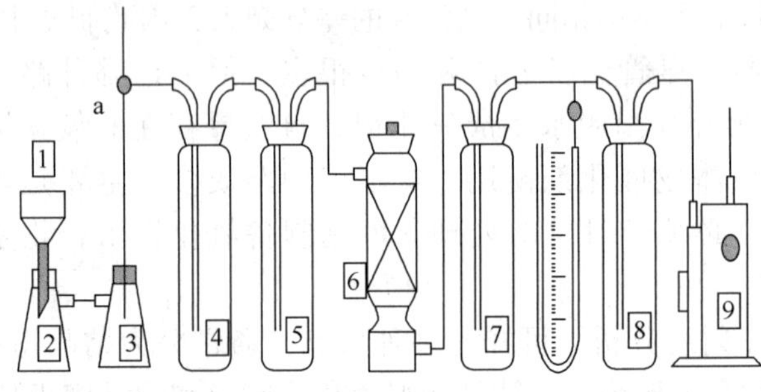

图3-1 真空过滤实验装置

1—漏斗；2—吸滤瓶；3、7、8—缓冲瓶；4—浓硫酸吸收瓶；5—固体NaOH干燥塔；9—真空瓶泵

用洗净的布氏漏斗连接真空泵进行过滤，滤纸应比漏斗内圆稍小，用极少量蒸馏水润湿铺平。

实验室使用的真空泵是旋片式泵，为了保护真空泵，不使水蒸气进入泵内，首先用脱水能力强的浓硫酸吸收脱水。经过浓硫酸的气体带有酸性，对系统有腐蚀，酸性气体经过固体氢氧化钠中和，使进入泵的气体显中性或微碱性，固体氢氧化钠还起到吸附脱水的作用。

过滤完毕，要取下布氏漏斗时，需先打开二通活塞a；停真空泵时，也要先打开二通活塞a，使系统放空。

(4) 洗涤：在一个洗净的500mL烧杯中，加入约200mL蒸馏水和约2mL浓氨水，将布氏漏斗中的$AlCl_3$滤液取出，倾入该烧杯中，置于电炉上加热到约60℃，同时搅拌约半小时，趁热再进行真空过滤。

重复洗涤过滤十几次至滤液中基本无Cl^-为止，即用几滴1%$AgNO_3$检查无AgCl白色沉淀生成。

每过滤一次，将吸滤瓶中的滤液倒掉，并需将吸滤瓶2洗净，以防万一当滤纸被抽破时，滤液和$Al(OH)_3$滤瓶仍可回收。

(5) 成型：将洗涤好的浆状$Al(OH)_3$盛入表面皿放入烘箱，在50℃时将水分干燥出一部分，当干燥至水分适当时，挤入挤压机挤条成型，挤出的条状$Al(OH)_3$置于洗净的搪瓷盘中。

（6）干燥：将盛有 $Al(OH)_3$的搪瓷盘置于烘箱中，于 110℃下干燥 4h 至重量重复(即两次称重，重量相等)，为干燥结束。

（7）称重：取一个 50mL 量筒洗净，烘干、称重。

将干燥的 $Al(OH)_3$用干净的玻璃棒敲成黄豆小粒。催化剂不能用手接触，不准落到实验台上或地下，以免弄脏。

将量筒置于搪瓷盘下，将干燥催化剂颗粒小心加入到量筒内，目测催化剂自由落入的视体积(堆体积)并称重，计算其堆比重，并记录数据。

（8）储存：

将制作好的催化剂颗粒保存在一洁净、干燥的玻璃广口瓶中。

二、苯烃化反应催化剂——红油的制备

1. 芳烃烷基化催化剂的分类

芳烃烷基化可适用的催化剂种类较多，均属酸性催化剂，大体可分为以下三类：

（1）酸性卤化物类。主要有(活性由高到低排列) $AlBr_3$、$AlCl_3$、$FeCl_3$、BF_3、$ZnCl_2$等。目前采用的多为氯化铝催化剂，并加少量氯化氢以促进反应。氯化铝催化剂活性很高，可在较低温度(90~100℃)、压力下进行反应，在烷基化反应的同时可是副产的多烷基苯进行脱烷基反应。该催化剂的主要缺点是对设备有较强的腐蚀性，催化剂消耗量较大，原料中水分要求严格。

（2）质子酸类。主要有(活性由高到低排列) H_3SO_4、H_3PO_4、HF 等，最常采用的是磷酸-硅藻土固体催化剂，具有选择性高、腐蚀性小及三废排放小的优点，其缺点是反应温度和压力较高，多烷基苯不能在烷基化条件下进行脱烷基反应。

（3）分子筛类。以分子筛为催化剂的烷基化反应，具有活性高、反应选择性高、烯烃转化率高，反应可在较低压力下进行，过程三废排放极少，对设备无腐蚀等特点。该催化剂的缺陷是反应副产聚合物分子易在分子筛孔道聚集，造成堵塞，使催化剂失活，故其寿命短，需频繁再生。

2. 催化剂红油的制备

由于氯化铝与氯化氢的络合物催化剂目前使用较多，且生产方法简单，生产成本低，下面讨论无水 $AlCl_3$ 在实验室合成方法。

用无水 $AlCl_3$制成的催化剂是一种棕红色油状三元络合物，常被称为红油，其密度大于烷基化液。

（1）催化剂配方见表 3-1。

表 3-1　催化剂配方

组成	配方一	配方二	组成	配方一	配方二
无水 $AlCl_3$	20g	10g	乙苯(化学纯)	50g	25g
苯(化学纯)	120g	60g	浓盐酸	10 滴	5 滴

（2）催化剂的制备过程：按图 3-2 安装催化剂制备的试验流程，注意：三口烧瓶、冷凝器要洗净干燥后方可使用。

$AlCl_3$极易吸水，称量时要快，向三口烧瓶中加 $AlCl_3$时要直接加到瓶底，不要将 $AlCl_3$粘到瓶口或瓶壁上，万一 $AlCl_3$粘到瓶口或瓶壁上时，要用苯或乙苯冲下。

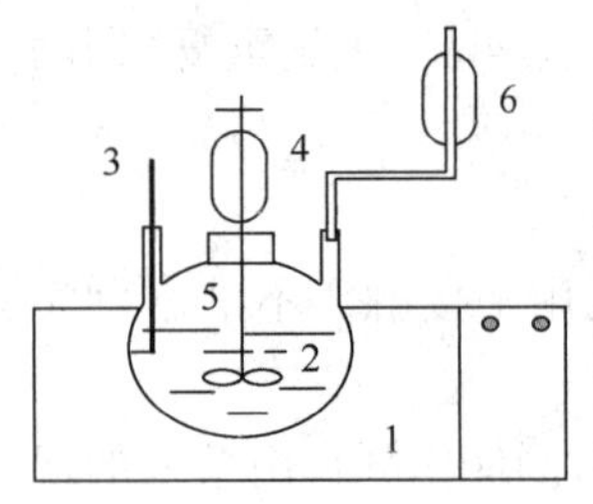

图 3-2　催化剂制备装置
1—恒温水浴；2—三口烧瓶；
3—温度计；4—水封；
5—搅拌机；6—冷凝器

称完 $AlCl_3$要将 $AlCl_3$药瓶盖好，并用蜡封好。液态苯易溶胀胶管，安装流程时胶管应尽量避免与液态苯直接接触。流程安装完毕，请指导教师检查，教师同意后，方可准备升温。

（3）催化剂制备条件：温度90℃左右，压力常压，时间搅拌2h。

（4）催化剂制备：在催化剂制备过程中，要观察液封中的水面，维持系统压力 0～6.7kPa（0～50mmH_2O 柱），当瓶内压力低于 0Pa（0mmH_2O）柱要及时提起液封，以免水封中的水倒吸入烧瓶，破坏催化剂。

催化剂制备完毕，要将搅拌器取下，用分液漏斗分出制备好的红油，将红油装入瓶内，用塞子将瓶口塞好备用。

三、沸石催化剂的制备

沸石也称分子筛，是以硅酸铝和碱土金属成分为主的结晶体。基本构造是硅氧、铝氧四面体并组成四、六、十二圆环，晶体内部有一定尺寸的孔洞，这一性质使它有广泛的用途。

沸石分子筛可作干燥剂，能脱出微量水。某些型号的沸石，如5A 型分子筛还可作气相色谱固定相，用于永久性气体分析。绝大多数分子筛能做离子交换剂，能脱除放射性和各种离子，作废水处理剂。它最大的用途是作为催化剂用于各种反应，因此大大发展了沸石的有关制备技术。常用的某些沸石催化剂见表 3-2。

本实验以制备甲苯歧化用丝光沸石催化剂为主。丝光沸石的结构属于层式结构，图 3-3 表示其晶体结构中的某一层。实际上，晶体是由很多这样的层重迭在一起，通过适当方式连结而成的，这样在晶体中就形成很多隧洞型孔道。最大的孔道是由十二圆环组成的椭圆形孔道，长轴为 0.695nm、短轴 0.591nm，这是主孔道。主孔道之间也有许多称为“侧腔”的小孔道相互沟通。由于这些小孔道孔径很小（约 0.28nm），一般分子不易进去，只能在主孔道出入。

表 3-2　常用催化剂及其应用

催化剂	应　　用	催化剂	应　　用
Re-Y、H-Y	重烷烃裂解	H-ZSM-5	甲苯岐化、烃化、芳构化
Pt/H-Y	重烷烃氢化裂化	H-Mordenite	甲苯岐化、二甲苯异构化
Pt/H-erionite	有支链的烃中选择性直链裂化	Pt/H-Mordenite	烷烃异构化成支链烃

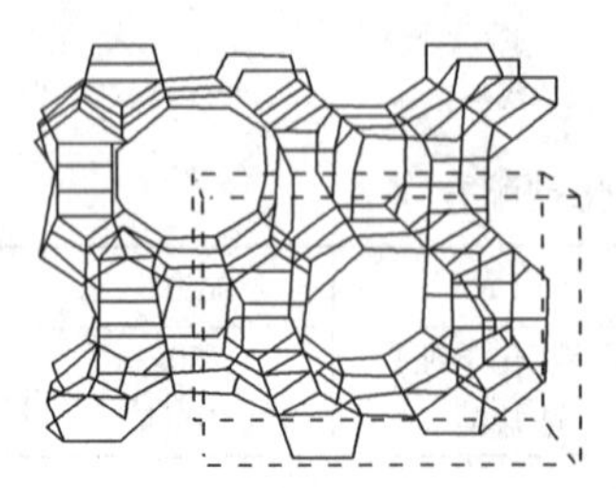

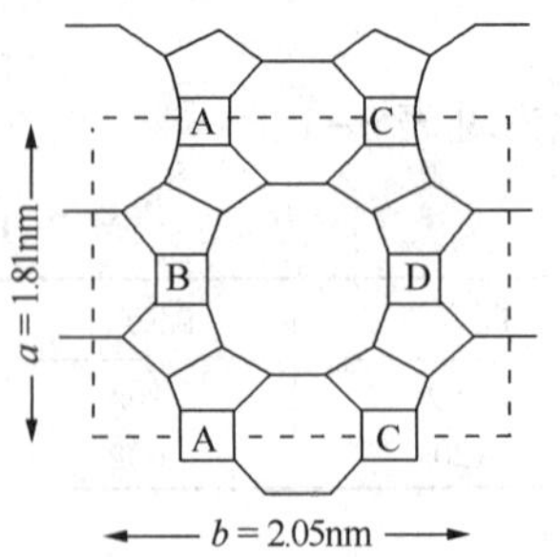

图 3-3　丝光沸石晶体断面图

丝光沸石属于正交晶系，晶胞参数 a=1.813nm，b=2.049nm，c=0.752nm。

晶胞化学式为 $Na_3[(AlO_2)_3(SiO_2)_{40}]\cdot 24H_2O$。

晶胞中 8 个 Na^+ 中的 4 个位于主孔道周围的小孔道内，另 4 个松散的结合在主孔道壁上，一般化学式可写成：

$$Na_2O\cdot Al_2O_3\cdot 10SiO_2\cdot 6H_2O$$

丝光沸石简称 M，它的热稳定性比 A 型、X 型和 Y 型分子筛都好，耐酸性也较强。

丝光沸石可以人工合成，也可以在天然沸石矿中找到。天然 M 中可以交换离子除了钠之外，还有 Ca^{2+}，K^+，Mg^{2+} 等。例如，浙江省缙云县岱石口产的天然 M，其化学组成为：

$$0.53CaO\cdot 0.40Na_2O\cdot 0.045K_2O\cdot 0.02MgO\cdot Al_2O_3\cdot 10SiO_2\cdot 7.09H_2O$$

（一）实验目的

通过离子交换制备丝光沸石催化剂，熟悉一般分子筛催化剂的制备原理和方法。

（二）实验原理

甲苯岐化催化剂的制备过程主要由以下几步组成：Ca-Na-M→离子交换→洗涤过滤→干燥→浸渍→成型→焙烧→成品，其中，离子交换浸渍和焙烧是整个制备过程的关键步骤。

1. 离子交换

实验用的合成丝光沸石，一般都是钠型丝光沸石（Na-M）。Na-M 如同其他分子筛，其基本结构是由一定比例的硅氧四面体构成。一般来讲，两个铝氧四面体不直接相连，而是由一个或几个硅氧四面体分隔开。由于 Si^{4+} 是正四价，Al^{3+} 是正三价，所以硅氧四面体保持电中性；而铝氧四面体带一个负电荷，其附近可容纳一个钠离子，以保持电中性，如下所示：

O₂Si⟨OO⟩(Na⁺)Al⁻⟨OO⟩Si⟨OO⟩Si⟨OO⟩(Na⁺)Al⁻⟨O₂……

在丝光沸石晶格内，位于铝氧四面体附近的 Na^+ 属于交换离子。

Na-M 对甲苯岐化反应无催化作用，只有将它变成氢型丝光沸石（HM）才具有催化活性，因此进行离子交换是必不可少的。

离子交换常用的是酸交换或铵交换。酸交换通常可用无机酸（HCl，H_2SO_4，HNO_3）或有机酸（醋酸、酒石酸等）。下式表示以 HCl 进行交换的反应式：

$$NaM+HCl \rightleftharpoons HM+NaCl$$

离子交换反应是可逆的，故必须进行多次酸交换，才能达到 Na^+ 的交换率在 90% 以上。酸浓度、酸用量、交换次数、交换时间、交换温度等因素对钠交换率都有影响。酸交换时，丝光沸石晶格上的铝也能被 H^+ 取代。四个 H^+ 取代一个 Al^{3+}，成为脱铝的 HM。X 射线衍射分析表明，脱铝的 HM 的晶体结构和 NaM 完全相同，即铝脱掉后晶体结构未遭到破坏。然而脱铝 HM 的吸附和催化特性却发生了较大变化。

铵交换就是用铵盐溶液对 NaM 进行离子交换，交换时不会脱铝。用 NH_4Cl 溶液交换时，其反应如下：

$$NaM+HCl \rightleftharpoons NH_4M+NaCl$$

NaM 经铵交换后变成铵型丝光沸石（NH_4M），而 NH_4M 在 550～600℃ 焙烧，即可变成氢型。

$$NH_4M \xrightarrow{550\sim600℃} HM+NH_3$$

2. 浸渍

为了更进一步提高催化剂的活性和稳定性，可在 HM 内载上某些活性金属组分（本实验采用 Ni)。工业上常采用浸渍法来添加活性成分。

3. 焙烧

焙烧是催化剂具有一定活性的不可缺少的步骤，把干燥过的催化剂在不低于反应温度下进行焙烧，进一步提高催化活性，保持催化剂结构的稳定性和增强催化剂的机械强度。

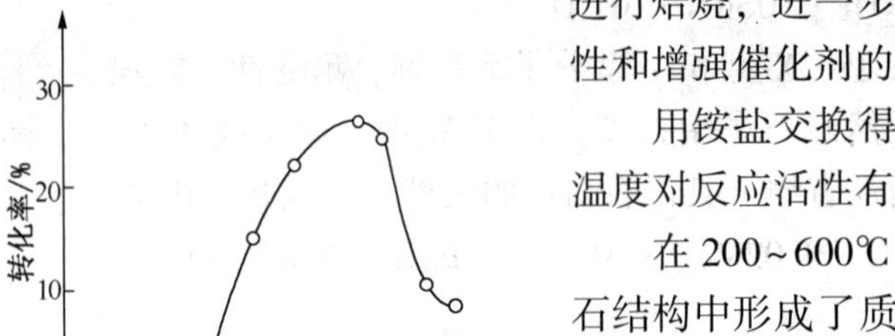

图 3-4　焙烧温度对活性影响

用铵盐交换得到铵型丝光沸石，当加热处理时，焙烧温度对反应活性有明显影响。

在 200~600℃时有 NH_3 放出，铵型变氢型，在丝光沸石结构中形成了质子酸中心，这些质子酸中心就是对甲苯歧化起催化作用的活性中心。

实验表明，焙烧温度高于 600℃，甲苯歧化反应活性下降，见图 3-4。这说明超过 600℃生成无水酸中心不是甲苯歧化反应的活性中心，因此要控制焙烧温度。

（三）实验装置及试剂

1. 实验装置

① 离子交换装置如图 3-5 所示。

② 过滤装置及流程如图 3-6 所示。

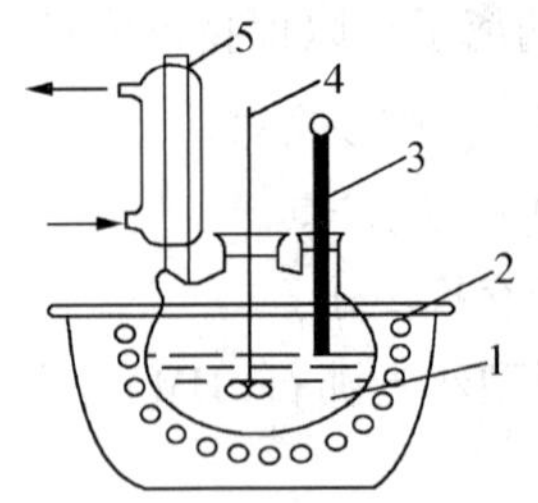

图 3-5　离子交换装置

1—电热包加热器；2—1000mL 四口瓶；3—水银温度计；4—电动搅拌机

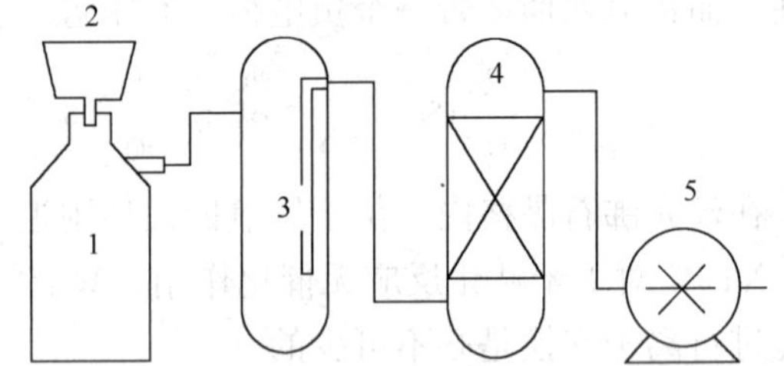

图 3-6　过滤装置

1—抽滤瓶；2—布氏漏斗；3—缓冲管；4—干燥塔；5—真空泵

2. 试剂

分析纯 $AlCl_3$ 和 NH_4Cl，配成含 3% $AlCl_3$ 和 10% NH_4Cl 的水溶液；分析纯 $Ni(NO_3)_2$；化学纯 25%氨水；精密 pH 试纸。

（四）实验步骤

本实验采用铝盐-铵盐混合溶液进行离子交换，即采用 3% $AlCl_3$ 和 10% NH_4Cl 的混合液交换。该法可认为是酸交换和铵交换的混合形式。因为 $AlCl_3$ 的水溶液是酸性的，在铝盐、铵盐混合液交换之后，再加氨水与剩余铝盐作用生成 $Al(OH)_3$ 凝胶沉淀。这样既可以减小洗涤时丝光沸石微粒的损失，又可以增强催化剂的机械强度。

用 3% $AlCl_3$ 和 10% NH_4Cl 混合液在 100℃下交换 NaM，交换两次，每次 1h，其固液比为 1∶10。然后 40℃下加氨水沉淀。40~45℃下老化 1h，过滤、洗涤至无氯离子，烘干细磨、成型、烘干，再在 550℃下活化 3~4h。

1. 离子交换

在粗天平上称取合成或天然 NaM 50g 装入四口瓶中，用量筒量取 500mL 混合液倒入四口瓶中。然后将四口瓶放入电热包加热器，装上回流冷凝器、搅拌器、接触温度计、水银温度计，并打开冷却水。启动搅拌器，通过调压器控制电热包加热器的输出电压，以控制加热器升温速度。开始时电压低些以免突然电流大而烧断电热丝，加热 5～10min，搅拌 1h，然后停止搅拌并降温。卸下回流冷凝器、搅拌器和温度计，待丝光沸石沉至瓶底后，将上层清液倾滗出去，然后重新加入 500mL 混合溶液，开始第二次交换，步骤同上。第二次交换完成后，待交换液温度降至 40～50℃时，在不断搅拌下加入适量 25%氨水进行沉淀，料液 pH 值调到 9～9.5 时(精密 pH 试纸测定)，停止加氨水，在 40～45℃下搅拌 10min，停止搅拌后在此温度下老化 1h。

2. 过滤和洗涤

将滤纸铺在布氏漏斗内，倒入沉淀液体，抽真空过滤。接近滤干时，用 100mL 蒸馏水均匀淋入，继续滤干，关闭真空泵。将滤饼取出，放入 500mL 烧杯内，加蒸馏水 300mL，用玻璃棒将滤饼捣碎。重复上述操作，取滤液少许于试管中，加 0.1mol/L 的 $AgNO_3$ 溶液几滴，此时无白色沉淀出现，即表示滤液中无氯离子。洗涤完毕，取出滤饼放在蒸发皿内置于烘箱中，在 120℃下烘干。

3. 浸渍和成型

将烘干的物料研细，采用等体积浸渍法载镍。方法如下：称取 10g 物料，测定全部润湿所需的用水量。用万分之一的光电天平减量法称去 $Ni(NO_3)_2$ 数克(根据 Ni 含量 1%自己算出)，置于小烧杯中，加所需水量溶解。另取 10g 物料与蒸发皿中，将 $Ni(NO_3)_2$ 溶液倒入蒸发皿后置于烘箱中烘干，磨细成粉末状，再加上少量水调制成面团状，在成型机上成型，成型后的催化剂经烘干粉碎成 20～40 目的颗粒，以备活化(催化剂的成型亦可使用喷雾干燥法，其实验方法见实验四)。

4. 焙烧

将粒度 20～40 目催化剂放在瓷坩埚内，置于高温炉的炉膛中心。控制温度 55℃/h，用热点偶测量炉内温度，直至 550℃±5℃。在此温度下保持 3h，自然降温至 120～140℃时取出坩埚存入干燥器中，以备反应时用。

(五) 实验报告

(1) 写出本实验的实验条件和实验数据。

(2) 参考本实验设计 ZSM-5 分子筛进行钾离子交换的实验程序和操作方法。

四、催化剂成型

工业上使用的催化剂，大多数具有一定形状和尺寸。形状和尺寸的形成是催化剂制备中的最后操作程序。许多催化剂反应性能都与此条件有关，但催化剂的制备和成型技术被制造者作为技术秘密严格控制，难以了解详细制备过程，因此学习一般成型技术，对掌握催化剂生产是很重要的。

(一) 实验目的

(1) 了解催化剂成型的实验原理。

(2) 掌握压缩成型、挤出成型、喷雾成型等实验操作。

(3) 学会测定催化剂强度与粒度分布的方法。

(二) 实验原理

实验室进行催化剂的活性评价时，催化剂的成型方法无关紧要。因为，常常把粉体研磨成细粉，压制成片，再经破碎过筛取一定粒度使用。或者利用自身在制备中形成的结块直接破碎过筛，取一定粒度使用。但催化剂应用到工业上就必须成型，常常制成片状、柱状、球状、中孔状、三叶草状等。无论制成何种形状首先都需将催化剂研磨成小于 10 μm 的细粉，通过成型手段而获得。本实验用压缩成型法、挤出成型法、喷雾成型法操作，基本原理如下。

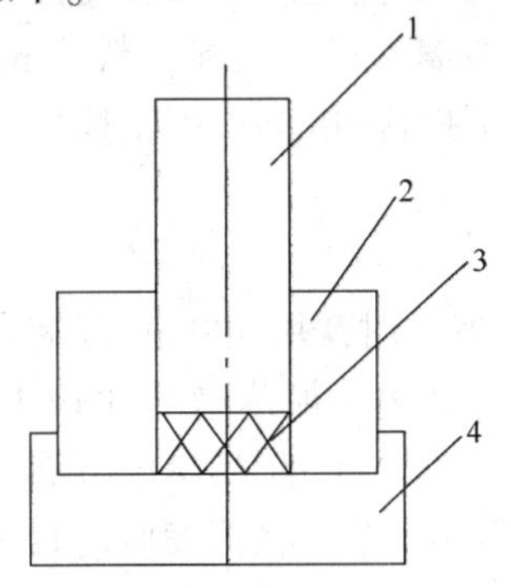

图 3-7 成型模具结构图

1—冲头；2—冲模；3—催化剂片；4—底模

1. 压缩成型

在一固定形状的模具内填装催化剂粉末，并在冲头和模底部两端施力，使中间的粒子间隙减少，颗粒发生变形，粒子之间接触面扩展，粉体趋于致密而增加黏附力，相互黏接成块状或片状形体，俗称打锭。成型压力越大，粉末颗粒之间距离越小，成型品的抗拉强度就越高。为防止催化剂粒子与模具之间黏接，在成型前将模具内涂以石墨粉或硬脂酸等润滑剂。为了控制成型压力，多使用带压力指示仪表的油压机。

成型模具如图 3-7 所示。此种成型方法简单，最终成型的产品密度相近，被所有的实验室普遍使用，工业上用连续打锭机自动化生产催化剂。

2. 挤出成型

将粉状催化剂加水，与黏合剂一起调成泥团状物。柱塞缸一端有挤出头，从柱塞上施加压力，使放入缸内泥团在挤出头的孔内挤出，挤出头的孔可制成各种形状，此法称柱塞挤出成型。另外还可用螺杆带动旋叶片转动推进泥团向挤出头施加压力，从孔中挤出，称为螺杆挤出成型。泥团的黏稠度大时挤出施加的力要大，但成型后收缩率低，反之收缩率高。催化剂粒度越小，成型性越好，强度亦高。成型时依催化剂种类而选择最适宜条件去操作。挤出成型装置的结构见图 3-8 和图 3-9。

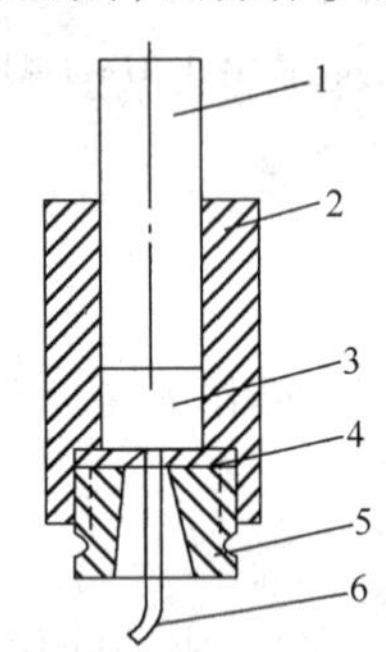

图 3-8 柱塞挤出器结构图

1—柱塞杆；2—柱塞缸；3—泥团物
4—挤出头孔板；5—压紧螺母；6—挤出条

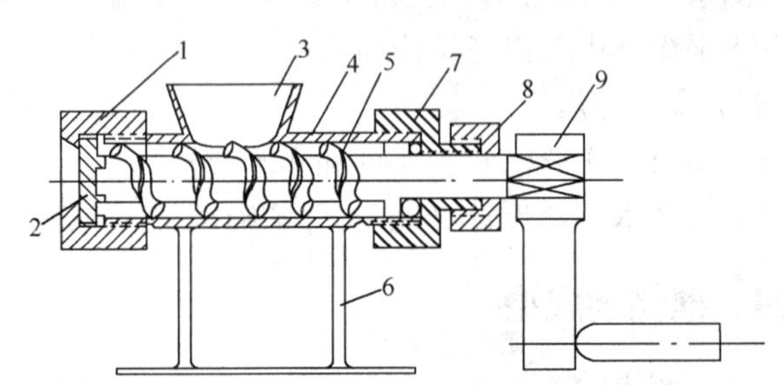

图 3-9 挤出成型装置

1—压盖；2—挤出头；3—入料口；4—挤出机缸；5—挤出螺旋；
6—支架；7—止推轴承；8—后压盖；9—摇柄

3. 喷雾成型

喷雾成型是把成型、干燥结合为一个过程的单元操作。基本原理是利用压力或用喷嘴将含水催化剂浆液分散成雾滴，或利用高速旋转的圆盘，使浆液与之接触，靠离心力将浆液分散成雾滴，并落入热风流动的干燥塔成型干燥，此法是制备微球状催化剂的良好方法。实验室中最常用的是双流式喷嘴雾化器，它有气体、浆液流动的两个通道。在流出口，气体以高流速流动，造成相当高的气液相对流速；液体流出时液膜发生摩擦、撕裂，被分散成雾滴，并以很高速度喷出，靠表面张力收缩形成微小球体，与热风接触后失水干燥。

（三）实验流程、仪器和试剂

（1）实验流程：喷雾成型的典型流程如图 3-10 所示。

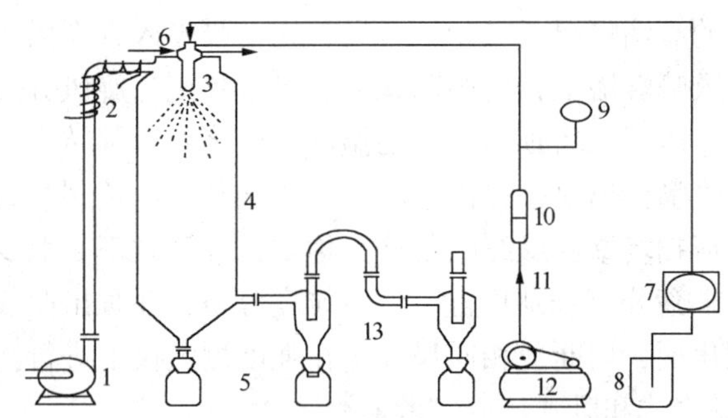

图 3-10 喷雾成型流程图

1—鼓风机；2—加热器；3—双流式喷嘴；4—喷雾干燥塔；5—催化剂收集槽；6—冷却水进出管；7—蠕动泵；8—浆液储槽；9—压力计；10—转子流量计；11—调节阀；12—无油空压机；13—旋风分离器

（2）实验仪器：手动油压机、压缩成型模具、手动螺杆挤出机、喷雾成型机、蒸发皿、小搪瓷盘、生物显微镜、分样筛。

（3）实验试剂：V-P-O 催化剂粉末、$Al(OH)_3$凝胶、$Al(OH)_3$粉末、田菁粉(黏合剂)、HNO_3(分析纯)。

（四）实验步骤

1. 压缩成型

取 10g$Al(OH)_3$粉末放在蒸发皿内，加数滴蒸馏水，用牛角勺调匀，使粉粒微带黏连(水量不能多)，放一勺在模具中心。装上冲头，在油压机上施压。当压力达到一定值后，卸压退出冲头，取出压好的催化剂片状物，放在搪瓷盘内，并用滤纸擦拭模具，再用硬脂酸擦拭，重复上述操作。

2. 螺杆挤出成型

（1）称取一定量的 V-P-O 粉末催化剂母体。另用含 2%田菁粉的黏合剂溶液在蒸发皿内边搅拌边倒入，调制成泥浆团状物为止(不能一次加入过多溶液，搅动过程中会逐渐变软)。接着戴胶手套，不断拍打泥团(称为捏合操作)。而后用潮湿滤纸蒙盖其上，待用。

（2）清洗挤出头的孔口，装于螺杆挤出器出口端。将黏团物放入口内，并用手转动手柄，过片刻后即有条状物从挤出头排出。挤条过程中用手不断按压粘团物，直至全部挤出为止。将条状物收集在搪瓷盘内。

（3）用毕后卸下挤出头，清洗，清理。

（4）将条状物用切断器切断为一定尺寸，风干后放于干燥箱内，在 120℃下烘 2h。

（5）测定干燥后的催化剂尺寸。

（6）在强度测定器上加已知重量的砝码，记下卧式和立式的压碎重力。

3. 喷雾成型

（1）制浆：不同催化剂的制浆方法不同。对含有 $Al(OH)_3$的胶体，向凝胶中加少量浓硝酸，即可变成溶胶，其流动性能甚好，可作为喷雾的料液使用。对其他氧化物，如 V-P-O 粉末的母体，可直接加水和少量黏合剂，经过搅拌成流黏性液体，喷雾用的浆液固含量为 20%~40%。喷雾前要用丝网过滤浆液，否则易堵塞喷嘴。

（2）成型：开启风机并调节进风量，开启加热器并调节温度至303℃，待温度接近规定值后。打开双流式喷嘴的冷却水阀门。将蠕动泵的吸入管端插入装有蒸馏水的烧杯内，开启蠕动泵，调节进浆流量为150mL/h。把喷嘴的进风压力控制在0.12MPa，用手提拿喷嘴，使喷出口向下，观察雾化的雾滴情况、一切正常后将蠕动泵吸入管端插入装有浆液并搅拌着的烧杯内，同时将喷嘴插入喷雾塔上盖的中部孔内。经过片刻，旋风分离器内有微球状粉末出现，这时记录加料速度、风压、塔顶与塔底的温度。待浆液全部转入吸入口后，将管移至蒸馏水的烧杯内，待水从喷嘴排出时，提出喷嘴，停止加热，吹冷风冷却。温度降至100℃以下后，打开塔的上盖，清扫塔壁，最终收集样品称重，计算收率。取少许粉末放在显微镜下观察外形。将收集的粉末筛分，分别称重。测出粒度分布，并画出曲线，加以解释说明。

另取一部分条状催化剂，切断成相同尺寸。在强度测定仪上进行测试。记下破碎时的砝码重量(各取10g分别做立式和卧式压碎实验)。

把各种成型的条件和测定数据写入报告中并解释说明。

五、思考题

1. 什么是催化剂？
2. 催化剂由哪几部分组成？
3. 什么是催化剂的活性与选择性？
4. 什么是催化剂的中毒与再生？
5. 什么是催化剂成型？

第四章　石油化工单元过程典型实训装置

化工单元过程实训装置由典型化工反应实训装置和典型化工分离实训装置两大板块组成。每个化工单元操作相当于化工生产中的一个基本过程，所以它具有明显的工程性的特点。通过实训可以实现：①验证基本理论，加深对课堂教学内容的理解，培养学生的实践操作技能和分析、解决工程实际问题的能力；②了解典型的化学反应器的基本结构，反应器的应用与选择，反应过程控制及典型实训项目实施方法；③了解典型分离装置的组成、性能、用途，不同物系的分离方法，各种精馏等装置的操作及典型实训项目实施方法。化工单元操作在20世纪初，由美国麻省理工学院的科学家总结成一门独立的学科，和化工单元过程一起组成化学工业生产的基础知识。这些单元的原理、基础实验数据和计算方法，可以为各种化工门类的设计提供依据，为从事化工生产过程操作提供岗前培训。

第一节　石油烃常压裂解实训装置

乙烯工业的发展规模与速度代表着一个国家石油化学工业发展的水平，而目前世界上乙烯生产主要是采用石油烃裂解法。所谓裂解是指以石油烃为原料，利用烃类在高温下不稳定、易分解、断链的原理，在隔绝空气和高温(600℃以上)条件下，使原料发生深度分解等多种化学转化的过程。裂解工艺条件要求苛刻，一般都要求在高温、低压、短停留时间下操作。为了满足此条件，裂解时除了向裂解系统加入原料外，还需向系统加入水蒸气，以降低烃分压。裂解反应进行时除了发生一次反应(生成目的产物的反应)外，同时还发生二次反应(消耗目的产物的反应)。二次反应不但会降低目的产物的收率，而且导致反应系统结焦，因此，石油烃裂解时，每隔一段时间要对系统进行清焦。清焦分为停炉清焦(停车，系统降温后人工清焦)和不停炉清焦法(停止供料，不停水蒸气，或向系统加入空气)两种，目前也采用向系统加入抑制剂(抑制焦炭生成的物质)的办法清焦。影响裂解反应的因素除了裂解温度、压力和停留时间外，原料组成对裂解反应的影响也很大，不同的原料，所需裂解条件不同，得到的裂解产物组成也不相同。

通过运行常压管式炉裂解实训装置可以加深学生对石油烃裂解相关理论知识的理解，学会裂解过程控制、裂解条件选择、裂解产物分析，了解裂解反应结焦的原因和不同裂解原料对裂解产物分布的影响情况等。烃类裂解主要是烷烃、环烷烃，在高温下进行开环断裂成小分子的烯烃和烷烃的过程。该过程也是石油化工重要的加工环节，除热裂解过程外，还有一种催化裂解的工艺操作。前者使用水和烃类在较高温度下裂变(800~1000℃)成烯烃等物质，后者在催化剂作用下处于热裂解温度较低的情况下裂变(500~600℃)成烯烃等物质，在实验室为了更好地了解和掌握两种反应工艺过程把热裂解放在空管的反应器内进行，而催化裂化则是放在固定床或流化床内进行。由于该反应是强烈的吸热反应，在实验装置上两者都使用电加热系统，并有精密温度控制装置控制反应温度，以达到良好反应目的。通常在实验室选择正己烷、环己烷和正庚烷或石脑油、汽油、煤油、轻柴油做原料进行热裂解反应；而催化裂化则多采用沸点更高的原料(如重柴油、石蜡、渣油等)做实验研究，找出最佳催化剂或工艺条件，并为石油化工生产和放大设计提供依据。

一、常压裂解实训装置简介

（一）装置的用途及特点

实验室管式炉裂解装置是测定石油烃类裂解反应和其他有机物裂解反应过程的有效手段，能根据实验结果找出最适宜的操作条件，给工业操作提供可靠参考，同时为工业放大提供必要的依据。该装置为一空管，内部插入热电偶套管，能测定床内任意位置的温度，结构简单，流程紧凑，能更换不同管径的反应器，反应操作灵活，性能可靠。此外，还可根据需要装填固体催化剂进行气-固相催化反应，是教学、科研、工业设计必备的设备之一。

（二）技术指标

（1）最大使用压力 0.2MPa；热电偶套管 ϕ3mm，热点偶 ϕ1.0mm，K 型；

（2）反应加热炉直径 16mm，高 750mm，四段加热，各段加热功率 1.0kW，最高使用温度 800℃。

（3）混合器加热炉直径 12mm，长 280mm，加热功率 0.8kW。

（4）气液分离器内径 12mm，长度 180mm；

（5）湿式流量计：2L。

（三）操作步骤

（1）装置的安装与试漏。将三通阀放在进气位置，进入空气或氮气，卡死出口，冲压至 0.05MPa，5min 不下降为合格。否则要用毛刷涂肥皂水在各接点处涂拭，找出漏点，重新处理后再次试漏直至合格为止。打开卡死的管路，可进行实验。注意！在试漏前，首先确定反应介质是气体还是液体或两者，如果仅仅是气体就要盲死液体进口接口，否则，在操作中有可能会从液体加料泵管线部位发生漏气。

（2）升温与温度控制。本装置为四段加热控制温度，温度控制仪的参数较多，不能任意改变，因此在控制方法上必须详细阅读控温仪表说明书后才能进行。控温对各段加热影响较大，应该较好的配合才能得到所需温度。各段加热电流给定不应很大，一般在 1.5A（或加热功率控制在 45%）左右。最佳操作方法是观察加热炉控制温度和内部温度的关系，反应前后微有差异，主要表现在预热器的温度变化，因为预热器是靠管内测得的温度去控制加热，当加料时该温度有下降的趋势，但能自动调节到所给定的温度范围值内。

升温速度决定于给定电流（或功率）的大小，一般不要过大、过快加热（过快，由于炉丝热量不能快速传给反应管，易造成炉丝烧毁现象），控制上端温度偏高一些，预热的加热电流给定在 0.3~0.8A（或功率 30%）为宜。

操作时反应温度测定靠拉动反应器内的热电偶（按一定距离拉），并在显示仪表上观察，放至温度最高点处，待温度升至一定值（400℃）时，打开水泵，并以某个速度进水，温度还要继续升高，到达反应温度时打开裂解原料进料泵。温度在运行中还要进行调整。

（3）在升温的同时给冷却器通冷凝水。

（4）进料后观察预热温度和拉动反应器热电偶，找到最高温度点，稳定后再按等距离拉动热电偶，并记录各位置温度数据。

（5）当反应正常后，记录时间与湿式流量计读数，同时记录进出反应器的压力值和进料量。同时开启色谱检测系统，待色谱系统运行稳定后，对裂解气相样进行在线检测。

（6）在分离器底部放出水与油，并计算。

（四）停车

（1）停止进料，在原条件下，只进水，烧焦 1h 左右。

（2）将电流给定旋钮回至零（或关闭控温温度表），一段时间后（当各段温度降至 300℃左右），停止进水。

（3）当反应器测温温度降至 300℃以下后，冷却器停水。

（4）用氮气吹扫和置换反应系统，关闭所有电源和计算机控制系统。

（五）注意事项

（1）一定要熟悉仪器的使用方法：为防止乱动仪表参数，参数调好后可将 LOC 参数改为新值，即锁住各参数。

（2）升温操作一定要有耐心，不能忽高忽低乱改乱动控温设置。

（3）流量的调节要随时观察、及时调节，否则温度也不容易稳定。

（4）不使用时，应将湿式流量计的水放干净。应将装置放在干燥通风的地方。如果再次使用，一定在低电流（或温度）下通电加热一段时间以除去加热炉保温材料吸附的水分。

（5）每次实验后一定要将分离器的液体放净。

（六）故障处理

（1）开启电源开关指示灯不亮，并且没有交流接触器吸合声，则保险坏或电源没有接好。

（2）开启仪表各开关时指示灯不亮，并且没有继电器吸合声，则分保险坏或接线有脱落的地方。

（3）开启电源开关有强烈的交流震动声，则是接触器接触不良，应反复按动开关可消除。仪表正常但电流表没有指示，可能保险坏或固态变压继电器坏。

二、石油烃裂解反应实训

1. 实验目的

（1）掌握管式反应器操作

（2）了解裂解的基本原理和影响反应的各种因素，找出最佳操作条件。

（3）探讨不同裂解原料对裂解产物分布的影响。

（4）探讨不同裂解温度对裂解产物分布的影响。

（5）了解裂解过程的结焦原因与清焦方法。

2. 实验原理

裂解反应主要可分为两类，即一次反应和二次反应。二次反应主要指烯烃的分解、芳烃的生成以及从芳烃变成焦炭的反应；

（1）一次反应是发生断链，生成低碳烷烃和烯烃。

如：$$C_{m+n}H_{2(m+n)+2} \longrightarrow C_mH_{2m} + C_nH_{2n+2}$$

（2）二次反应主要为生炭和结焦的反应。

如：$$C_mH_{2m} \longrightarrow mC + 2mH_2$$

此外还有的分子脱氢生成炔烃和二烯烃、低分子烯烃发生热裂解或甲烷和芳烃脱氢缩合成稠环芳烃及焦炭等。

裂解基本上是在高温下使烃类产生断链引发出自由基，再进行链增长、终止，其最后结果为有大量乙烯、丙烯产生，此外还有氢、甲烷、乙烷、丙烷、丁烯、丁二烯等。

3. 流程

流程如图 4-1 所示。

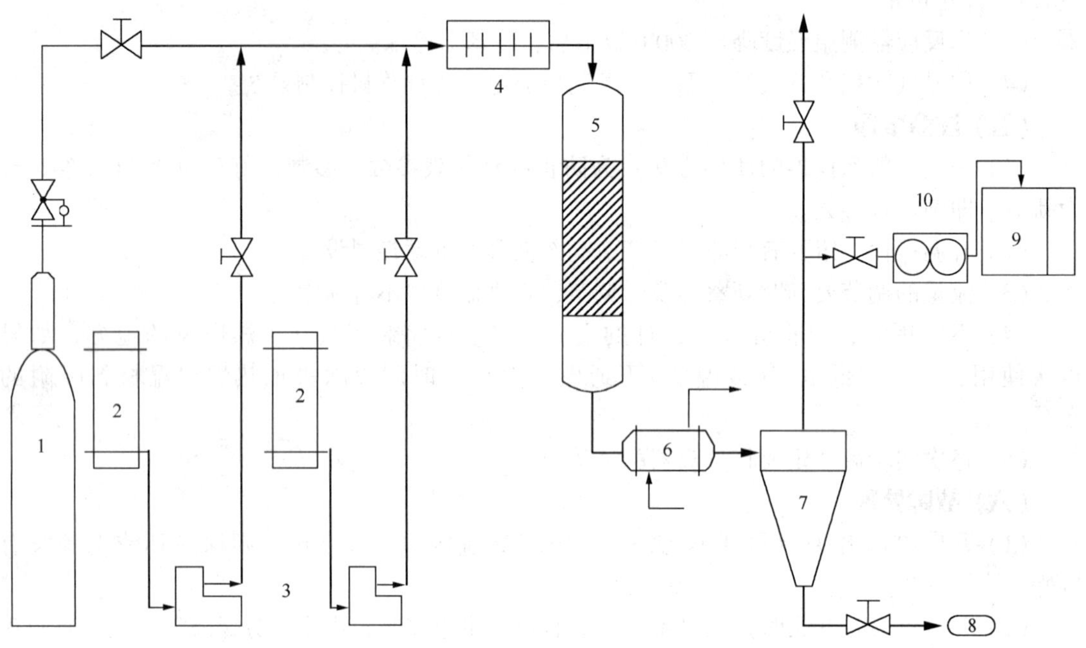

图 4-1　裂解装置流程图

1—氮气钢瓶；2—原料罐；3—原料泵；4—预热器；5—裂解炉；
6—冷凝器；7—气液分离器；8—液相组分储罐，9—色谱仪；10—湿式流量计

4. 实验装置与试剂

裂解反应装置一套、N_2钢瓶一个、气相色谱仪一台、色谱工作站一套、H_2减压阀一个、定量柱塞泵(或电磁泵)两台、化学试剂：环己烷；煤油；石脑油等。

5. 裂解实训

(1) 以不同的裂解原料在相同的裂解温度下进行裂解反应。

(2) 以相同的裂解原料在不同的裂解温度下进行裂解反应。

裂解反应操作过程同装置简介(三)操作步骤。

6. 数据处理

(1) 记录升温过程反应器加热炉各段的温度及反应器的测温温度。

(2) 记录加料量和加水量(进料时开始)及产气量(湿式流量计的流量)。

(3) 裂解气重量的计算。

(4) 裂解气(乙烯计)收率的计算。

(5) 讨论实验结果。①裂解原料对裂解产物的影响。②裂解温度对裂解产物的影响。③造成裂解系统压力变化的原因。

(6) 记录表格如下：

反应温度/℃	油加入量/mL	焦油量/g	裂解气量/mL	备　注

注：几个主要工艺指标计算。

① 根据所给已知条件预算出进料油和水的速度(mL/min)，而且应在实验前算出来。

② 计算裂解气的质量：

$$G_{气}=V_{干}\cdot\rho_{干} \tag{1}$$

式中 $V_{干}$——在标准状况下干裂解气体积，L；

$\rho_{干}$——在标准情况下干裂解气的密度，g/L；

而 $V_{干}=V_{湿}\cdot K_1\cdot(P_0-P_{0水})/1.033\times273.2/(273.2+t)$ (2)

式中 $V_{湿}$——实验测到的气体的体积，L；

K_1——湿式气体流量计校正系数；

P——当天室内大气压力，kg/cm^2；

$P_{0水}$——实验时湿式气体流量是计温度 t_0 下水的饱和蒸气压，kg/cm^2。

③ 计算裂解气、焦油的收率以及原料油损失率。

④ 计算当量停留时间。

$$\theta=V_{反}/V_{物}=L_e\times S/1000V_{物} \tag{3}$$

式中 L_e——反应管当量长度，cm(由计算机算出)；

$V_{反}$——反应床的容积，L；

$V_{物}$——反应床内物料的体积流量，L/s；

S——反应管横截面积，cm^2。

由于反应床内的物料的体积流量是变化的，一般 $V_{物}$ 是取进口的平均值：

$$V_{物}=(G_1/M_1+G_2/M_2+G_3/M_3+2G_4/M_4)\times22.4T_e/2.273.2\times\tau \tag{4}$$

式中 G_1、G_2、G_3、G_4——分别为原料油、焦油、裂解气及水的质量，g；

M_1、M_2、M_3、M_4——分别为原料油、焦油、裂解气及水的相对分子质量；

τ——裂解实验所用的时间，s；

T_e——裂解温度，取其中三点最高温度平均值，K。

第二节　多功能反应实训装置

多功能反应装置由管式加热固定床、流化床催化反应器及常压釜式反应器组成，是有机化工、精细化工、石油化工等部门进行教学和科学研究的主要实验设备，尤其在反应工程和催化工程及石油化工工艺、生化工程、精细化工、环境保护专业中使用的相当广泛。该实验装置可进行加氢、脱氢、氧化、卤化、芳构化、烃化、歧化等反应，找出最适宜的工艺条件，同时也能测取反应动力学和工业放大所需数据，是化工研究不可缺少的手段。

本装置由反应系统和控制系统组成：反应系统的反应器为管式，流化床反应器和釜式反应器全部由不锈钢材料制成。

气-固相催化反应固定床装置是管式反应器，床内有直径 3mm 的不锈钢套管穿过反应器的上下两端，并在管内插入直径 1mm 的 K 型热电偶，通过上下拉动热偶而测出床层各不同高度的反应温度。加热炉采用三段加热控温方式，上下段温度控制灵活，恒温区较宽。控制系统的温度控制采用高精度的智能化仪表，有三位半的数字显示，通过参数改变能适用各种测温传感器，并且控温与测温数据准确可靠。

气-固相催化反应流化床是一种在反应器内由气流作用使催化剂细粒上下翻滚作剧烈运动的床型。流化床也为不锈钢制成，床下部有填装的陶瓷环做预热段，中下部为流化膨胀的催化剂浓相段，中上部为稀相段，顶部为扩大段，也采用三段控温方法。系统的温度控制采用高精度的智能化仪表，有三位半的数字显示，通过参数改变能适用各种测温传感器，并且控温与测温数据准确可靠。它的换热效果比固定床优越，能及时把反应热移走，床层温度均匀，避免产物产生过热现象，提高了催化剂的反应效率。故流化床在许多有机反应中得到应用，如丙烯氨氧化制丙烯腈、丁烷或苯氧化制顺酐、二甲苯或萘氧化制苯酐、乙烯氯化、石油催化裂化、烷烃催化脱氢、二氧化硫氧化等都有工业规模生产，在实验室用流化床研究催化剂和工艺条件对产品开发有重大作用。

釜式反应是化工反应工艺过程中较重要的单元操作，在化工生产中也是不可缺少的工艺过程。该釜式反应装置可用于液-液相、液-固相、气-液相反应。其特点是适用性较大，操作弹性大，连续操作时温度、浓度容易控制，产品品质均一。釜内带有冷却盘管，可用于苯的硝化、氯乙烯聚合、加氢、缩合、酯化等反应。

整机流程设计合理，设备安装紧凑，操作方便，性能稳定，重现性好。此外，还有与计算机联机的接口，可安装软件，能在计算机上显示与存储有关数据，实现计算机控制。

通过运行多功能反应实训装置可以实现：①使学生了解化工生产不同反应器的结构、性能和用途；②使学生学会不同反应过程的实现方法；③使学生学会不同反应系统的操作、控制方法；④使学生学会不同反应器催化剂的装填方法和催化剂的活化方法。多功能反应装置适合不同的反应类型，既可以合成相关化工产品，也可以选择最佳生产条件、检验催化剂的性能，既可以培养学生的化工操作技能，还可以为石油化工过程设计和生产放大提供依据。

一、多功能实训装置简介

（一）主要配置及技术指标

1. 主要配置

（1）不锈钢制反应釜，管式反应器固定床、流化床，液体加料装置；

（2）仪表柜含有控温、测温的配电电路和仪表；

（3）操作架台上置有反应器、预热器、冷凝器及操作流程（包括压力计、转子流量计、湿式流量计、取样器等）；

（4）计算机控制系统和色谱检测系统。

2. 技术指标

（1）固定床：

① 固定床反应器 ϕ20mm×550mm；

② 固定床加热炉：ϕ230mm×500mm，加热功率（三段加热）各段 1kW，最高使用温度 600℃，温度控制精度：FS≤0.2%；

③ 催化剂装填量：10~50mL；

④ 热电偶套管：3mm；K 型铠装热电偶直径：1mm；

⑤ 气体流量：0.05~0.5L/min。液体流量 1~100mL/h；

⑥ 最高使用压力：0.2MPa；

⑦ 预热器：ϕ10mm×250mm，预热器加热功率：0.5kW；

⑧ 气液分离器：ϕ50mm×150mm。

（2）流化床：

① 流化床反应器 ϕ25mm×600mm；

② 加热炉：ϕ200mm×700mm，加热功率：（三段加热）各 1kW，最高使用温度 600℃，温度控制精度：FS≤0.2%；

③ 催化剂装填量：5~20mL；

④ 热电偶套管：3mm，K 型铠装热电偶直径：1mm；

⑤ 气体流量：0.05~0.5L/min。液体流量 1~100mL/h；

⑥ 最高使用压力：0.2MPa；

⑦预热器：ϕ10mm×250mm，预热器加热功率：0.5kW；

⑧ 气液分离器：ϕ50mm×150mm。

3. 釜式反应器：

① 釜式反应器容积：1L，釜加热功率：1.5kW，搅拌电机无级调速。

② 最高实用温度：200℃。

③ 最高使用压力：0.15MPa。

④ 热电偶套管：6mm；K 型铠装热电偶直径：1mm。

（二）操作步骤

1. 固定床

（1）催化剂的填装与系统试漏：

① 松开反应器的下部热电偶套管密封件，拆去下部出口与分离器连接接头和上部与预热器连接接头，卸开大螺帽将反应器从加热炉上部拉出，再卸下反应器上部大螺帽，上部朝下用铁丝拉出玻璃棉，倒出催化剂，取出套管和支撑架，用丙酮或乙醇清洗干净后吹干，再插入测温套管及催化剂支撑架和不锈钢支撑网后，连接下部大螺帽(从套管中穿过，用手拧紧螺帽再拧紧反应器的下部热电偶套管密封件，使套管不能移动)，最后装入新催化剂。注意：装催化剂要将套管放在反应器中心位置，要用小直径的长棍测量催化剂的床层高度，最好使催化剂床层处于加热炉的中部。将上盖大螺帽通过测温套管安装好，用扳手拧紧后再卸下下部大螺帽，重新插入炉内，再拧紧上预热器螺帽后，用扳手拧紧反应器下部大螺帽，再连接好分离器接头，插入测温热电偶。

② 通过稳压阀和调节阀进入空气或氮气，卡死出口，加压至0.1MPa，5min 不下降为合格。试漏合格后打开卡死的管路，可进行实验操作。

注意：在试漏前应首先确定反应介质是气体还是液体或两者。如果仅仅是气体就要盲死液体进口。否则，在操作中有可能会从液体加料泵管线部位发生漏气。

（2）升温与温度控制。升温前必须检查热电偶和加热电路接线是否正确，检查无误后方可开启电源总开关和分开关，开启反应器、预热器控温进行升温，但一定要在通气的情况下进行升温。此时控温仪表有温度数值显示出来。温度控制的数值给定调整仪表的“+-”键，在仪表的下部显示出设定值。一切正常后外预热器温度不能超过 180℃。根据实验要求要进入气体或液体。在通气的情况下仪表要首先将参数 pH 值给定为 20，否则电流过大，热量来不及传给加热件，会造成电热丝烧毁。温度控制仪的使用详见说明书(AI 人工智能工业调节器说明书)。反应加热炉分为三段加热，温度给定一般是上下设定为同一温度，而且小于中段的 50~100℃，亦可自行测定后，再确定上、下段给定的温度。当控温效果不佳偏差较大时，可将仪表参数 CTRL 改为 2，使控温仪表进行自整定。温度稳定后可通入液体物料，若反应物不是液体，则在升温中就可通气。

注意：反应器温度控制是靠插在加热炉内的热电偶感知其温度后传送给仪表去执行的，它靠近加热炉丝，其值要比反应器内温度高，反应器的测温热电偶是插在反应器的催化剂床层内，故给定值比平均值较微微高些(指吸热反应)。预热器的热电偶直接插在预热器内，用此温度控温，温度不要求高，对液体进料来说能使它达到汽化状态既可。也可不安装预热器而直接将物料进入反应器顶部，因为反应器有很长的加热段，起预热作用。值得注意的是在操作中给定电流不能过大，过大会造成加热炉丝的热量来不及传给反应器，因过热而烧毁炉丝！待温度接近要求值时，通入反应介质，拉动测温热电偶找出床层温度最高点(指放热反应)，此后可进入反应阶段。

当改变流速时床内温度要改变的，故调节温度一定要在固定的流速下进行。反应中要定时取气样和液样进行分析(在分离器下部放出液样)，湿式流量计要注入水至水位要求处(应加蒸馏水)。

2. 流化床

(1) 催化剂填装。松开床出、入气口接头，使反应器与预热器和冷凝器分离，从炉内轻轻拉出流化床反应器，注意拉动时可能有卡紧的地方，轻轻转动上法兰，并慢慢上升，勿用力过大，以免造成炉瓦破裂。

卸下反应器的上盖，填装 150mL 瓷环，然后填加玻璃棉约 10~15mm，上部插入挡板和热电偶套管。支撑架和挡板底端必须紧密压在玻璃棉上(玻璃棉为耐高温的硅酸铝纤维)。倒入 30~50mL 催化剂后再将法兰盖从热电偶套管内插入，并上紧螺栓，接好出、入口接头。

(2) 气密性检验。盲死冷凝气液体分离器出口，通入 N_2或 Air 至 0. 1MPa。关闭进口阀，观察压力表 5min 不下降为合格。否则要用毛刷涂肥皂水在各接点涂拭，找出漏点重新处理后再次试漏，直至合格为止。打开盲死的管路，可进行实验。

注意：在试漏前首先确定反应介质是气体还是液体或两者。如果仅仅是气体就要盲死液体进口接口。否则，在操作中有可能会从液体加料泵管线部位发生漏气。

(3) 升温与温度控制。升温前必须检查热电偶和加热电路接线是否正确，无误后开启加热开关，分别打开床上段、下段、扩大段、预热的加热开关，此时控温仪表有温度数值显示。控制方法同前，以后根据升温速度适当调整下段和上段温度给定值。温度控制的数值给定要按仪表的“∧，∨”键，在仪表的下部显示出设定值。温度控制仪的使用详见说明书(AI人工智能工业调节器说明书)，不允许不了解使用方法就进行操作。反应加热炉是三段加热，每段温度给定并不相同，一般是下段设定温度高一些。当给定值和参数值都给定后控制效果不佳时，可将控温仪表参数 CTRL 改为 2，再次进行自整定。自整定需要一定时间，温度经过上升、下降，再上升、下降，类似位式调节，很快就达到稳定值。

注意：反应器温度控制要求见固定床反应器注意事项。

同样，当改变流速时床内温度要改变的，故调节温度一定要在固定的流速下进行。注意：当温度达到恒定值后要拉动测温热电偶，观察温度的轴向分布情况。此时，由于在流化状况下床层高度膨胀，在这个区域内的温差不大，超过这个区域则温度明显下降。以恒温区的长度可大致获得流化床的浓相段高度。如果测出温度数据在床的底部偏低，说明惰性物的填装高度不够高，或预热温度不够高，提高预热温度或增加惰性物高度都能改善。最后将热电偶放至恒温区内，也可以将反应段测温放在仪表上操作，在此我们并不推荐此方法。

当达到所要求的反应温度时，可开动泵进液，同时观察床内温度的变化。操作中有计算机进行采集温度、压力、流量值，其操作方法见数采软件说明。

特别提醒注意：电源插头必须有相线、零线、地线三点插头，地线一定要与设备的接地线连通良好，防止触电。

3. 釜式反应器

（1）安装与调试。卸下冷凝器和进口路管，以内感扳手小心将釜的紧固帽松开卸下来，将釜盖提升打开，擦拭釜内，加入一定量的液体后拧紧螺帽，拧紧过程中保证所有的螺丝扭力相同，再将所有的连接处在进气口的氮气充气至 0.1MPa，关闭阀门，5min 内不下降为合格。如下降要用肥皂水涂拭各连接口处查漏，直至压力不下降为止，方可进行实验。

（2）将各部分的控温、测温热电偶放入相应位置的孔内。

（3）电路检查。

① 检查操作各板台电路接头，检查各接线端子与线上标记是否吻合。

② 检查仪表柜内接线有无脱落，电源的相线、零线、地线位置是否正确。无误后进行通气升温操作。

（4）加料。进行间歇反应时，要打开釜的加料口（加料口卸下接头将入口露出来），加入反应原料，根据实验条件加入反应器内一定的原料，以后拧紧接头通入少许气体。

（5）升温。

① 合总电源开关。

② 开启反应釜控温开关，仪表有显示。调控电位器旋钮可以控制搅拌速度（该值可在速度测定表内读出转速值，一般控制在 200r/min 之内）。

通气升温时要将气体排出口的两个阀门打开，并给冷凝器通水，如果不用通气升温，可不进行此操作，温度控制方法同前。

（6）停止操作。停止操作时，关闭加热分开关，轻轻打开排液阀门（釜的前下方），有反应液体流出。需冷却时通冷却水可急速降温。由于釜保温较好，釜降温较慢。

（三）停车

当反应结束后停止加料（液体），停止电流加热，将电流给定旋钮逆时针转至零（或将控温温度设定为零）后关闭温控电源。电源关闭后要继续通气或通水一段时间后再切换至通气，待温度降至 200℃以下可关闭气体（具体视催化剂的要求而定）。

（四）注意事项

（1）必须熟悉仪器的使用方法；

（2）升温操作一定要有耐心，不能忽高忽低乱改动；

（3）流量的调节要随时观察、及时调节，否则温度也不容易稳定；

（4）长期不使用时，应将湿式流量计的水放净，将装置放在干燥通风的地方。如果再次使用，一定要在低电流（或低温）下通电加热一段时间以除去加热炉保温材料吸附的水分。

（五）故障处理

1. 固定床与流化床

（1）开启电源开关指示灯不亮，且没有交流接触器吸合声，则保险坏或电源线没有接好。

（2）开启仪表各开关时指示灯不亮，且没有继电器吸合声，则分保险坏或接线有脱落的地方。

(3) 开启电源开关有强烈的交流震动声，则是接触器接触不良，应反复按动开关可消除。

(4) 仪表正常但电流表没有指示，可能保险坏或固态变压器或固态继电器坏。

(5) 控制仪表、显示仪表出现四位数字，则告知热电偶有断路现象。

(6) 反应系统压力突然下降，则有大泄漏点，应停车检查。

(7) 电路时通时断，有接触不良的地方。

(8) 系统压力不断增高，尾气流量减少，系统有堵塞的地方，应停车检查。

2. 釜式反应器

(1) 压力突然下降，有大漏点，停止操作，检查之。

(2) 操作中有强烈的响声，则搅拌或马达有问题。

二、实验装置流程图

如图 4-2 所示，为多功能反应装置流程图。

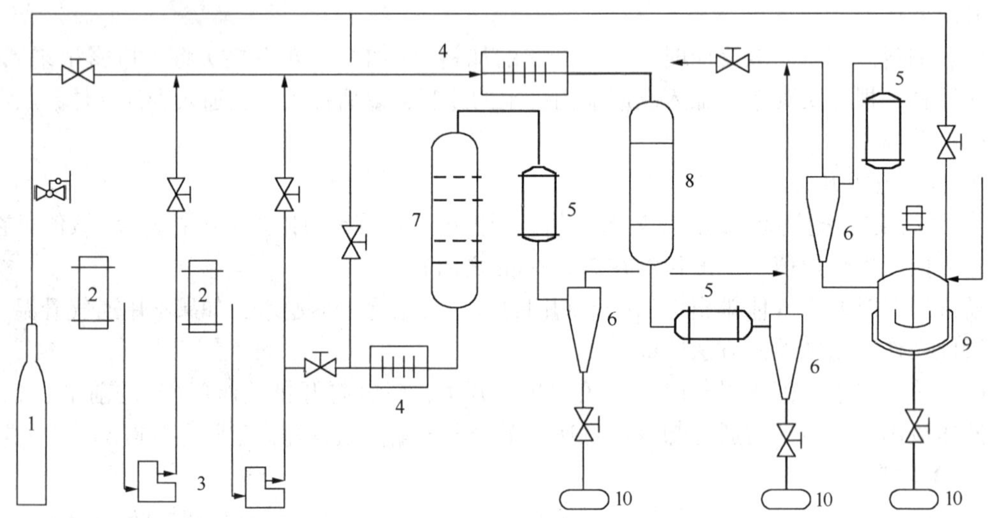

图 4-2　多功能反应装置流程图

1—氮气钢瓶；2—原料罐；3—原料泵；4—预热器；5—冷凝器；
6—气液分离器；7—流化床反应器；8—固定床反应器；9—釜式反应器

三、实训项目

(一) 固定床反应系统

1. 乙醇脱水生产乙烯

(1) 实验目的要求：通过实验，要求学生掌握气-固相固定床催化反应，熟悉气体常用测量仪表、加热电器的使用，掌握气-固相固定床催化反应连续操作的实验方法。熟悉气体分析仪(或色谱)的原理和使用；学会实验数据的选取，整理；进行收率、空速计算和物料衡算。

(2) 反应原理，工艺条件：

① 反应原理：主反应：$CH_3CH_2OH \longrightarrow CH_2=CH_2+H_2O$

副反应：$2CH_3CH_2OH \longrightarrow CH_3CH_2OCH_2CH_3+H_2O$

② 反应工艺条件：催化剂 $Al_2O_3 \cdot H_2O$、温度 380℃±5℃、压力为常压。

（3）实验操作：

① 反应器装填催化剂及催化剂活化：

a. 反应器装填催化剂。催化剂的装填见固定床操作步骤——催化剂装填及试漏。

b. 催化剂活化。催化剂活化时首先要对反应系统升温，升温操作方法见固定床升温操作。先将温度升到100℃，等温度稳定后再进行调节，逐渐升温到500℃，温度稳定恒温1h后，打开压缩机向系统供气，控制空气流量0.6L/min左右，打开冷凝器冷却水，水量不要太大，出水管流出的水能连续即可。

在空气流中、500℃下活化4h。

开始升温后，即开始记录：时间、控温温度、反应器温度、流量、现象。每20min记录一次。

时　　间										
上段控温										
中段控温										
下段控温										
反应测温										
现　　象										

活化完毕后，请教师检查，教师同意后，即可调节温度控制仪，逐渐降温（通过设置控温温度的方法），关闭空压机，等待后续反应。

② 乙醇脱水生产乙烯。当反应管温度降至380℃左右时，再在上述温度下恒温1h，准备进料生产乙烯。

a. 记录湿式流量计的初值。

b. 开启加料泵，调节进料速度为15~25mL/min左右。

c. 采集原料气，备分析用。

d. 停止进料，继续反应。

e. 当湿式流量计指针不动时，记录湿式流量计的末值和液体加料量、气液分离器中的液体量。

f. 降温，反应结束后打开氮气阀，调节各控温段的温度为零，将温度降至200℃以下。

g. 停车。

（4）产品分析：

① 气体分析仪分析法。乙烯吸收剂采用酸性硫酸汞溶液，配置方法如下：将工业浓硫酸（相对密度1.83~1.84）慢慢滴加到200mL水中，配成22%的 H_2SO_4 溶液。用粗天平称取37g固体 Hg_2SO_4，倾倒入一洗净的50mL烧杯中，将22%的 H_2SO_4 溶液加到 Hg_2SO_4 刚好完全溶解，制成透明溶液，将溶液中的机械杂质除去，即可注入气体分析仪的吸收瓶中，1体积吸收液约可吸收13体积乙烯。汞盐溶液不要与皮肤接触，以免腐蚀皮肤。该仪器还可分析带入系统的空气，发生深度氧化反应产生的二氧化碳气体。分析氧气用焦性没食子酸钾溶液作吸收剂，分析二氧化碳气体用33%的KOH溶液作吸收剂。并计算各种气体的体积分数。

② 色谱分析法。可选用1m长的GDX102色谱柱和热导检测器分析气体样。本装置使用

上海分析仪器厂的 GC-9800 色谱仪。

（5）实验数据整理。

① 根据下式计算空间速度：

$$S_v=\frac{22400\times V_{乙醇}C_{乙醇}}{46\times t\times V_{堆}}$$

式中 S_v——空速；

$V_{乙醇}$——液态乙醇加料总体积，mL；

$C_{乙醇}$——原料中乙醇含量，0. 79g/mL；

t——净加料时间，h；

$V_{堆}$——催化剂堆体积，mL；

22400——标准状况下 1mol 乙醇蒸气的体积，mL；

46——1mol 乙醇的质量，g。

② 物料衡算：

输　入		输　出	
乙醇	g	乙烯	g
		凝液	g
		碱液增重	g
总计	g	总计	g

当物料输入、输出的差值与输入量之比大于 5%时，应说明原因。

③ 计算乙烯收率；

$$Y=\frac{生成乙烯所消耗的乙醇量}{加入反应器的乙醇量}\%$$

2. 醋酸与乙炔制醋酸乙烯酯

（1）实验目的：

① 学会用活性炭作为载体，用醋酸锌作为催化剂的活性组分，用浸渍法制备催化剂。

② 了解常温常压下液体产物的收集方法及冰冷凝器的结构和使用方法。

③ 学会用化学分析方法及气相色谱分析方法对原料及产品进行分析并计算产品的收率；评价催化剂的性能。

（2）实验原理：本实验包括两部分内容，即乙炔和醋酸反应合成醋酸乙烯酯及制备催化剂 $Zn(OAc)_2$/活性炭。

乙炔和醋酸在固体催化剂 $Zn(OAc)_2$/活性炭的作用下生成醋酸乙烯酯。反应式为：

$$CH\equiv CH+CH_3COOH\xrightarrow{Zn(OAc)_2\ 活性炭}CH_3COOH=CH_2$$

反应是一个放热过程，影响催化剂活性的因素很多，例如，催化剂的活性组分、载体的性质、催化剂制备方法及实验条件等。当催化剂确定后，则反应温度、系统压力、原料配比等对催化剂活性及选择性都有较大影响。

（3）实验步骤：

① 催化剂的制备。催化剂载体选用多孔、比表面积大的固体 HG-11 杏核炭为载体，用分析纯的醋酸锌作为催化剂的活性组分，用浸渍法制备。

首先按计算量称取 GH-11 型活性炭于搪瓷盘中，放入干燥箱，在 300℃下加热处理 1h

以除去活性炭表面吸附的杂质。然后将冷却至室温的活性炭称出100g倒入洁净的烧杯中，倾入事先配制的30%醋酸锌溶液200mL，用玻璃棒不断搅拌，使活性炭尽可能在醋酸锌溶液中浸渍均匀，1h后再倒入搪瓷盘，并置于干燥箱在140~150℃下烘干4h。将得到的催化剂装入广口瓶备用。

② 乙炔与醋酸的合成反应。

a. 将制备好的催化剂按要求装入反应器(装填方式见装置简介)，在反应开始前，使反应器中催化剂在200℃的温度下通空气活化3h，然后用氮气将反应器中空气置换掉，置换时间约20min，以防止空气和乙炔等气体形成爆炸性气体发生不安全事故。

b. 控制反应器催化剂床层温度为180℃±1℃。

c. 启动液体加料泵，同时打开乙炔钢瓶的阀门向反应系统供料，气液混合物在预热器预热后进入反应器上段液相汽化，然后到达反应器中段与催化剂接触进行气-固相反应。生成物从反应器底部流出进入冷凝器冷凝后，再经过蛇形管水冷凝器(需要外加此装置)后，大部分未反应的醋酸及产物醋酸乙烯酯被冷凝收集下来，未反应的残存乙炔等从尾气管放空。

d. 反应完毕再用氮气吹扫反应器20min，以便把催化剂层的反应物吹扫干净。

e. 放出水冷凝器接收槽中的反应液。取下水冷凝器并放出其中反应液，将冷凝液合并一处，进行称量，最后对粗产品进行分析。

f. 在固定其他实验条件情况下，改变反应温度进行实验。实验温度分别取150℃、170℃、190℃、210℃、230℃，最后确定最佳反应温度。每10min做一次实验记录。

③ 产品分析：

a. 气相色谱法。色谱分析条件：固定相为酸处理过的红色硅藻土，固定液为FFAP。色谱柱采用2m长的3mm不锈钢管。将上述红色硅藻土用20%的FFAP固定液渍泡30min，在室温条件下自然干燥。用真空泵接色谱柱一端，另一端接漏斗，开启真空泵，在负压下从漏斗处加入干燥的红色硅藻土。为了使柱装得均匀紧密，应当边加边敲打柱子，慢慢加，轻轻敲打，直到加满为止，完成装柱。将装好的色谱柱安装在柱箱里，色谱仪系统试漏。以氢气做载气，流速为300mL/min，热导池工作电流100mA，温度为230℃，蒸发室温度为210℃，柱温为160℃，衰减为1，进样量为0.5μL。

b. 化学分析法：将反应物(粗产品)放入500mL容量瓶中，用蒸馏水稀释到刻度，用移液管吸取10.00mL样品，注入一支装有15mL蒸馏水的250mL碘量瓶中，加入25mL溴水，置于暗处20min，再加入10%的碘化钾溶液10mL，再置于暗处20min，用淀粉溶液作指示剂，以0.1mol/L的$Na_2S_2O_3$标准溶液滴定至颜色变蓝，同时做空白试验。计算醋酸乙烯酯的质量W。

$$W=(V_{空白}-V_{实验})\cdot CNa_2S_2O_3\times\frac{43}{1000}\times\frac{500}{10}$$

式中 $V_{空白}$——空白实验消耗$Na_2S_2O_3$标准溶液的体积，mL；

$V_{实验}$——滴定样品消耗的硫代硫酸钠标准溶液体积，mL；

$CNa_2S_2O_3$——硫代硫酸钠标准溶液的浓度；

43——醋酸乙烯酯的摩尔质量。

未反应醋酸含量的计算：从容量瓶中吸取样品10.00mL，用酚酞作指示剂，用$C_{NaOH}=0.1$mol/L的NaOH标准溶液滴定之，产物中未反应的醋酸含量为：

$$W' = V_{NaOH} \cdot C_{NaOH} \cdot \frac{60}{1000} \times \frac{500}{10}$$

式中 V_{NaOH}——滴定样品消耗 NaOH 标准溶液的体积，mL；

C_{NaOH}——氢氧化钠标准溶液的浓度；

60——醋酸的摩尔质量。

（4）数据处理：

① 产率计算：

a. 醋酸乙烯酯单程产率 $P = \frac{n'}{n_0} \times 100\%$

式中 n_0——投入反应器的醋酸的量，mol；

n'——生成产物醋酸乙烯酯的量，mol。

b. 醋酸乙烯酯的理论产率 $= \frac{n'}{n_0 - n_1} \times 100\%$

式中 n_1——反应液中残存醋酸的量，mol。

② 实验结果整理：

a. 原始记录：

室温______℃；大气压______Pa；乙烯纯度________%(体积)；醋酸纯度________%(体积)；醋酸加入量________g。

b. 实验记录：

实验时间	乙炔		醋酸		反应产品物		反应条件		计算结果	
	流量/(mol/min)	含量/%(体积)	加料速度/(mol/min)	含量/%(体积)	总量/mol	含量/%(mol)	压力/Pa	温度/℃	P/%	P'/%

（二）流化床反应系统

1. 异丁烷脱氢制异丁烯

异丁烯是石油化工生产中有重要用途的原料，主要用于生产甲基叔丁基醚、叔丁胺、乙二醇叔丁基醚以及异丁橡胶、异戊橡胶等多种产品。其来源主要依靠石油炼制及裂化等方法。由于对异丁烯的需求量逐年增长，靠上述方法无法满足，因此发展了以异丁烷为原料的脱氢和裂解法生产工艺。本实验是以深冷分离的异丁烷为原料，用气-固相催化流化床脱氢法制备异丁烯。

（1）实验目的。掌握以微球状 Cr_2O_3-K_2O-Al_2O_3催化剂在流化床反应器中进行气-固相催化脱氢的实验方法；了解流化床脱氢反应原理、操作特性和测取反应工艺参数的方法；学会对原料和产物的分析及反应效果的评价，并掌握催化剂还原和再生操作方法。

（2）实验原理。烃类脱氢是碳氢键断裂的同时生成烯烃的反应，一般条件下难以进行，因此反应进行时需吸收大量热能，故要供给一定的能量。在高温条件下(500～600℃时)反应，有催化剂存在时可降低反应活化能。其反应式如下：

$$iC_4H_{10} \longrightarrow iC_4H_8 + H_2$$

反应过程中伴有裂解产物，生成少量的甲烷、乙烷、丙烷和相应的烯烃。反应压力及空速的影响，高温低压对反应平衡有利。

催化剂的种类很多，但大多数是以 γ-Al_2O_3 为载体，载入活性组分，常用的有 NiO、

ZnO、Fe_2O_3、Cr_2O_3、Pt 等活性组分及 K_2O、CaO、HgO 等助催化剂，Cr-Al-K-O 是活性较好的一种。本实验是采用活性氧化铝微球浸渍 Cr_2O_3和 KOH，在高温下焙烧形成半导体型的氧化物，接触异丁烷时，其 Cr^{6+}还原成 Cr^{3+}，同时进行脱氢反应，加入碱金属 K，可抑制副反应而提高生成异丁烯的选择性。Al_2O_3自身既起到使活性组分分散均匀的作用，也具有促使反应活性增高的作用。用其他类型的载体不如 Al_2O_3脱氢效果好。随着反应时间的延长，催化剂表面被副反应生成的炭所覆盖，使活性下降，甚至无法继续反应。这时，必须借助氧化反应使炭燃烧，更新催化剂表面。在氧作用下 $Cr^{3+} \longrightarrow Cr^{6+}$，这一过程被称为催化剂再生。因此，整个过程是反应与再生交替进行的。

（3）实验操作：

① 反应器装填催化剂及系统试漏：见流化床操作步骤。

② 催化剂活化。按照流化床升温操作要求对反应系统进行升温，当温度升至 550℃时，打开空压机，以 3L/h 速度通入空气，在上述温度和气速下活化 1h。注意，通气时不能突然开大流量，应慢慢将气速调至所需值，保持床层流态化平稳。

③ 置换及降温。慢慢降低空气流量的同时开大氮气进气阀，最后切断空气，以 1L/h 速度通氮气置换 10min，同时降温至 500℃。

④异丁烷脱氢制异丁烯。关闭氮气进气阀，按照以下要求进行操作，维持温度不变，改变异丁烷进料速度，或维持一定进料速度改变温度，求取转化率、收率、选择性数据。每一条件下反应 30min。实验记录如下：

项目	一	二	三	四
空速/h^{-1}	400	800	1200	1600
温度/℃	480	500	520	560

反应过程中，检测进料与出料，同时用针管在取样口内取样进行尾气分析。

色谱仪操作条件：载气为 H_2，鉴定器为热导池，桥流电流为 150mA，色谱柱：鲨鱼烷/620L，ϕ3mm×3000mm，柱温为室温。

反应结束后通氮气置换、降温。

⑤ 数据处理。按上表中内容填入数据，并进行计算整理。反应系统中包含氢气、氮气、氧气、$C_1 \sim C_4$多种组分。色谱分析以氢气为载气，其总量难以测定，针对这种情况采用碳平衡方法，直接求转化率、收率、选择性。

$$\text{异丁烷的收率 } X=\frac{m_{iC_4^0}-r_{iC_4^0}}{m_{iC_4^0}}=1-\frac{r_{iC_4^0}}{m_{iC_4^0}}$$

$$\text{单程收率 } y=\frac{r_{iC_4^0}}{m_{iC_4^0}}$$

式中　$m_{iC_4^0}$——原料气中异丁烷气体所占摩尔分数；

$r_{iC_4^0}$——反应尾气中异丁烷气体所占摩尔分数。

选择性

$$S=\frac{y}{x}$$

设定原料气中 $C_1 \sim C_4$总碳原子数=反应尾气中 $C_1 \sim C_4$总碳原子数(瞬间取样忽略催化剂上积炭)，则：

$$m_{ic_4^0}=\frac{\text{原料气 }iC_4^0\text{所占原子数}}{\text{原料气 }C_1\sim C_4\text{ 总碳原子数}}$$

$$r_{ic_4^0}=\frac{\text{尾气气 }iC_4^0\text{所占原子数}}{\text{原料气 }C_1\sim C_4\text{ 总碳原子数}}$$

$$r_{ic_4^=}=\frac{\text{尾气气 }iC_4^=\text{所占原子数}}{\text{原料气 }C_1\sim C_4\text{ 总碳原子数}}$$

实验记录表格

反应温度/℃	空速/h^{-1}	进气量/(mL/min)	尾气量/(mL/min)	反应压力/kPa	色谱分析结果					
					CH_4	C_2^0	C_3^0	$C_3^=$	iC_4^0	$iC_4^=$

汇总记录表

反应温度/℃	转化率/%	单程收率/%	选择性/%

将以上结果做图并讨论。

2. 丁烷氧化制顺丁烯二酸酐

顺丁烯二酸酐别名：马来(酸)酐、失水苹果酸酐、顺酐。英文名：Maleic anhydride。分子式：$C_4H_2O_3$；相对分子质量：98.1。常温下为白色颗粒状、针状、片状、棒状、块状或块团状，具有强刺激性。相对密度 1.48，熔点 52.8℃，沸点 202.2℃，在较低温度下(60~80℃)也能升华，能溶于醇、乙醚和丙酮，与水作用生成顺丁烯二酸。可燃，其蒸气和粉尘与空气混合，可形成爆炸混合物。

顺酐是重要的有机化工中间体，可用于制作塑料工业中的增塑剂；造纸业中的纸张处理剂；合成树脂产业中的不饱和聚酯树脂；涂料业中的醇酸型涂料；农药生产中的马拉硫磷的合成；医药产业中磺胺药品的生产等。近年来以其为主要原材料的丁二酸、酒石酸产业迅速扩大，其在工程建筑、食品调味剂、生物拆分剂等领域的应用得以不断扩大。以顺酐为原料生产的下游衍生物如 1，4-丁二醇、四氢呋喃、γ-丁内酯等亦有很大的发展。

(1) 实验目的：

① 掌握催化剂 V-P-O 制备方法

② 掌握催化剂性能检测方法

③ 掌握产品合成及分析方法

(2) 实验原理：

V-P-O 体系的催化剂是由 V_2O_5和 P_2O_5盐酸或盐酸羟胺、盐酸肼、异丁醇等还原剂存在下，制成为 V∶P=1∶1 的钒磷氧化物。其中钒为 4 价和 5 价之间的化合物，已知 5 价钒的氧化物是不能使丁烷生成顺丁烯二酸酐，在氧化过程氧钒体发生氧的传递以维持丁烷不断转化为顺丁烯二酸酐。

丁烷氧化的反应方程可以认为首先发生脱氢生成烯烃和二烯烃，最终生成顺酐。

$$CH_3—CH_2—CH_2—CH_3 \rightarrow CH_3—CH_2—CH=CH_2 \rightarrow CH_2=CH_2—CH=CH_2 \rightarrow \text{顺酐}$$

钒氧化物由于存在路易斯酸使丁烷脱氢后进一步氧化成为可能，但是单纯的钒氧化物其酸度过大，易造成中间产物进一步发生降解和完全氧化，当加入 P_2O_5时可削弱酸强度值，使其脱氢成为烯烃，从而使其氧化成顺酐，选择性大大提高，这一最佳的钒磷原子比为1∶1。

催化剂的氧化与还原晶型对反应的选择性有很大影响，其中 V-P-O 具有高强度氧化能力，用丁烷和氧的混合气进行还原氧化可达到此目的。

在 400~500℃条件下操作能维持催化剂活性稳定，超过 500℃则使催化剂改变晶态。

（3）实验装置

① 实验设备及流程(见多功能装置流化床部分)。

② V-P-O 催化剂活化。

通过三口瓶制备的催化剂是蓝色块状物，经过破碎在压片机或挤条机上制成片或条状物，再经破碎或切断选取 50~100 目装于流化床反应器内，在 400℃下活化 10h，通入空速为 60L/h(注意：不同方法制备的催化剂，可选择不同的活化条件，亦可选用丁烷与空气的混合气进行活化，观察颜色变化)。每次活化可取 30~50g。其过程是：$V_2O_5 \cdot P_2O_5 \cdot nH_2O \longrightarrow V_2O_5 \cdot P_2O_5 + nH_2O(1<n<4.5)$。

③ 催化剂的活性测定：

a. 将已活化过的催化剂用天平称量，并用量筒测定其体积，然后仔细装入反应器内，催化剂的装填方法见流化床操作。

b. 试漏。

c. 开启电源，调节温度控制器上、中、下三段加热控温(注意：加热功率不能过大，否则易造成反应器、加热炉发生冷淬现象)加热，慢慢将反应测温温度升至 360℃，恒温 1h。以标准空速 $1500h^{-1}$通入浓度为 1.5%(体积)的混合气。(按所需催化剂的填装量计算所需流速，并在记录本上记下该值)。取下原本扑集器(外加)，重新换上串联扑集器(另配)，计时，同时记录湿式流量计的读数，进行催化氧化反应。每次收集时间为 30min，在此其间分别取原料气和尾气 2mL(原料气和尾气各自用一个注射器)，在气相色谱仪上进样分析，并记录其计算结果。

向扑集器内倒入 100mL 蒸馏水，摇动片刻，再倒入锥形瓶，并用少许蒸馏水多次洗涤扑集器后，在一起用 0.2mol/LNaOH 标准溶液滴定，记录所有数据。

按同样的方法分别取出 400℃、420℃、440℃三个反应温度的各组数据，或在空速改变为 $800h^{-1}$、$1600h^{-1}$、$2400h^{-1}$，而不必改变温度条件下取数据。

完成数据测定后关闭电源，并继续通气 20min 后停止操作，记录实验时温度和大气压力。

（4）数据处理：

$$nC_4^0\text{转化率 } x=\frac{\text{原料气 } nC_4^0\text{浓度}-\text{尾气 } nC_4^0\text{浓度}}{\text{原料气 } nC_4^0\text{浓度}}\times 100\%$$

$$\text{顺丁烯二酸收率：} y=\frac{\dfrac{\text{不同用量(mL)碱浓度(N)}}{100}\times\dfrac{Mm_A}{z}}{\dfrac{\text{取样尾气总体积(L)}}{22.4}\times\dfrac{nC_4^0\text{mol}/MnC_4^0}{1.43\times 1000}}$$

顺丁烯二酸选择性 $S=y/x\times 1.69$。

Mm_A、MnC_0^4 分别为顺丁酐和丁烷相对分子质量。

将实验数据按下表所示进行整理，并给出温度-丁烷转化率、温度-收率、温度-选择性曲线，并对结果进行讨论。

编号	反应温度/℃	原料丁烷浓度/%(体积)	尾气丁烷浓度/%(体积)	滴定碱液用量/mL	顺酐收率/%	顺酐选择性/%	丁烷转化率/%	取样尾气总体积/L	空速/h^{-1}
1									
2									
3									
4									

(三) 釜式反应系统

1. 乙酸乙酯的制备

乙酸乙酯：分子式 $C_4H_8O_2$，相对分子质量 88.1，无色澄清液体，有强烈的醚似的气味，清灵、微带果味的酒香，易扩散，不持久；熔点-83.6℃；折光率(20℃)1.3708~1.3730；沸点 77.2℃；相对密度(水=1)0.894~0.898；相对蒸气密度(空气=1)3.04；饱和蒸气压 13.33kPa(27℃)；燃烧热 2244.2kJ/mol；临界温度 250.1℃；临界压力 3.83MPa；辛醇/水分配系数的对数值：0.73；闪点 25℃；引燃温度 426℃；爆炸上限(V/V)：11.5%；爆炸下限(V/V)：2.0%；室温下的分子偶极距：6.555×10^{-30}；溶解性：微溶于水，溶于醇、酮、醚、氯仿等多数有机溶剂。主要用作溶剂，及用于染料和一些医药中间体的合成，是食用香精中用量较大的合成香料之一，大量用于调配香蕉、梨、桃、菠萝、葡萄等香型食用香精；除人工合成外，还存在于许多酒以及菠萝、香蕉等果品中。

健康危害：对眼、鼻、咽喉有刺激作用。高浓度吸入可引起进行性麻醉作用，急性肺水肿，肝、肾损害。持续大量吸入，可致呼吸麻痹。误服者可产生恶心、呕吐、腹痛、腹泻等。有致敏作用，因血管神经障碍而致牙龈出血；可致湿疹样皮炎。慢性影响：长期接触本品有时可致角膜混浊、继发性贫血、白细胞增多。

危险特性：易燃，其蒸气与空气可形成爆炸性混合物，遇明火、高热能引起燃烧爆炸。与氧化剂接触猛烈反应。其蒸气比空气重，能在较低处扩散到相当远的地方，遇火源会着火回燃。

(1) 实验目的：

① 熟悉釜式反应系统构成。

② 学习釜式液相反应过程控制及操作。

③ 了解使用色谱检测产品的方法。

(2) 实验原理及条件：

① 原理：$CH_3COOH+CH_3CH_2OH \rightleftharpoons CH_3COOCH_2CH_3+H_2O$

② 条件：温度 70~85℃；催化剂：浓硫酸(加入量为乙醇加入量的 3%)。

(3) 实验操作：

① 反应釜加料，记录加料量。

② 升温及搅拌：按照釜式反应器升温控制方法进行操作。

③ 停止反应，给反应釜通冷却水使其温度降至 60℃以下(也可采用自然降温法)，从釜底部放出反应液，计量其体积并分析乙酸乙酯含量。

④ 反应系统停车。

⑤ 分离反应液：分离操作参考多功能精馏或萃取精馏装置。

（4）产品分析：

色谱仪操作条件：载气：H_2；鉴定器：热导池；桥流：150mA

色谱柱：GDX102，ϕ3mm×2000mm；柱温：120℃室温。

（5）实验数据处理：

① 原始数据记录及分析结果。

② 乙酸乙酯收率：

$$Y=\frac{\text{生成乙酸乙酯所消耗的乙酸量}}{\text{加入反应器的乙酸量}}\%$$

2. 乙酸异戊酯和乙酸苄酯的制备

乙酸异戊酯为无色透明液体，有水果香味，俗称香蕉油，是香蕉和苹果等果类的芳香成分，可作食品等调味剂，乙酸异戊酯的分子式为 $C_7H_{14}O_2$，相对分子质量 130.19，沸点 142℃，d_4^{20}0.867。主要用于涂料、皮革工业的溶剂。

乙酸苄酯也为无色透明液体，有水果香味和茉莉花香，气味清甜。主要用于香料和皂用香精。分子式为 R′COOR 即 $C_9H_{10}O_2$，相对分子质量 150，沸点 216℃，d_4^{20}1.523。

两种酯类都是采用直接酯化方法来合成的，常用无机强酸（浓硫酸）或强酸性离子交换树脂做催化剂，本实验取前者并在不锈钢搅拌釜内进行。

（1）实验目的：学习釜式液相反应的操作。

（2）实验内容：用苯甲醇或异戊醇与醋酸进行酯化反应，并测取反应转化率和反应速率。

（3）实验操作：用计量泵（或直接）按醇/酸摩尔比 0.7，向反应釜加料，在搅拌情况下升温至 90~110℃，回流 4~6h，最后通水降温。取样，反应液用 15%碳酸钠中和至无气泡为止。分相后用饱和 NaCl 溶液洗至中性，再用氯化钙干燥粗品。

将有机相移至多功能精馏塔进行分离，不同反应物系按下列条件提取纯品。

（1）苄酯在 98~100℃馏分。

（2）异戊酯在 138~142℃馏分。

（四）实验结果

（1）分析产品组成，测定最后收率。

（2）写出实验报告。

（3）在酯化过程中按不同时间连续取样可整理出转化率随时间变化曲线。

1. 对十二烷基苯磺酸钠的制备

对十二烷基苯磺酸钠是重要的阴离子表面活性剂，它具有良好的洗涤性能，是家用洗涤剂、洗衣粉中的主要成分。它还可以制成液体洗涤剂，在家用和工业洗涤剂中都有广泛的用途。

烷基苯磺酸钠是一种黄色油状液体。通常烷基苯磺酸钠不是纯粹的化合物，当选择不同的原料和工艺路线时，其组成和结构差异很大，致使其表面活性和胶体性质有所不同。十二烷基苯磺酸钠主要有两种结构形式，即支链烷基苯磺酸钠（ABS）和直链烷基苯磺酸钠（LAS）。由于支链烷基苯磺酸钠的生物降解性差，对河流和地下水污染严重，现广泛应用的是直链烷基苯磺酸钠。

本实验是以十二烷基苯为原料，经磺化和中和过程制备十二烷基苯磺酸钠。

（1）实验目的：掌握十二烷基苯磺酸钠的合成方法，了解表面活性剂的种类和作用。

（2）实验原理：

① 烷基苯磺酸的制备原理：烷基苯是表面活性剂的亲油基团，通过磺化，在苯环上引入磺酸基作为亲水基，生成烷基苯磺酸。

磺化反应是在磺化剂作用下进行的。常用的磺化剂有三氧化硫、硫酸和发烟硫酸。用三氧化硫作磺化剂，反应的活化能最低，反应容易进行，但反应的热效应大，在反应后期由于分子的相互缔合作用黏度大大增加，反应热不易移出。用硫酸作磺化剂时，磺化反应生成水。为了使反应顺利进行，需将水不断除去，否则反应进行不完全，且反应活化能较高，反应不易进行。用发烟硫酸作磺化剂，反应易控制，生成的硫酸与磺酸加水后就可以分开。故在本实验中采用发烟硫酸作磺化剂。反应方程式为：

主反应：

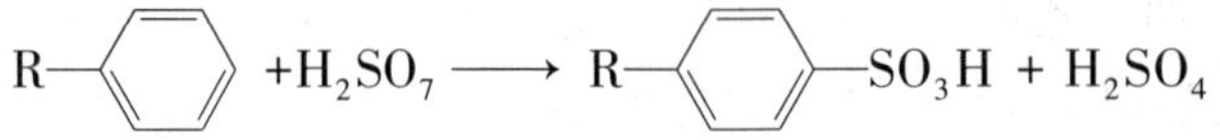

$$R-C_6H_5 + H_2SO_7 \longrightarrow R-C_6H_4-SO_3H + H_2SO_4$$

R 即为十二烷基—$C_{12}H_{25}$

副反应：

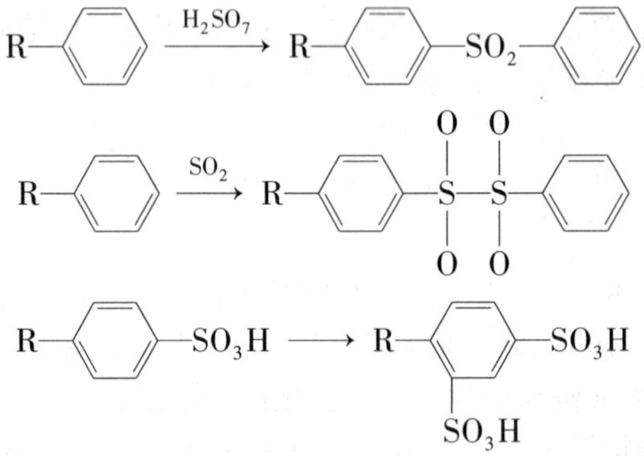

$$R-C_6H_5 \xrightarrow{H_2SO_7} R-C_6H_4-SO_2-C_6H_5$$

$$R-C_6H_5 \xrightarrow{SO_2} R-C_6H_4-SO_2-SO_2-C_6H_5$$

$$R-C_6H_4-SO_3H \longrightarrow R-C_6H_3(SO_3H)_2$$

② 烷基苯磺酸钠的制备原理：烷基苯磺酸与氢氧化钠反应生成烷基苯磺酸钠。反应为：

$$RC_6H_4SO_3H+NaOH \rightarrow RC_6H_4SO_3Na+H_2O$$

（3）实验步骤：

① 实验药品：对十二烷基苯、发烟硫酸、氢氧化钠。

② 操作步骤：

a. 在反应釜中加入 200mL 的十二烷基苯，在漏斗内装发烟硫酸 100mL。升温，当温度升到 35℃时开搅拌器，滴加发烟硫酸，此时温度会升高，控制反应温度在 35~40℃范围内（通过反应器冷却盘管控制），当反应混合物中和值达 370~385 时停止加酸，反应结束（中和值是指中和 1g 酸类物质消耗氢氧化钠的 mg 数）。将反应后的产物在 40~45℃下保温 2h。

b. 分酸：将反应产物放入沉降槽中加 60mL 水，在 45~50℃下静置分层，上层为烷基苯磺酸，下层为废硫酸。

c. 十二烷基苯磺酸钠的合成：在反应釜中加入 10%的氢氧化钠溶液 260mL，将生成的烷基苯磺酸加入漏斗中，在搅拌下，向氢氧化钠中滴加烷基苯磺酸。控制反应温度为 30℃，在反应过程中不断检测 pH 值，当 pH 值达 7~8 时，可以认为反应到达终点。所得产物即为十二烷基苯磺酸钠。

（4）产品分析：产物中十二烷基苯磺酸钠的含量采用对甲苯胺法分析。

① 分析原理：在阴离子表面活性剂水溶液中，加入对甲苯胺盐，则阴离子表面活性剂与对甲苯胺生成络合物沉淀，并可用乙醚定量地萃取。加入乙醇作助溶剂，用甲酚红溶液作指示剂，用氢氧化钠标准溶液滴定，滴定液由黄色变成紫色为终点。

沉淀反应：

$$R-C_6H_4-SO_3Na + CH_3-C_6H_4-NH_3^+Cl^- \longrightarrow$$

$$R-C_6H_4-SO_3^- \cdot CH_3-C_6H_4-NH_3^+ NaCl$$

滴定反应：

$$R-C_6H_4-SO_3 \cdot CH_3-C_6H_4-NH_3^+ + NaOH \longrightarrow$$

$$R-C_6H_4-SO_3Na + CH_3-C_6H_4-NH_2 + H_2O$$

用碱滴定后的溶液再用硝酸银标准溶液滴定，以校正由于溶于有机层的微量对甲苯胺盐造成的误差。

② 试剂：

a. 盐酸(1∶1)。

b. 对甲胺试剂：将100g对甲苯胺溶解在78mL38%盐酸中，加水至1L。此时溶液的pH值不能超过2，若需要，可再加盐酸。

c. 甲酚红溶液：0.1%的甲醇溶液。

d. 乙醚。

e. c=0.1mol/L氢氧化钠溶液。

f. 乙醇。

g. c=0.05mol/L硫酸。

h. 10%铬酸钾溶液。

i. c=0.1mol/L硝酸银溶液。

③ 分析操作：称取1~2g试样，溶解在约80mL水中，转移至250mL分液漏斗中，用盐酸使溶液对刚果红试纸呈蓝色，加入15mL对甲苯胺试剂和50mL乙醚，强烈振荡，上述络合物沉淀完全溶解在乙醚中。再用25mL乙醚萃取水层，合并乙醚萃取液，并用乙醚洗分液漏斗。在乙醚萃取液中加入10mL对甲苯胺试剂、40mL水，强烈振荡。

在500mL滴定烧瓶中加入100mL乙醇、15滴甲酚红指示剂，滴加c=0.1mol/L氢氧化钠溶液直至指示剂呈紫色。向其中加入乙醚萃取液，一边强烈振荡，一边用c=0.1mol/L氢氧化钠溶液滴定至呈紫色。溶液随着滴定而开始乳化，为此，在等当点数滴前便会变色，而充分振荡后又恢复原色。继续滴定至即使振荡紫色仍不消失为止。

为了校正溶液中的氯离子，加入1mL铬酸钾溶液，加入c=0.05mol/L硫酸成黄色后，用c=0.1mol/L硝酸银溶液滴定至红褐色为止。

(5) 实验记录及数据处理。

① 实验记录：

a. 磺化反应时记录。

时间	反应温度/℃	加酸量/(滴/min)	现象

b. 中的反应时记录。

时间	反应温度/℃	加磺酸量/(滴/min)	pH 值	现象

② 数据处理：

a. 产物中十二烷烷基苯磺酸钠总量$=\dfrac{G\cdot(V_1-V_2)\cdot M}{W\times 100}\times 100\%$

式中 V_1——滴定耗用 $C_{NaOH}=0.1mol/L$ 氢氧化钠的量，mL；

V_2——滴定耗用 $C_{AgNO_3}=0.1mol/L$ 硝酸银的量，mL；

M——阴离子表面活性剂的相对分子质量；

W——试样量，g；

G——产物总量，g。

b. 十二烷基苯磺酸钠的收率$=\dfrac{\text{得到的十二烷基苯磺酸钠的总量，mol}}{\text{参加反应的十二烷基苯量，mol}}\times 100\%$

四、思考题

1. 磺酸与硫酸的分离为什么要加水？
2. 用发烟硫酸作磺化剂有什么优点？

第三节 多功能精馏实训装置

一、装置简介

(一) 装置用途

精馏是化工工艺过程中重要的单元操作，是化工生产中不可缺少的手段，其基本原理是因为不同液体具有挥发成蒸气的能力不尽相同，所以混合物系的液体部分汽化所生成的气相组分与液相组分亦有所差异。利用组分的气液平衡关系，混合物之间相对挥发度的差异，将多组份液体升温部分汽化并与回流的液体接触，使易挥发组分(轻组分)逐级向上传递提高浓度；而不易挥发组分(重组分)则逐级向下传递增高浓度。若采用填料塔形式，对二元组分来说，则可在塔顶得到含量较高的轻组分产物，塔底得到含量较高的重组分产物。

本装置是化学工程与化工工艺、化工研究室专用设备，可供有机化工、石油化工、精细化工、生物制药化工等专业部门的科研、教学、产品开发方面使用。用于有机物质的精制分离时，具有操作稳定、塔效率高、资料重现性好等优点。此外，它还可装填不同规格、尺寸的填料测定塔效率，也能用于小批量生产或中间模拟实验。当填装小尺寸的三角型填料或 θ 网环填料时，可进行精密精馏。装置结构紧凑，外形美观，控制仪表采用先进的智能化形式。测温仪也可选用与计算机联接的数据采集接口，通过 485 转换器对塔顶、塔釜内温度进行数据采集和控制，同时也可在屏幕上实施显示资料和绘制成曲线。

装置对一般的教学，只要改换加料位置或塔头即可做常减压精馏、反应精馏、萃取精馏、共沸精馏使用。对共沸精馏或简单精馏可用无侧口的塔。而对科研或特殊要求的装置来说，塔体可用特殊设计的不同尺寸的塔节组成所需要的塔高。塔体全部由玻璃制成，塔外壁采用新保温技术制成透明导电膜，使用中通电加热保温以抵消热损失。在塔的外部还罩有玻璃套管，既能绝热又能观察到塔内气液流动情况。除塔体外还有与玻璃塔釜、塔头及其温度控制、温度显示、回流控制部件构成整体装置。

该装置是多功能的实验装置，安装了两个塔，其用途各不相同：带有侧口的塔可做反应精馏、萃取精馏、连续精馏，另一个不带侧口的塔只做共沸精馏和间歇精馏，两塔可独立操作。塔头和塔体可互换，热电偶要取出后插入欲操作的塔顶和塔釜内才行。

（二）技术指标

1. 玻璃塔体 1

内径：20mm；填料高度：1.4m，1 个；塔的侧口位置：5 个侧口，每侧口间距为 250mm，塔上、下侧口距塔底和塔顶各 200mm；填料：2.0mm×2.0mm（316L 型不锈钢 θ 网环）。

釜容积：500mL，加热功率：300W；保温套管直径：60~80mm；

保温段加热功率（上下两段）：各 300W；

预热器直径：30mm，加热功率：70W；

回流控制器：0~99s 可调。

2. 玻璃塔体 2

内径：20mm；填料高度：1.2m 一个；不带侧口；填料：2.0mm×2.0mm（316L 型不锈钢 θ 网环）；

釜容积：500mL，加热功率：300W；保温套管直径：60~80mm；

保温段加热功率（上下两段）：各 300W；

配双缸柱塞泵一台，真空系统一套。

（三）操作方法

1. 装塔

（1）在塔的各个接口处，凡是有磨口的地方都要涂以活塞油脂（真空油脂），并小心地安装在一起，翻边法兰的接口要将连接处放好垫片，轻轻对正，小心地拧紧带镙纹的压帽（不要用力过猛以防损坏），这时要上好支撑卡子螺丝，调整塔体使整体垂直，此后调节升降台距离，使加热包与塔釜接触良好（注意，不能让塔釜受压），以后再连接好塔头（注意，不要固定过紧使它们相互受力）。最后接好塔头冷却水出入口胶管（操作时先通水）。

（2）真空操作时，操作前要进行真空试漏。一定要进行真空试漏操作，当接口无泄漏时，才能进行实验。可通过与塔釜相连的水银压力计数据去判断。

（3）真空蒸馏时，可在塔头上方连接三通玻璃管，一处与真空系统相接，另一处接放空阀。

2. 测温

将各部分的控温、测温热电偶放入相应位置的孔内。

3. 电路检查

（1）插好操作台板面各电路接口件，检查各接线端子标记与线上标志记号是否吻合。

（2）检查仪表柜内接线有无脱落。电源的相、零、地线位置是否正确，无误后可进行升温并操作。

4. 加料

进行间歇精馏时，要打开釜的加料口或取样口，加入被精馏的样品，同时加入几粒陶瓷环，以防暴沸。连续精馏初次操作还要在釜内加入一些被精馏的物质或釜残液。

5. 升温

(1) 合总电源开关。

(2) 开启釜热控温开关，仪表有显示。顺时针方向调节各电流给定旋钮，使电流表有显示(或设定控温家热功率)。温度控制的数值给定要按仪表的"∧，∨"键，在仪表的下部显示出设定值。温度控制仪的使用详见说明书(AI 人工智能工业调节器说明书)，不允许不了解使用方法就进行操作。当给定值和参数值都给定后控制效果不佳时，可将控温仪表 CTRL 改为 2，再次进行自整定。自整定需要一定时间，温度经过上升、下降，再上升、下降，类似位式调节，很快就达到稳定值。

升温操作注意事项：

① 釜热控温仪表的给定温度要高于沸点温度 50～80℃，使加热有足够的温差以进行传热。其值可根据实验要求而取舍，边升温边调整，当很长时间还没有蒸气上升到塔顶时，说明加热温度不够高，还需提高。此温度过低蒸发量少，没有馏出物；温度过高蒸发量大，易造成液泛。

② 还要再次检查是否给塔头通入冷却水，此操作必须在升温前进行，不能在塔顶有蒸气出现时再通水，这样会造成塔头炸裂。

③ 当釜已经开始沸腾时，打开上、下段保温电源，顺时针方向调节保温电流给定旋钮，使电流维持在 0.2～0.3A 处(注意：不能过大，过大会造成过热，使加热膜受到损坏，另外，还会造成因塔壁过热而变成加热器，回流液体不能与上升蒸汽进行气液相平衡的物质传递，反而会降低塔分离效率)。

(3) 升温后观察塔釜和塔顶温度变化，当塔顶出现气体并在塔头内冷凝时，进行全回流一段时间后(约 10min)可开始出料。

(4) 当塔顶全回流一段时间后，应开启回流比控制器给定比例(通电时间与停电时间的比值，通常是以秒计)，此比例即为采出量与回流量之比。

(5) 连续精馏时，在一定的回流比和一定的加料速度下，当塔底和塔顶的温度不再变化时，认为已达到稳定。可取样分析，并收集之。釜的排料采用间歇法或连续法。用注射器取料维持液面是间歇取料，用调节阀可连续取料，但不易控制。真空操作取样时，应旋转取样瓶上方的扫通活塞成直通形式，放出样品时，旋转三通活塞放空。

6. 停止操作

停止操作时，关闭各部分开关，无蒸气上升时停止通冷却水。

(四) 故障处理

(1) 开启电源开关指示灯不亮，且没有交流接触器吸合声，则保险坏或电源线没有接好。

(2) 开启仪表等各开关时指示灯不亮，且没有继电器吸合声，则分保险坏，或接线有脱落的地方。

(3) 控制仪表、显示仪表有出现四位数字，则告知热电偶有断路现象。

(4) 仪表正常但电流表没有指示，可能保险坏或固态变压器、固态继电器坏。

(5) 操作中有强烈的交流响声，交流接触器吸合不良，可反复开启电源开关。如果多次操作仍不消失，需拆换。

(6) 操作中如果发现在玻璃套管内有雾气出现，可能是塔的连接处发生泄漏，垫片放的不正造成。

(7) 当回流头的摆锤不在控制器的控制范围下动作，①是放置位置不正确，可上下左右移动位置，找到能吸住摆锤的位置即可。②是磁铁线圈坏了，用铁物靠近磁芯观察是否有吸合声去判断。③是回流控制器失调。

(8) 真空操作时真空度突降，一定有泄漏现象，应停车检查。

二、实训装置流程图

如图 4-3 所示为多功能精馏装置流程图。

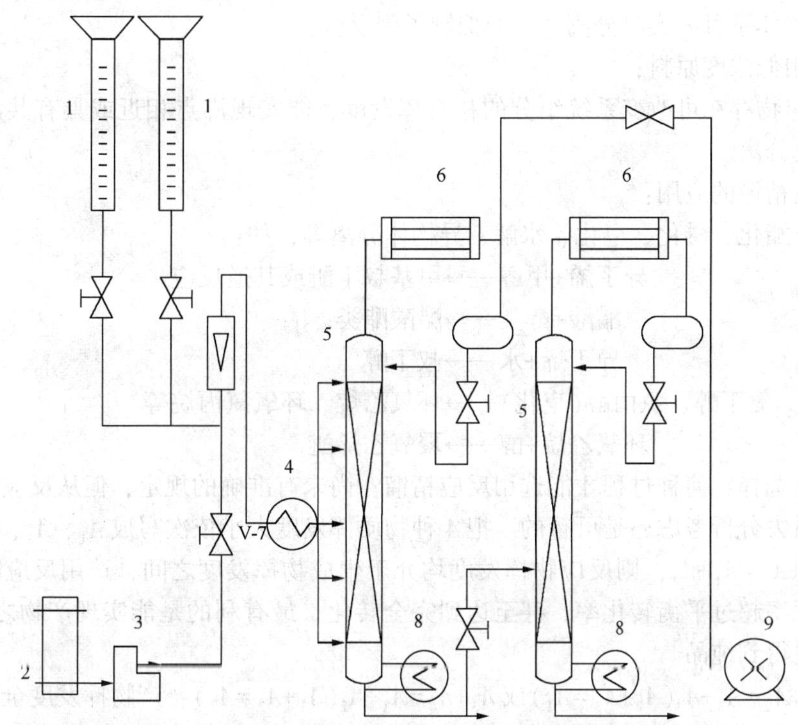

图 4-3　多功能精馏装置流程图

1—高位槽；2—原料罐；3—原料泵；4—进料预热器；5—填料精馏塔；6—塔顶冷凝器；7—塔顶馏分储罐；8—塔釜加热器；9—真空泵

三、实验指导

(1) 分离物系的确定：要选择的物系是属于理想溶液还是非理想溶液，如果是前者可分离为较纯的物质，相反的只能分离为共沸组成的物质。为得到较好的物料应选择前者，仅仅为测定塔理论板数的话，最好选正庚烷-甲基环乙烷，苯-四氯化碳、苯-二氯乙烷等二元标准体系。

(2) 普通精馏塔可间歇操作亦可连续操作，不管哪种操作都需要一定的稳定时间，尤其是连续操作更是如此。

(3) 通常在不同的二元混合溶液精馏过程中，可定性的看出塔的效率如何。在全回流条件下取塔顶产物分析，纯度越高则效率越高。对共沸物来说，越接近共沸组成则效率越高。

(4) 作为精馏实验教学训练，选取沸点相差较大的二元混合物系为好，例如：苯-甲苯，苯-二甲苯、甲醇-乙醇、乙醇-丙醇、乙醇-丁醇、正乙烷-正庚烷等。以醇类同系物为好，适于做连续精馏。

1. 反应精馏实验指导

反应精馏是将反应与分离过程结合在一起于一个装置内完成的操作过程。当反应处在非均相催化状态下时，即为催化精馏过程，两者都是反应精馏。

(1) 反应精馏的特点：

① 简化了流程；

② 放热反应可有效地利用能量；

③ 对可逆反应因能实时分离产物而增加了平衡转化；

④ 对某些体系可因实时分离产物而抑制了副反应；

⑤ 可采用低浓度原料；

⑥ 因反应物存在可改变系统组分的相对挥发度，能实现沸点相近或具有共沸组成的混合物之间完全分离。

(2) 反应精馏的应用：

主要用于酯化、醚化、皂化、水解、异构体分离等，如：

异丁烯+甲醇──→甲基叔丁醚或其逆反应

醋酸+醇类──→醋酸酯类

异丁烯+水──→叔丁醇

氯丁醇、氯丙醇(皂化)──→环氧乙烷、环氧氯丙烷等

环氧乙烷+醇──→聚氧乙烯醚

(3) 过程选择：何种过程才能选用反应精馏？尚未有准确的规定，但从反应物和产物之间挥发度关系去分析考虑还是可行的。把 4 种物质挥发度大小依次写成 A_1、A_2、A_3、A_4 时：

① 当 $A_2+A_3=A_1+A_4$，则反应物挥发度均介于生成物挥发度之间，选用反应精馏肯定有利。可使转化率超过平衡转化率，甚至达到完全转化。最有利的是能实现产物之间的分离，在塔顶或塔底得到纯品。

② 当 $A_1+A_2=A_3+A_4(A_2+A_3=A_1)$ 或 $A_3+A_4=A_1+A_2(A_1+A_2=A_3)$，产物挥发度全部大于或小于反应物挥发度，采用催化精馏才有利。

③ 当 $A_1+A_4=A_2+A_3$，则所有产物挥发度均介于反应物挥发度之间，不太适于反应精馏。

④ 当 $A_1+A_3=A_2+A_4$ 或 $A_2+A_4=A_1+A_3$，则反应物和产物挥发度相同也不太适于反应精馏。

⑤ 当 $A_1+A_2 \rightarrow A_3 \rightarrow A_4$ 或 $A_1+A_3 \rightarrow A_4$，产物与反应物挥发度不同，串联反应适于反应精馏，因产物能不断地被分离可抑制副反应，提高选择性。

反应精馏存在许多复杂因素，要求温度比较缓和，要维持在塔内的各个塔板上有液体即泡点温度，靠调节压力来维持。操作条件相互影响：如进料位置、塔板数、停留时间、催化剂、原料配比、塔内结构、填料形式等都有影响。

(4) 实验：

① 间歇式反应精馏：

a. 用量筒取 100mL 乙醇倒入蒸馏釜内。

b. 取 100mL 已配制好的含硫酸 0.3%(质量分数)的冰醋酸，将它倒入釜内。

c. 按操作程序升温。

d. 蒸气上升到塔顶时，全回流 20min 后启动回流，控制回流比为 4 :1，并开始收集出料进行分析。

e. 当全回流时，从侧口向上取样分析直至釜顶。

f. 停止实验，等不再有液体流回塔釜时，取塔顶馏出物和塔釜内残留物称重，并分析其值。

g. 计算出转化率和收率，列出各分析资料，并画出塔填料高度与塔内组成的关系曲线。

② 连续反应精馏：

a. 将釜内填加 150mL 已知组成的釜残液。

b. 开始升温直至塔顶有蒸气并有回流液体出现。

c. 从塔的上部侧口以 40mL/h 的速度加入已配制好的含 0.3%硫酸的冰醋酸原料。

d. 从塔的下部侧口以 40mL/h 的速度加入无水乙醇原料。

e. 经 15min 全回流后，开启回流操作，以回流比为 4 :1 维持出料，并稳定 1h 后分析塔顶馏出物的重量和组成。

f. 最后停止操作后，取样分析计算转化率和收率。

g. 操作中可从侧口取样分析，做出填料高度与组成变化曲线，用带有热导池检测器的气相色谱仪去分析原料和产物。

色谱操作条件：桥流 100mA，柱直径 3mm，长 1m，柱前压力 0.1MPa，柱温度 100℃。相对校正因子：水 0.74，乙醇 1.0，乙酸乙酯 1.15，醋酸 1.27。用面积归一法计算。

2. 共沸精馏实验指导

共沸精馏亦称恒沸精馏，它是精馏操作中的特殊方法之一。其特点是加入一种添加剂(亦称共沸剂或夹带剂)，使某组分与之形成新的低沸点共沸物而提纯另一组分。但它必须有一个先决条件，一定要与某组分形成新的低沸点共沸物，否则就不是共沸精馏。对普通精馏方法不能获得纯组分，而且杂质含量又比较低的情况下，采用共沸精馏使杂质从塔顶馏出是有利的。例如：乙醇-水在普通精馏塔内只能提纯至 95.57%，此时是共沸组成，因为乙醇和水形成非理想溶液。当选择一种与水能形成新共沸物，并且沸点比乙醇-水共沸点还低时，就会将水分离出来，塔底馏出物即无水乙醇。

共沸剂的选择要遵循下列原则：

(1) 它必须与被精馏的料液至少有一个组分形成共沸物；

(2) 共沸剂在共沸物中其相对含量不能多；

(3) 共沸剂必须与料液中含量少的组分形成共沸物。

共沸精馏多用于醇类脱水制无水醇类，如：乙醇、丙醇、丁醇及其异构体醇类等。

实验举例：本实验采用间歇法进行共沸精馏。取 100mL 含水乙醇(95.57%分析纯)，另取 35mL 苯(分析纯)，将它们倒入釜内并开始升温。打开塔顶部排料口活塞加入部分水，使水面在冷凝液流出口处。当塔顶有液体流出时，注意观察塔头收集内苯-水分层的情况，苯层要回流至塔内。开始时夹带水较多，以后逐渐减小。较长时间不流出混相珠状物时，从釜底取样分析(气相色谱或折光仪)，若不含苯和水时，可停止操作。若仍然有苯，但无水时，可将塔头收集器内水相放出少许，操作一定时间后，能将釜底的苯全部蒸出；若无苯但有少量水时，还要继续操作直至取样分析无水才能停止操作。一般操作时间是较长的。实验若操作不当，很难达到要求。

记录实验数据和分析结果。

3. 填料精馏塔理论塔板数的测定

精馏操作是分离、精制化工产品的重要操作。它的理论塔板数决定混合物的分离程度，因此，理论塔板数的实际测定是极其重要的。在实验室内由精馏装置测取某些数据再通过计算得到该值。这种方法同样也可用于大型装置的理论塔板数校核。目前包括实验室在内使用最多的是填料精馏塔。其理论板数与塔结构、填料形状和尺寸有关，测定时要在固定结构与型式的塔内以标准组成混合物进行。

（1）实验目的：

① 了解实验室填料塔的结构，学会安装、调试的操作技术。

② 掌握精馏理论，了解精馏操作的影响因素，学会填料塔理论塔板数测定方法。

③ 掌握高纯物质的提纯方法。

（2）实验原理：

精馏是基于气液平衡理论的一种分离方法。对于双组分理想溶液，平衡时气相中易挥发组分浓度要比液相中的高：气相冷凝后再次进行气液平衡，则气相中易挥发组分浓度又相对提高，此种操作即是平衡蒸馏。经过多次重复的平衡蒸馏可以使两种组分分离。平衡蒸馏中每次平衡都被看作一块理论塔板。精馏塔就是有许多理论塔板组成的，理论塔板越多，塔的分离效率就越高。板式塔的理论板数即为该塔的板数，而填料塔理论板用当量高度表示。精馏塔的理论板数与实际板数未必一致，其中存在塔效率问题。实验室测定精馏塔的理论板数是采用间歇操作，可在回流或非回流条件下进行测定。最常用的测定方法是在全回流条件下操作，这可免去回流比、馏出速度及其不变量影响，而且试剂能反复使用。不过要在稳定条件下同时测出塔顶、塔釜组成，再由该组成通过计算或图解法进行求解。具体方法如下：

① 计算法：二元组分在塔内具有 n 块理论板的平衡关系，用芬斯克公式表示为：

$$\frac{y_n}{1-y_n}=\alpha^n\frac{x_1}{1-x_1}$$

式中 y_n——n 块板上气相组成；

x_1——塔釜液相组成；

α——相对挥发度；

n——理论板数。

$$n=\frac{\lg\left[\left(\frac{y_n}{1-y_n}\right)\left(\frac{x_1}{1-x_1}\right)\right]}{\lg\alpha}-1$$

采用全回流操作时，塔顶为全凝器，则塔顶气相组成 y_n 即等于塔顶馏出液组成 x_p，$y_n=x_p$，釜液组成 $x_1=x_w$，于是上式可写成：

$$n=\frac{\lg\frac{x_p(1-x_w)}{x_w(1-x_p)}}{\lg\alpha}-1$$

计算理想二元混合溶液精馏的理论板数时，可认为相对挥发度为常数。实际上，相对挥发度 α 随溶液浓度的变化而改变。以平均值进行计算其误差较小。如果有 α 随浓度变化的关系式，亦可采用逐板计算法。

② 图解法。用二元体系的气液平衡数据作 $x-y$ 图，在平衡线与对角线间做 x_p 至 x_w 的阶梯。若相对挥发度较小，则作出的阶梯误差较大，不宜采用此法，可改用理论塔板数与组成关系曲线。根据测定的釜液和塔顶组成查出相应理论板数 N_p 和 N_w，则测定的理论板数为：$N=N_p-N_w-1$。

(3) 实验设备与试剂：

① 实验仪器：精馏装置 1 套；阿贝折光仪 1 台；气相色谱 1 台；注射器等 1 套

② 试剂：正庚烷：折光率 1.3376±0.0001(20℃)；甲基环己烷：折光率 1.4331±0.0001(20℃)。

(4) 实验步骤：

① 实验前准备工作。检查精馏装置是否清洁，如有残留物和痕量水或新填料塔时，应该用丙酮清洗并干燥才能使用。装塔、检查垂直度，检查冷却水是否畅通，检查温度控制和测量系统是否正常。

② 通入空气试漏，在 6.7kPa(50mmHg)下停留 10min，不降低 0.13kPa(1mmHg)为合格。

③ 配置 26.7%正庚烷，73.3%甲基环己烷标准液。

④ 打开装料磨口塞子，加入300mL 标准液，塞好后启动电源加热升温，同时开冷却水。初期调节加热和保温电流使釜液快速升温至沸腾，并观察塔内气液状态。当塔内有液体滞留不断上升溢至塔顶后，迅速降低温度，并保持在全回流下稳定操作 6h。

⑤ 完成回流操作后，用注射器分别在塔釜和塔顶同时取样，每次取 0.1~0.2mL，在折光仪上测定折光指数。以后每隔 20min 取一次样，直至二次测定结果重复为止。

第一次取样前应轻轻转动活塞放出几滴水或低沸物，每次取样必须用新注射器和针头。

⑥ 回流量与上升蒸气量有关，也影响板数测定。改变上升蒸气量后测塔釜和塔顶组成，还可以收集液体测出上升蒸气量数据。

(5) 数据处理：

① 按下表作实验记录，并整理汇总。

填料塔理论塔板数测定记录表

测定物名称________加料量________日期____月____日

时间	加热		釜温/℃	顶温/℃	组成		上升蒸汽量/g
	加热电流/A	保温电流/A			馏出液/%	釜液/%	

② 利用文献查得测定折光率所对应的正庚烷-甲基环己烷的组成与理论塔板数曲线。

③ 计算每块理论板的等板高度。画出上升蒸气量与理论板数关系曲线，找出最佳条件。

第四节　萃取精馏实训装置

一、装置简介

(一) 装置用途

精馏是化工工艺过程中重要的单元操作，是化工生产中不可缺少的手段，而萃取精馏是精馏操作的特殊形式，只有在普通的精馏不能获得分离时才使用。其基本原理与精馏相同，也是利用组分的气液平衡关系与混合物之间相对挥发度的差异，只不过要加入第三组分形成难挥发的混合物，将沸点相近或有共沸组成的物质在塔内上部接触，使易挥发组分(轻组分)逐级向上提高浓度；而不易挥发组分(萃取剂与重组分)则逐级向下，从塔顶得到含量较高的轻组分产物，塔底得到萃取剂含量较高的重组分产物。当然，也与萃取剂的选择有关。

本装置是根据化工生产的特点和实训要求定制的，采用了双塔连续操作的流程。萃取剂能连续回收使用，加料采用了双缸柱塞泵和高位槽加料方式。同时，当萃取剂分离采用真空操作，能够取得较好的放大数据，可供有机化工、石油化工、精细化工、生物制药化工等专业部门的科研、教学、产品开发方面使用。用于有机物质的精制分离时，具有操作稳定、塔效率高、数据重现性好等优点。此外，它还可通过装填不同规格、尺寸的填料来测定塔效率，也能用于小批量生产或中间模拟试验。当填装小尺寸的三角型填料或θ网环填料时，可进行精密精馏。装置结构紧凑，外形美观，控制仪表采用先进的智能化形式。

对一般教学用的常减压精馏、反应精馏、共沸精馏、萃取精馏玻璃塔来说只有一节塔体，它们在塔壁不同位置开有侧口，可供改变加料位置或作取样口用。塔体全部由玻璃制成，塔外壁采用新保温技术制成透明导电膜，使用中通电加热保温以抵消热损失。在塔的外部还罩有玻璃套管，既能绝热又能观察到塔内气液流动情况。另外还配有玻璃塔釜、塔头及温度控制、温度显示、回流控制部件构成整体装置。

（二）技术指标

1. 技术指标

(1) 萃取塔体内径 20mm，有五个侧口，塔高 1.4m，透明膜电热保温；

(2) 脱萃取剂塔体内径 20mm，无侧口，塔高 1.2m；塔釜 500mL，电加热包加热功率 0.3kW；

(3) 填料 2mm×2mm 不锈钢θ网环，填料高度 1m；

(4) 塔头带冷却器，摆锤式回流，回流自动控制，在 0~99s 内调节；

(5) 塔保温手动控制。塔顶，塔釜温度独立数字显示。

2. 设备配置

(1) 玻璃填料塔 2 套(萃取塔和脱萃取剂塔各 1 套)；

(2) 控温仪表 2 台，测温仪表 4 个，回流控制仪 1 台；

(3) 塔头、收集瓶、高位加料管、转子流量计各 2 个；

(4) U 形管压力计 2 个；

(5) 仪表柜及支架 1 套；计算机接口及软件 1 套。

（三）操作方法

1. 装塔

(1) 在塔的各个接口处，凡是有磨合的地方都要涂以活塞油脂(真空油脂)，并小心地安装在一起。另外，若用带有翻边法兰的接口时，要将每个塔节连接处放好垫片，轻轻对正，小心地拧紧带镙纹的压帽(不要用力过猛以防损坏)，这时要上好支撑卡子螺丝，调整塔体使整体垂直，此后调节升降台距离，使加热包与塔釜接触良好(注意，不要固定过紧使它们相互受力)，最后接好塔头冷却水出入口胶管(操作时先通水)。

(2) 接泵出入口至流量计与加料口的管线。

(3) 真空操作时，操作前要进行真空试漏(一定要进行真空试漏操作，当接口无泄漏时，才能进行实验）。

（4）接上测压管线。

2. 热电偶

将各部分的控温、测温热电偶放入相应位置的孔内。

3. 电路检查

（1）插好操作台板面各电路接头，检查各接线端子标记线上标记是否吻合。

（2）检查仪表柜内接线有无脱落。电源的相、零、地线位置是否正确，无误后进行升温操作。注意：一定要使外壳接地，地线必须接线良好。

4. 加料

打开釜的加料口或取样口，加入被精馏的样品，同时加入几粒陶瓷环，以防暴沸。连续精馏初次操作还要在釜内加入一些被精馏的物质或釜残液。

5. 升温

（1）开总电源开关，按钮有指示灯亮，分别按动测温电源开关，仪表有显示，按动琴键转换开关按钮，观察各测温点指示正常否（当开关未按下时为开路，显示数据不正常，需按下键后才能观察出结果）。本装置每个测温仪表有 3 个按键转换开关按钮，按键 1 为控制，按键 2 为脱萃取剂塔釜温度，按键 3 为萃取塔顶温度。

（2）开启釜热控制开关，仪表有显示。顺时针方向调节电流给定旋钮，使电流表有显示后，按动仪表上参数给定键，仪表下窗口显示给定值，通过增减键调节给定值，此后经数秒钟进入正常状态。需调整参数时，按右上角的参数键，出现参数符号，并通过增减键给其所需值。详细的操作可见控温仪表操作说明（AI 人工智能工业调节器说明书）的温度给定参数设置方法。当给定值和参数值都给定后控制效果不佳时，可将控温仪表参数 CTRL 改为 2，再次进行自动整定。自整定需要一定时间，温度经过上升、下降，再上升、下降，类似位式调节，很快就达到稳定值。升温操作注意事项：

① 釜热控温仪表的给定温度要高于沸点温度 50~80℃，使加热有足够的温差以进行传热。其值可根据实验要求而取舍，边升温边调整，当很长时间还没有蒸气上升到塔头内时，说明加热温度不够高，还须提高。此温度过低蒸发量少，没有馏出物；温度过高蒸发量大，易造成液泛。还要再次检查是否给塔头通入冷却水，此操作必须在升温前进行，不能在塔顶有蒸气出现时再通水，这样会造成塔头炸裂。

② 打开预热器电源，顺时针方向调节上，下预热器电流给定旋钮，使电流维持在 0.1~0.2A 之处，控温仪表同时控制两个预热器温度，仪表的给定温度是上预热器，故下预热器给定电流值就很重要。

③ 当釜已经开始沸腾时，打开上段保温电源，顺时针方向调节保温电流给定旋钮，使电流维持在 0.2A 之处（注意：不能过大，过大会造成过热，使加热膜受到损坏。另外，还会造成因塔壁过热而变成加热器，回流液体不能与上升蒸气进行气液相平衡的物质传递，反而会降低塔分离效率）。

④ 升温后观察塔釜和塔顶温度变化，当塔顶出现气体并在塔头内冷凝时，进行全回流一段时间后可开始出料。

⑤ 有回流比操作时，应开启回流比控制器给定比例（通电时间与停电时间的比值，通常是以秒计，此比例即采出量与回流量之比）。

⑥ 连续精馏时，在一定的回流比和一定的加料速度下，当塔底和塔顶的温度不再变化

时，认为已达到稳定。可取样分析并收集之。塔底釜液定时排料或按一定速度排料，维持釜液面稳定。

6. 停止操作

停止操作时，关闭各部分开关，无蒸气上升时停止通冷却水。

（四）故障处理

（1）开启电源开关指示灯不亮，且没有交流接触器吸合声，则保险或电源线没有接好。

（2）开启仪表后各开关指示灯不亮，且没有继电器吸合声，则分保险坏或接线有脱落的地方。

（3）控制仪表、显示仪表出现的四位数字，则告知热电偶有断路现象。

（4）仪表显示温度为负值，热电偶接线反相。

二、装置流程图

如图 4-4 所示萃取精馏装置流程图。

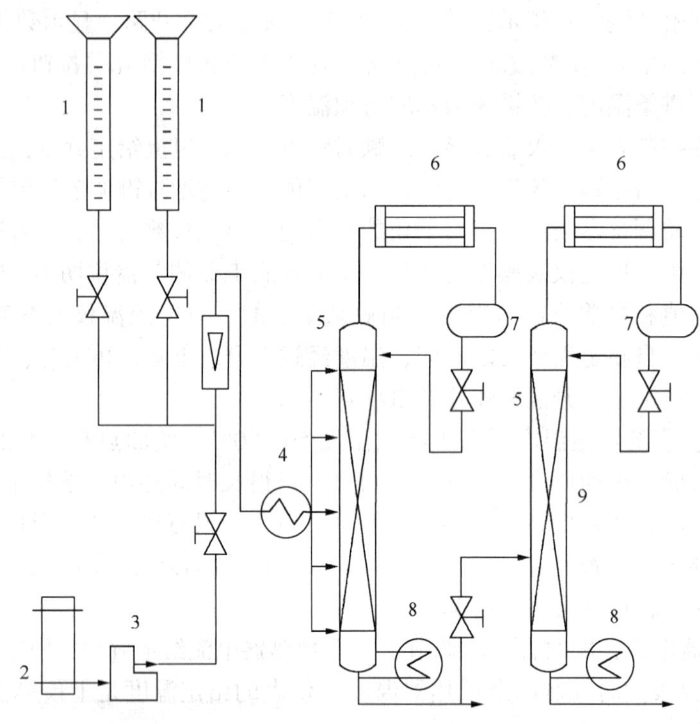

图 4-4　萃取精馏装置流程图

1—高位槽；2—原料罐；3—原料泵；4—进料预热器；5—萃取塔；6—塔顶冷凝器；7—塔顶馏分储罐；8—塔釜加热器；9—脱萃取剂塔

三、实验指导

1. 概述

萃取精馏是一种特殊的精馏方法。它与共沸精馏的操作很相似，但并不形成共沸物，所以比共沸精馏使用范围更大一些。它的特点是从塔顶连续加入一种高沸点添加剂（亦称萃取剂）去改变被分离组分的相对挥发度，使普通精馏方法不能分离的组分得到分离。

萃取精馏方法对相对挥发度较低的混合物来说是有效的，例如，异辛烷-甲苯混合物相对挥发度较低，用普通的精馏方法不能分离出较纯的组分，由于苯酚的挥发度很小，可和甲苯一起从塔底排出，并通过另一普通精馏塔将萃取剂分离。又如：水-乙醇用普通精馏方法只能得到最大浓度95.5%的共沸物乙醇，当采用乙二醇做萃取剂时能破坏共沸状态，乙二醇和水在塔底流出，则水被分离出来。再如甲醇-丙酮有共沸组成，用普通精馏方法只能得到最大浓度87.9%的丙酮共沸物，当采用极性介质水做萃取剂时，同样能破坏共沸状态，水和甲醇在塔底流出，则甲醇被分离出来。

萃取精馏的操作条件是比较复杂的，萃取剂的用量、料液比例、进料位置、塔的高度等都有影响。可通过实验或计算得到最佳值。选萃取剂的原则有：(1)选择性要高；(2)用量要少；(3)挥发度要小；(4)容易回收；(5)价格便宜。

2. 实训项目举例

(1) 水和乙醇混合物的分离。以39%水、61%乙醇或95.5%乙醇为原料，以乙二醇为萃取剂，采用连续操作法进行萃取精馏。在计量管内注入乙二醇，另一计量管内注入水-乙醇混合物液体。乙二醇加料口在上部，水-乙醇混合物进料口在下部。向釜内注入含少量水的乙二醇约60mL，此后可进行升温操作。同时开预热器升温，当釜开始沸腾时，开保温电源，并开始加料。控制乙二醇的加料速度为80mL/h，水-乙醇液与乙二醇体积比为1∶(2.5~3)。不断调节转子流量计的转子，使其稳定在所要求的范围。注意：用秒表定时记下计量管液面下降值以供调节流量用。

当塔顶开始有液体回流时，打开回流电源，给定回流值在3∶1并开始用量筒收集流出物料，同样记下开始取料时间。要随时检查进出物料的平衡情况，调整加料的速度或蒸发量。此外还要调节釜液排出量，大体维持液面稳定。在操作中用微量注射器取流出物注入气相色谱仪进行分析。塔顶馏出物乙醇为97%~98.5%，大大超过共沸组成。停止操作后，要取出塔中各部液体进行称量，并作物料衡算。操作中要详细记录各个条件，以便整理写出实验报告。

(2) 甲醇-丙酮混合物的分离。以甲醇(12.15%)-丙酮(87.9%)共沸物或以甲醇(14.5%)-丙酮(85.5%)为原料，以纯水为萃取剂，进行连续萃取精馏实验。在计量管内注入甲醇-丙酮混合物液体，另一计量管内注入纯水。进水加料口在上部，进甲醇丙酮混合物进料口在下部。向釜内注入含少量甲醇的水约100mL，此后可进行升温操作。同时开预热器升温，当釜开始沸腾时，开塔体保温电源，并开始加料。控制水的加料速度为180mL/h，甲醇-丙酮液与水体积比为1∶(2~2.5)。不断调节转子流量计的转子，使其稳定在所要求的范围。注意：用秒表定时记下计量管液面下降值以供调节流量用。

当塔顶开始有液体回流时，打开回流电源，给定回流值在1∶1并开始用量筒收集流出物料，同样记下开始取料时间，要随时检查进出物料的平衡情况，调整加料速度或蒸发量。此外还要调节釜液排出量，大体维持液面稳定。在操作中用微量注射器注入气相色谱仪进行分析。塔顶馏出物丙酮为95%~96.5%，大大超过共沸组成。该组成对应的塔釜温度为99.8℃，塔顶温度57.5℃。停止操作后，要取出塔中各部液体进行称量，并作出物料衡算。操作中要详细记录各个条件，以便整理写出实验报告。

如果实验有较多学时，可完成下列的条件实验：

(1) 萃取剂与甲醇-丙酮液体的加料比例对萃取精馏的影响；

(2) 回流比对萃取精馏的影响；

(3) 甲醇-丙酮液体的浓度对萃取精馏的影响。

该实验的试剂容易获得，操作温度低，实验启动时间短，能较快达到稳定，可得到较好物料，适于进行教学实验。

第五节　液液转盘萃取实训装置

一、实验目的

（1）了解转盘萃取塔的基本结构、操作方法及萃取的工艺流程。

（2）观察转盘转速变化时，萃取塔内轻、重两相流动状况，了解萃取操作的主要影响因素，研究萃取操作条件对萃取过程的影响。

（3）掌握每米萃取高度的传质单元数 N_{OR}、传质单元高度 H_{OR} 和萃取率 η 的实验测法。

二、基本原理

萃取是分离和提纯物质的重要单元操作之一，是利用混合物中各个组分在外加溶剂中的溶解度的差异而实现组分分离的单元操作。使用转盘塔进行液-液萃取操作时，两种液体在塔内作逆流流动，其中一相液体作为分散相，以液滴形式通过另一种连续相液体，两种液相的浓度则在设备内作微分式的连续变化，并依靠密度差在塔的两端实现两液相间的分离。当轻相作为分散相时，相界面出现在塔的上端；反之，当重相作为分散相时，则相界面出现在塔的下端。

1. 传质单元法的计算

计算微分逆流萃取塔的塔高时，主要是采取传质单元法。即以传质单元数和传质单元高度来表征，传质单元数表示过程分离程度的难易，传质单元高度表示设备传质性能的好坏。

$$H=H_{OR}\cdot N_{OR}$$

式中　H——萃取塔的有效接触高度，m；

H_{OR}——以萃余相为基准的总传质单元高度，m；

N_{OR}——以萃余相为基准的总传质单元数，无因次。

按定义，N_{OR} 计算式为：

$$N_{OR}=\int_{x_R}^{x_F}\frac{dx}{x-x^*}$$

式中　x_F——原料液的组成，kgA/kgS；

x_R——萃余相的组成，kgA/kgS；

x——塔内某截面处萃余相的组成，kgA/kgS；

x^*——塔内某截面处与萃取相平衡时的萃余相组成，kgA/kgS。

当萃余相浓度较低时，平衡曲线可近似为过原点的直线，操作线也简化为直线处理，如图 4-5 所示。

则积分式得：

$$N_{OR}=\frac{x_F-x_R}{\Delta x_m}$$

其中，Δx_m 为传质过程的平均推动力，当操作线、平衡线为直线时，在近似的条件下 Δx_m 按下式计算。

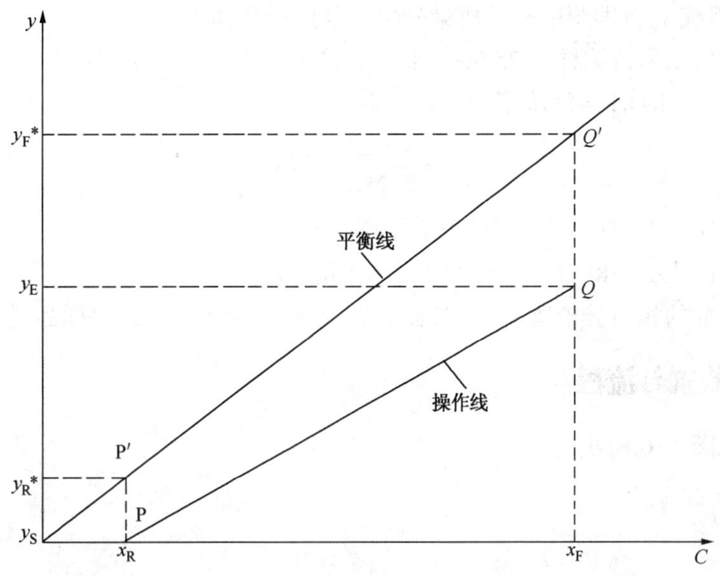

图 4-5　萃取平均推动力计算示意图

$$\Delta x_m = \frac{(x_F - x^*) - (x_R - 0)}{\ln \dfrac{(x_F - x^*)}{(x_R - 0)}} = \frac{(x_F - y_E/k) - x_R}{\ln \dfrac{(x_F - y_E/k)}{x_R}}$$

式中　k——分配系数，例如对于本实验的水苯甲酸相-煤油相，$k=2.26$；

y_E——萃取相的组成，kgA/kgS。

对于 x_F、x_R 和 y_E，分别在实验中通过取样滴定分析而得，y_E 也可通过如下的物料衡算而得：

$$F+S=E+R$$

$$F \cdot x_F + S \cdot 0 = E \cdot y_E + R \cdot x_R$$

式中　F——原料液流量，kg/h；

S——萃取剂流量，kg/h；

E——萃取相流量，kg/h；

R——萃余相流量，kg/h。

对稀溶液的萃取过程，因为 $F=R$，$S=E$，所以有：

$$y_E = \frac{F}{S}(x_F - x_R)$$

2. 萃取率的计算

萃取率 η 为被萃取剂萃取的组分 A 的量与原料液中组分 A 的量之比：

$$\eta = \frac{F \cdot x_F - R \cdot x_R}{F \cdot x_F}$$

对稀溶液的萃取过程，因为 $F=R$，所以有：

$$\eta = \frac{x_F - x_R}{x_F}$$

3. 组成浓度的测定

对于水苯甲酸相-煤油相体系，采用酸碱中和滴定的方法测定进料液组成 x_F、萃余液组

成 x_R 和萃取液组成 y_E，即苯甲酸的质量分率，具体步骤如下：

（1）用移液管量取待测样品 25mL，加 1～2 滴溴百里酚兰指示剂；

（2）用 $KOH-CH_3OH$ 溶液滴定至终点，则所测浓度为：

$$x=\frac{N\cdot\Delta V\cdot 122}{25\times1.0}$$

式中 N——$KOH-CH_3OH$ 溶液的当量浓度，N/mL；

ΔV——滴定用去的 $KOH-CH_3OH$ 溶液体积量，mL。

此外，苯甲酸的相对分子质量为 122g/mol，水密度为 1.0g/mL，样品量为 25mL。

三、实验装置与流程

实验流程见图 4-6 所示。

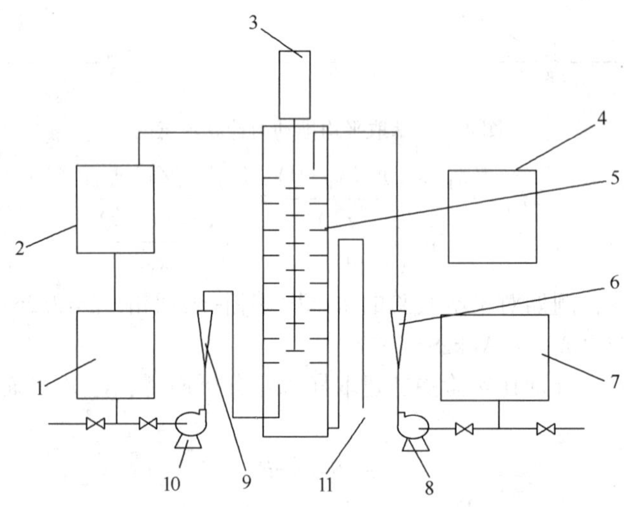

图 4-6　萃取流程示意图

1—轻相槽；2—萃余相(回收槽)；3—电机搅拌系统；4—电器控制箱；5—萃取塔；6—水流量计；7—重相槽；8—水泵；9—煤油流量计；10—煤油泵；11—萃取相导出

本装置操作时应先在塔内灌满连续相——水(含有饱和苯甲酸)，然后开启分散相——煤油，待分散相在塔顶凝聚一定厚度的液层后，通过连续相的Π管闸阀调节两相的界面于一定高度，对于本装置采用的实验物料体系，凝聚是在塔的上端进行(塔的下端也设有凝聚段)。本装置外加能量的输入，可通过直流调速器来调节中心轴的转速。

四、操作规程

（1）称取 40g 左右的苯甲酸放入布袋中，将布袋放入 20L 左右的去离子水中溶解，配制成含苯甲酸的饱和或近饱和水混合物，然后把它灌入重相槽内。注意：勿直接在槽内配置饱和溶液，防止固体颗粒堵塞煤油输送泵的入口，而且固体颗粒还会给滴定分析实验造成较大误差。

（2）将煤油灌入轻相槽内，用磁力泵将它送入萃取塔内。注意：磁力泵切不可空载运行。

(3) 通过调节转速来控制外加能量的大小，在操作时转速逐步加大，中间会跨越一个临界转速(共振点)，一般实验取4个以上转速，分析转速的变化对传质效果和萃取率的影响。

(4) 水在萃取塔内搅拌流动，并连续运行5min后，开启分散相——煤油管路，调节两相的体积流量一般在10～20L/h范围内，根据实验要求将两相的质量流量调到一定比例。注：在进行数据计算时，对煤油转子流量计测得的数据要校正，即煤油的实际流量应为 $V_{校}=\sqrt{\frac{1000}{800}}V_{测}$，其中 $V_{测}$ 为煤油流量计上的显示值。

(5) 待分散相在塔顶凝聚一定厚度的液层后，再通过连续相出口管路中Π形管上的阀门开度来调节两相界面高度，操作中应维持上集液板中两相界面的恒定。

(6) 通过改变转速来分别测取效率 η 或 H_{OR}，从而判断外加能量对萃取过程的影响。

(7)滴定分析：

① 首先配置0.01mol/L的KOH甲醇标准溶液。称取0.28g的KOH溶于500mL的甲醇中。

② KOH标准溶液标定。用分析天平准确称取约0.05g上述邻苯二甲酸氢钾基准物，加20mL新煮沸过的去离子水，使之完全溶解，加2滴酚酞指示液，用待定的0.01mol/L的KOH甲醇标准溶液滴定至终点(由无色变红色，即达终点)，记录KOH甲醇标准溶液消耗的体积，计算其实际浓度：

$$N_{KOH}=\frac{1000\times W}{204.22\times V_{KOH}}=4.897\times\frac{W}{V_{KOH}}(\text{mol/L})$$

式中 N_{KOH}——KOH标准溶液的当量浓度，mol/L；

V_{KOH}——KOH标准溶液消耗的体积，mL；

W——邻苯二甲酸氢钾质量，g；

204.22——邻苯二甲酸氢钾相对分子质量。

③ 原料液、萃余液中苯甲酸浓度分析。用移液管精确吸取原料液或萃余液25mL，置于100mL三角烧杯中，加2滴溴百里酚蓝指示液，溶液应呈黄色，用KOH甲醇标准溶液滴定至终点(溶液颜色由黄色变蓝色，即达终点)，记录KOH甲醇标准溶液消耗的体积数，计算原料液或萃余液的浓度：

$$x=\frac{122.12\times N_{KOH}\times V_{KOH}}{25\times 1.000\times 1000}\times 100\%$$

式中 x——被测液中苯甲酸的质量分数；

122.12——苯甲酸的相对分子质量；

N_{KOH}——KOH标准溶液的当量浓度，mol/L；

V_{KOH}——KOH标准溶液滴定消耗的体积，mL；

25——被测液的体积，mL；

1.000——水的密度，g/mL。

④ 萃取相组成 y_E 可按式 $y_E=\frac{F}{S}(x_F-x_R)$ 计算得到。

五、实验报告

(1) 实验数据纪录：氢氧化钾的当量浓度 $N_{KOH}=0.00862\text{mol/L}$。

编号	原料 $F/(L/h)$	溶剂 $S/(L/h)$	转速 $n/(r/min)$	$F\Delta V_F/mL(KOH)$	$R\Delta V_R/mL(KOH)$	$S\Delta V_S/mL(KOH)$
1						
2						
3						
4						
5						
6						
7						

（2）数据处理：

编号	转速	萃余相浓度	萃取相浓度	平均推动力	传质单元数	传质单元高度	效率
	n	x_R(‰)	y_E(‰)	Δx_m	N_{OR}	H_{OR}(m)	η(%)
1							
2							
3							
4							
5							
6							
7							

六、思考题

1. 请分析比较萃取实验装置与吸收、精馏实验装置的异同点？

2. 从实验结果分析转盘转速变化对萃取传质系数与萃取率的影响？

3. 测定原料液、萃取相、萃余相的组成可用哪些方法？采用中和滴定法时，标准碱为什么选用 KOH-CH_3OH 溶液，而不选用 KOH-H_2O 溶液？

第六节　恒压过滤（真空过滤）实训装置

一、实验目的

熟悉真空过滤的构造和操作方法。，通过恒压过滤实验，验证过滤基本理论。学会测定过滤常数 K、q_e、τ_e 及压缩性指数 s 的方法，加深对 K、q_e、τ_e 的概念理解。了解过滤压力对过滤速率的影响。

二、基本原理

过滤是以某种多孔物质为介质来处理悬浮液以达到固-液分离的一种操作过程，即在外力的作用下，悬浮液中的液体通过固体颗粒层(即滤渣层)及多孔介质的孔道而固体颗粒被截留下来形成滤渣层，从而实现固-液分离。因此，过滤操作本质上是流体通过固体颗粒层的流动，而这个固体颗粒层(滤渣层)的厚度随着过滤的进行而不断增加，故在恒压过滤操作中，过滤速度不断降低。

过滤速度 u 定义为单位时间、单位过滤面积内通过过滤介质的滤液量。影响过滤速度的主要因素除过滤推动力(压强差)Δp、滤饼厚度 L 外，还有滤饼和悬浮液的性质、悬浮液温度、过滤介质的阻力等。

过滤时滤液流过滤渣和过滤介质的流动过程基本上处在层流流动范围内，因此，可利用流体通过固定床压降的简化模型，寻求滤液量与时间的关系，可得过滤速度计算式：

$$u=\frac{\mathrm{d}V}{A\mathrm{d}\tau}=\frac{\mathrm{d}q}{\mathrm{d}\tau}=\frac{A\Delta p^{(1-s)}}{u\cdot r\cdot C(V+V_e)}=\frac{A\Delta p^{(1-s)}}{u\cdot r'\cdot C'(V+V_e)} \tag{1}$$

式中 u——过滤速度，m/s；

V——通过过滤介质的滤液量，m^3；

A——过滤面积，m^2；

τ——过滤时间，s；

q——通过单位面积过滤介质的滤液量，m^3/m^2；

Δp——过滤压力(表压)，Pa；

s——滤渣压缩性系数；

μ——滤液的黏度，Pa·s；

r——滤渣比阻，$1/m^2$；

C——单位滤液体积的滤渣体积，m^3/m^3；

V_e——过滤介质的当量滤液体积，m^3；

r'——滤渣比阻，m/kg；

C'——单位滤液体积的滤渣质量，kg/m^3。

对于一定的悬浮液，在恒温和恒压下过滤时，μ、r、C 和 Δp 都恒定，令：

$$K=\frac{2\Delta p^{(1-s)}}{\mu\cdot r\cdot C} \tag{2}$$

于是式(1)可改写为：

$$\frac{\mathrm{d}V}{\mathrm{d}\tau}=\frac{KA^2}{2(V+V_e)} \tag{3}$$

式中 K——过滤常数，由物料特性及过滤压差所决定，m^2/s。

将式(3)分离变量积分，整理得：

$$\int_{V_e}^{V+V_e}(V+V_e)\,\mathrm{d}(V+V_e)=\frac{1}{2}KA^2\int_0^{\tau}\mathrm{d}\tau \tag{4}$$

即 $$V^2+2VV_e=KA^2\tau \tag{5}$$

将式(4)的积分极限改为从 0 到 V_e 和从 0 到 τ_e 积分，则：

$$V_e^2=KA^2\tau_e \tag{6}$$

将式(5)和式(6)相加，可得：

$$(V+V_e)^2=KA^2(\tau+\tau_e) \tag{7}$$

式中 τ_e——虚拟过滤时间，相当于滤出滤液量 V_e 所需时间，s。

再将式(7)微分，得：

$$2(V+V_e)\,\mathrm{d}V=KA^2\mathrm{d}\tau \tag{8}$$

将式(8)写成差分形式，则：

$$\frac{\Delta\tau}{\Delta q}=\frac{2}{K}\bar{q}+\frac{2}{K}q_{e} \tag{9}$$

式中 Δq——每次测定的单位过滤面积滤液体积(在实验中一般等量分配)，m^3/m^2；

$\Delta\tau$——每次测定的滤液体积 Δq 所对应的时间，s；

$\bar{q}$——相邻二个 q 值的平均值，m^3/m^2。

以 $\Delta\tau/\Delta q$ 为纵坐标，$\bar{q}$ 为横坐标将式(9)标绘成一直线，可得该直线的斜率和截距。

斜率：

$$S=\frac{2}{K}$$

截距：

$$I=\frac{2}{K}q_{e}$$

则：

$$K=\frac{2}{S}$$

$$q_{e}=\frac{KI}{2}=\frac{I}{S}$$

$$\tau_{e}=\frac{q_{e}^{2}}{K}=\frac{I^{2}}{KS^{2}}$$

改变过滤压差 Δp，可测得不同的 K 值，由 K 的定义式(2)两边取对数得：

$$\lg K=(1-s)\lg(\Delta p)+B \tag{10}$$

在实验压差范围内，若 B 为常数，则 $\lg K \sim \lg(\Delta p)$ 的关系在直角坐标上应是一条直线，斜率为$(1-s)$，可得滤饼压缩性指数 s。

三、实验装置与流程

本实验装置由真空泵、配料槽、搅拌器、积液瓶、缓冲罐等组成，其流程示意如图4-7所示。

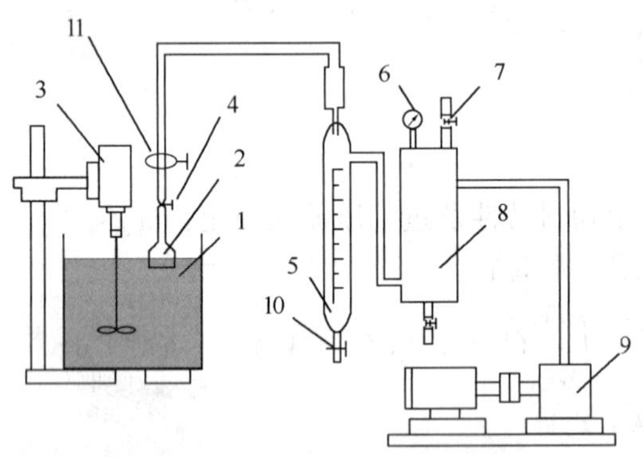

图 4-7 恒压过滤实验流程示意图

1—滤浆槽；2—过滤漏斗；3—搅拌电机；4—真空旋塞；5—积液瓶；6—真空压力表；7—针型放空阀；8—缓冲罐；9—真空泵；10—放液阀；11—活接

$CaCO_3$ 的悬浮液在配料桶内配制一定浓度后，送入滤浆槽中，用电动搅拌器搅拌使 $CaCO_3$不致沉降，启动真空泵，使系统内形成真空达到指定值。滤液在负压下通过过滤漏斗进入计量瓶进行测量。

真空泵型号：2XZ-2 型直联旋片式真空泵，极限真空 6×10^{-2} Pa，抽速 2L/s，转速 1400r/min，功率：310W。

搅拌器：功率 100W。

过滤漏斗：滤布规格 100 目。

四、操作规程

（1）配料。在配料罐内配制含 $CaCO_3$5%的水悬浮液，碳酸钙事先由天平称重。配置时，将配料罐底部塞子塞上，防止 $CaCO_3$进入出水管造成堵塞。

（2）搅拌。接通电源，开启电动搅拌机，使 $CaCO_3$悬浮液搅拌均匀。注意：搅拌速率选择适当，过高时溶液易溅出，过低则会造成搅拌不均匀。

（3）打开进气阀 7，关闭真空旋塞 4。然后打开真空泵开关。

（4）调节进气阀 7，使真空表读数恒定于指定值（本实验可选取 0.03MPa、0.05MPa、0.07MPa），然后打开真空旋塞 4，进行抽滤，待计量瓶中收集的滤液量达到 100mL（刻度为 5cm）时按表计时，作为恒压过滤零点。记录滤液每增加 100mL（每上升 5cm）所用的时间。当计量瓶读数为 700mL 时停表并立即关闭真空旋塞 4。

（5）打开针形放空阀 7，待真空表读数降到零时，停真空泵。打开真空旋塞 4，利用系统内大气压把吸附在吸滤器上滤饼卸到槽内。放出计量瓶内滤液，并倒回滤浆槽内。再打开活接 11，卸下吸滤器清洗待用。

五、数据处理

1. 滤饼常数 *K* 的求取

计算举例：以 $P=0.03$MPa 时的一组数据为例。

过滤面积 $A=0.001925\text{m}^2$；

$\Delta V_1=100\text{mL}=1\times10^{-4}\text{m}^3$；$\Delta\tau_1=56.2(\text{s})$

$\Delta V_2=100\text{mL}=1\times10^{-4}\text{m}^3$；$\Delta\tau_2=72.87(\text{s})$

$\Delta q_1=\Delta V_1/A=1\times10^{-4}/0.001925=0.051948(\text{m}^3/\text{m}^2)$

$\Delta q_2=\Delta V_2/A=1\times10^{-4}/0.001925=0.051948(\text{m}^3/\text{m}^2)$

$\Delta\tau_1/\Delta q_1=56.2/0.051948=1081.85(\text{sm}^2/\text{m}^3)$

$\Delta\tau_2/\Delta q_2=72.87/0.051948=1402.748(\text{sm}^2/\text{m}^3)$

$q_0=0\text{m}^3/\text{m}^2$；$q_1=q_0+\Delta q_1=0.051948(\text{m}^3/\text{m}^2)$

$q_2=q_1+\Delta q_2=0.103896(\text{m}^3/\text{m}^2)$

$\bar{q}_1=1/2(q_0+q_1)=0.025947(\text{m}^3/\text{m}^2)$

$\bar{q}_2=1/2(q_1+q_2)=0.077922(\text{m}^3/\text{m}^2)$

依次算出多组 $\Delta\tau/\Delta q$ 及 $\bar{q}$。在直角坐标系中绘制 $\Delta\tau/\Delta q\sim\bar{q}$ 的关系曲线，如图 4-8 所示，从该图中读出斜率可求得 K。不同压力下的 *K* 值列下表。

不同压力下的 *K* 值

Δp/MPa	过滤常数 $K/(\text{m}^2/\text{s})$	Δp/MPa	过滤常数 $K/(\text{m}^2/\text{s})$
0.03	3.72×10^{-4}	0.07	6.72×10^{-4}
0.05	5.19×10^{-4}		

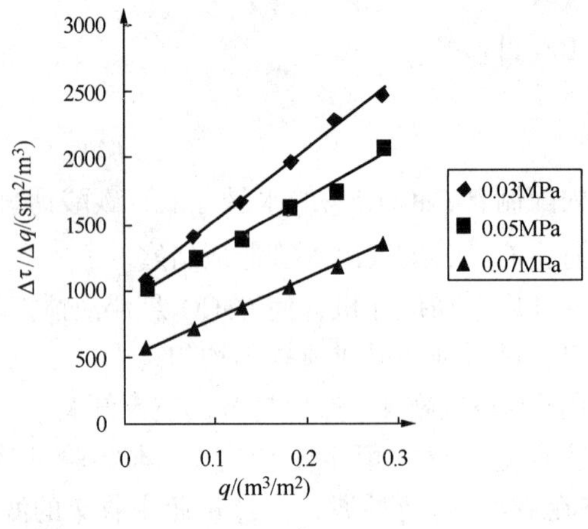

图 4-8　$\Delta\tau/\Delta q \sim q$ 曲线

2. 滤饼压缩性指数 S 的求取

计算举例：在压力 $P=0.03\mathrm{MPa}$ 时的 $\Delta\tau/\Delta q \sim \bar{q}$ 直线上，拟合得直线方程，斜率为$2/K_1$，则 $K_1=0.000372$。

将不同压力下测得的 K 值作 $\lg K \sim \lg\Delta p$ 曲线，如图 4-9 所示，也拟合得直线方程，根据斜率为$(1-s)$，可计算得 $s=0.3037$。

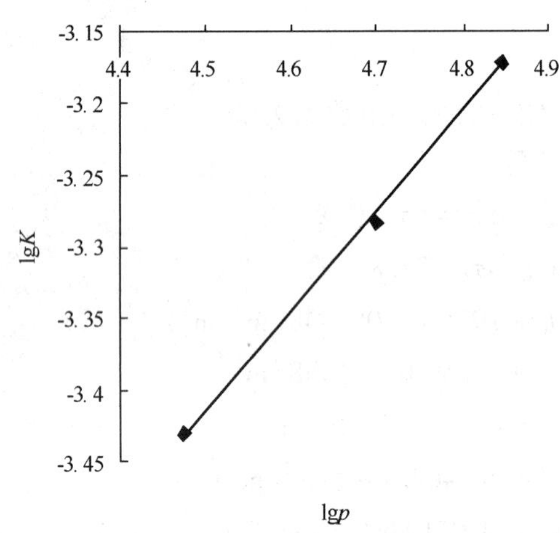

图 4-9　$\lg K \sim \lg\Delta p$ 曲线

实验报告

（1）由恒压过滤实验数据求过滤常数 K、q_e、τ_e。

（2）比较几种真空度下的 K、q_e、τ_e值，讨论压差变化对以上参数数值的影响。

（3）在直角坐标纸上绘制 $\lg K \sim \lg\Delta p$ 关系曲线，求出 s。

（4）实验结果分析与讨论。

六、思考题

1. 真空过滤机的优缺点是什么？适用于什么场合？
2. 真空过滤机的操作分哪几个阶段？
3. 为什么过滤开始时，滤液常常有点浑浊，而过段时间后才变清？

4. 影响过滤速率的主要因素有哪些？当你在某一恒压下所测得的 K、q_e、τ_e 值后，若将过滤压强提高一倍，问上述三个值将有何变化？

第七节　高压釜式反应实训装置

一、装置简介

（一）装置用途

釜式反应是化工反应工艺过程中较重要的单元操作，在化工生产中也是不可缺少的工艺过程。该釜式反应装置可用于液-液相，液-固相，气-液相低压及高压下间歇反应。其特点是适用性较强，操作弹性大，连续操作时温度、浓度容易控制，产品质量均一。由于釜内带有冷却盘管，该装置还适用于强放热的常压和加压反应。可用于苯的硝化，氯乙烯聚合、加氢、缩合、酯化等反应。本装置可在常压或加压条件下操作。

（二）技术指标

最高使用压力 10MPa，最高使用温度 300℃，搅拌速度 0~15r/min，J—W 柱塞泵流量 0.5L/h，容积为 1L，质量流量 0~500mL/h，电源 AC220V，50Hz，功率 1.5kW。

配置：高压釜，单气体质量流量计，单液体加料泵(柱塞泵)，减压阀，单背压阀控制系统压力，高压气液分离器，精密温度控制仪。大型仪表柜与操作台。计算机温度数据采集与控制软件。无级调速，速度数字显示。

可进行的实验：气液、液液、液固相反应，如：加氢、烃化、芳构化、氨化、氧化、硝化、磺化、酯化等。

（三）操作方法

1. 安装与调试

用按钮扳手小心将高压釜的紧固螺帽松开卸下来，旋转手柄将釜盖提升起来。擦拭釜内，加入一定量液体后(也可在试漏后进行)，下降釜盖扭紧螺帽，拧紧过程中保证所有螺丝扭矩相同，再将所有连接处拧紧后在进气口用氮气加压至使用压力，关闭阀门，30min 内不下降为合格。如下降要用肥皂水涂拭每个接口处查漏，直至不下降为止才可进行实验。

2. 控温电偶

将各部分的控温、测温热电偶放入相应位置的孔内。

3. 电路检查

(1) 检查操作台板面各电路接头，检查各接线端子与线上标记是否吻合。

(2) 检查仪表柜内接线有无脱落，电源的相线、零线、地线位置是否正确。检查无误后进行通气升温操作。

4. 加料

进行间歇反应时，要打开釜的加料口(加料口是与进气口连接在一起，要卸下接头将入口露出来)，根据实验条件将一定数量的反应原料加入反应器内，然后拧紧接头通入少许气体。

5. 升温

(1) 合总电源开关。

(2) 开启釜热控温开关，仪表有显示。显示窗内有釜温度、搅拌器转速、时间，调节各旋钮达到操作要求。详见高压釜的操作说明书，不了解使用方法的人员不能操作。

(3) 通气升温时要将气体排出口的2个阀门打开，并给直形冷凝器通水。如果不用通气升温，可不进行操作。

(4) 升温操作注意事项：

① 控温操作必须给定好温度和OPH参数，OPH一般控制在30~50℃。

② 因高压釜实验有一定危险，升温过程中压力要逐渐升高，必须仔细观察釜内压力变化，决不允许升温后离开现场，在通气升温时要不断地调节进气压力和出口调节阀的开启度。

③ 当塔内压力不足时，可通过尾气调节阀去维持釜内压力。过高时要放空部分气体。

④ 电源必须是带有相、零、地三眼插座，有良好的接地性能。

6. 停止操作

(1) 停止操作时，关闭加热分开关，轻轻打开排液阀门(釜的前下方)，有反应液体流出。需要冷却时要排压后卸螺帽，将釜盖升起，通冷却水可急速降温。由于釜保温较好，降温较慢，故停车后开釜盖降温是较好的方法。

(2) 卸压后也可开釜底部的阀门排料，该阀门用于洗釜和常压反应排料较好。

(四) 故障处理

(1) 压力突然下降，有大漏点，停止操作，检查之。

(2) 操作中有强烈的响声，电磁搅拌有问题。

二、实训装置流程图

高压釜式气液反应流程图如图4-10所示。

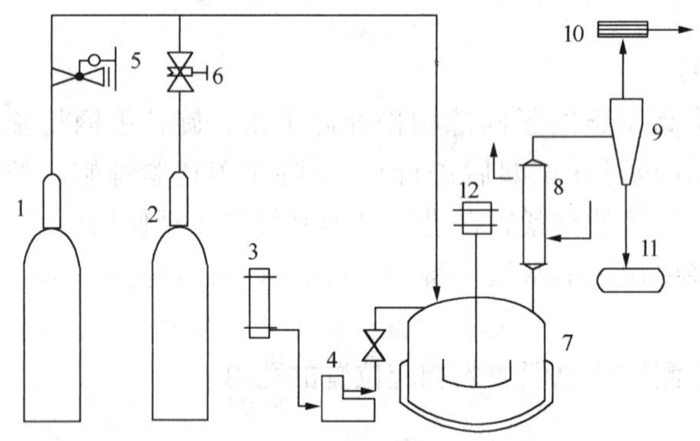

图4-10 高压釜式气液反应流程图

1—氮气钢瓶；2—氢气钢瓶；3—原料罐；4—原料泵；5—氮气减压阀；6—背压阀；7—高压釜；8—回流冷凝器；9—气液分离器；10—阻火器；11—储罐；12—搅拌器

三、实验指导

1. 脂肪醇聚氧乙烯醚非离子表面活性剂的合成

脂肪醇聚氧乙烯醚是一种非离子表面活性剂，它由脂肪醇和环氧乙烷在碱性催化剂作用下反应制得。脂肪醇的碳原子数一般为8~18。这类产品可根据不同的需求，加成1~30mol环氧乙烷。由于脂肪醇聚氧乙烯醚具有洗涤、乳化、分散、润湿等性能，且易生物降解，对硬水不敏感，故广泛应用于洗涤剂、造纸、纺织、印染、金属加工和化妆品等行业，被誉为继烷基苯磺酸盐、直链烷基苯磺酸盐之后发展起来的第三代表面活性剂。

(1)实验目的：

① 了解非离子表面活性剂脂肪醇聚氧乙烯醚的制备工艺及方法。

② 了解表面活性剂的表面张力、起泡力、润湿力、浊点的测定方法。

③ 了解不同环氧乙烷加成数对表面活性的影响。

(2) 实验原理：脂肪醇在碱性催化剂 NaOH 的作用下与环氧乙烷反应，生成聚氧乙烯脂肪醇醚。反应式如下：

$$R-OH + CH_2-CH_2(O) \longrightarrow R-O-CH_2-CH_2-OH$$

$$R-O-CH_2-CH_2-OH + CH_2-CH_2(O) \longrightarrow R-(O-CH_2CH_2)_2-OH$$

$$\vdots$$

$$R-(OCH_2CH_2)_n-OH + CH_2-CH_2(O) \longrightarrow R-(OCH_2CH_2)_{n+1}-OH$$

该反应是一连串反应，最终产物为一系列环氧乙烷加成数不同的混合物。由于该化合物具有亲油的 R 基团和亲水的$(OCH_2CH_2)_n$基团，故同时具有亲水、亲油性，可用作洗涤剂、乳化剂、起泡剂等。

实验时，反应压力为 0.4～0.6MPa，温度为 120～140℃，催化剂用量为纯重量的 0.1%～0.5%。

(3) 试剂：

氢氧化钠(分析纯)，环氧乙烷(工业纯)，正辛醇(分析纯)；月桂醇(分析纯)。

(4) 实验步骤：

① 向反应器内加入 200mL 醇和 0.2～1g 氢氧化钠，用 N_2 吹扫 20min。

② 给反应器升温，用程序升温仪来控制升温速度。当温度升到 120～140℃时，调节 N_2 分压为 0.2～0.3MPa，并加入环氧乙烷至压力 0.4～0.6MPa。

③ 当反应掉 15～30g 环氧乙烷时，停止加入环氧乙烷，继续反应 30min，然后将产物冷却并称量产品的质量。

④ 将制备的不同环氧乙烷加成数的产物配成 0.1%溶液，测定其表面张力、起泡力、润湿力和浊点，观察环氧乙烷加成数对表面活性的影响。

(5) 数据处理：

① 将不同反应温度与对应的速度作图，用环氧乙烷反应量表示反应速度，观察温度对反应速度的影响。

② 将不同反应压力下的反应速度对时间作图，观察不同反应压力对速度的影响。

③ 产物中环氧乙烷含量用下式求出：

$$EO\% = \frac{\text{环氧乙烷质量}}{\text{原料醇质量}+\text{环氧乙烷质量}} \times 100\%$$

脂肪醇聚氧乙烯醚的平均 EO(环氧乙烷)加成数由下式求出：

$$\nu = \frac{EO\% \times M_A}{(1-EO\%) \times M_{EO}}$$

式中 EO——环氧乙烷；

M_A——原料醇摩尔质量，kg/kmol；

M_{EO}——环氧乙烷摩尔质量，kg/kmol；

EO%——产物中环氧乙烷质量分数；

ν——产物中平均 EO 加成数。

2. 苯加氢生产环己烷

苯是一种无色、具有特殊芳香气味的液体，能与醇、醚、丙酮和四氯化碳互溶，微溶于水。苯具有易挥发、易燃的特点，其蒸气有爆炸性。经常接触苯，皮肤可因脱脂而变干燥、脱屑，有的出现过敏性湿疹，长期吸入苯能导致再生障碍性贫血。苯主要来自建筑装饰中大量使用的化工原料，如涂料。在涂料的成膜和固化过程中，其中所含有的甲醛、苯类等可挥发成分会从涂料中释放，造成污染。

环己烷：结构或分子式 C_6H_{12}；相对分子质量或原子量 84.16；相对密度 0.779；熔点 6.5(℃)；沸点 80.7(℃)；闪点-18(℃)(闭式)；折射率 1.4264；其有汽油气味的无色流动性液体；不溶于水，可与乙醇、乙醚、丙酮、苯等多种有机溶剂混溶，在甲醇中的溶解度为 100 份甲醇可溶解 57 份环己烷(25℃)。主要用于制备环己醇和环己酮，也用于合成尼龙 6。在涂料工业中广泛用作溶剂，是树脂、脂肪、石蜡油类、丁基橡胶等的极好溶剂。环己烷对酸、碱比较稳定，与中等浓度的硝酸或混酸在低温下不发生反应，与稀硝酸在 100℃以上的封管中发生硝化反应，生成硝基环己烷。在铂或钯催化下，350℃以上发生脱氢反应生成苯。环己烷与氧化铝、硫化钼、钴、镍-铝一起于高温下发生异构化，生成甲基戊烷。与三氯化铝在高温条件下则异构化为甲基环戊烷。环己烷也可以发生氧化反应，在不同的条件下所得的主要产物不同。例如，在 185~200℃、10~40atm(1atm=101.325kPa)下，用空气氧化时，得到 90%的环己醇。若用脂肪酸的钴盐或锰盐作催化剂在 120~140℃、18~24atm 下，用空气氧化，则得到环己醇和环己酮的混合物。高温下用空气、浓硝酸或二氧化氮直接氧化环己烷得到己二酸。在钯、钼、铬、锰的氧化物存在下，进行气相氧化则得到顺丁烯二酸。在日光或紫外光照射下与卤素作用生成卤化物。与氯化亚硝酰反应生成环己肟。用三氯化铝作催化剂将环己烷与乙烯反应生成乙基环己烷、二甲基烷、二乙基环己烷和四甲基环己烷等。

(1) 实验原理及工艺条件：

实验原理：苯在镍系催化剂的作用下与氢气作用生成环己烷，反应式如下：

$$C_6H_6+3H_2=C_6H_{12}$$

工艺条件：温度 80~150℃

压力 0.6~1MPa

催化剂 $Ni-Al_2O_3$

(2) 实验步骤：

① 向反应器内加入 200mL 苯和 5~10g 镍系催化剂，用 N_2 吹扫 20min。

② 给反应器升温，用程序升温仪来控制升温速度。当温度升到 70℃时，加入 H_2，调节气体流量使反应系统压力维持在 0.6~1MPa。反应过程中应打开反应器的冷却水，调节水流量使反应温度控制在 150℃以下，同时打开回流冷凝水和搅拌装置。

③ 当反应进行 4h 后，停止供气，待反应器的温度降低至 30℃以下后，用 N_2 吹扫 10min。放出反应液，称重、分析并分离反应混合物(分离方法见多功能分离装置)。

(3) 数据处理：

① 计算环己烷的收率：

$$Y=\frac{\text{生成环己烷所消耗的苯量}}{\text{加入反应器的苯量}}\times 100\%$$

② 计算催化剂的选择性：

$$S=\frac{\text{生成环己烷所消耗的苯量}}{\text{反应消耗的苯量}}\times 100\%$$

四、思考题

1. 什么是裂解？
2. 什么是裂解过程的一次反应和二次反应？它们对裂解产物分布有何影响？
3. 什么是结焦？
4. 影响裂解过程的因素有哪些？
5. 什么是萃取精馏？
6. 什么是共沸精馏？
7. 什么是反应精馏？
8. 影响萃取精馏的因素有哪些？
9. 流化床和固定床操作有何区别？
10. 如何进行釜式反应器操作？

第八节　气–液传质系数测定实训装置

一、概述

气–液传质系数是设计计算吸收塔的重要数据。工业上应用气液传质设备的场合非常多，而且处理物系又各不相同，加上传质系数很难完全用理论方法计算得到，因此最可靠的方法就是借用实验手段得到。本装置所采用的双驱动搅拌吸收器不但可以测定不同物系的气液传质系数，而且可以研究气液传质机理。双驱动搅拌吸收器的主要特点是气相与液相搅拌是分别控制的，搅拌速度可以分别调节，所以能在较宽的速度范围内研究测定气液的传质系数。可以分别改变气、液相转速测定吸收速率来判断其传质机理，也可以通过改变液相或气相的浓度来测定气膜一侧的传质速率或液膜一侧的传质速率，确定传质阻力的主要方面，从而可为强化气液传质设备提供依据。

二、技术指标

(1) 双驱动搅拌吸收器：玻璃，内 ϕ70mm，外 ϕ90mm，高 200mm；
(2) 质量流量计：北京圣业，100mL/min，CO_2；
(3) 超级恒温水浴：天津欧诺，型号：SY-601，加热功率 1.5kW；
(4) 压力变送器：北京圣业，1.5kPa 和 200kPa 各 1 个；
(5) 数显测温仪表：厦门宇光，2 个，型号 701A；
(6) 数显测压仪表：厦门宇光，1 个，型号 702AM；
(7) 感应电机：北京微特，型号 YY80-25，配数显调速器，各 2 个；
(8) 玻璃增湿器：ϕ50mm×150mm，1 个；
(9) 量气管：内 ϕ70mm，150mL，1 个。

三、流程示意图

如图 4-11 所示气液传质系统测流程示意图。

四、实验指导

（一）实验原理

气液传质过程中由于物系不同，其传质机理可能也不相同。被吸收组分从气相传递到液相的整个过程决定于发生在气液界面两侧的扩散过程以及在液相中的化学反应过程，化学反应又影响组分在液相中的传递。化学反应的条件、结果各不相同，影响组分在液相中传递的程度也不同。通常化学反应是促进了被吸收组分在液相中的传递。如果将传质过程的阻力分成气膜阻力与液膜阻力，就需要了解整个传质过程中哪一个是传质的主要阻力，进而采取一定的措施，或者提高某一相的运动速度，或者采用更有效的吸收剂，从而提高传质的速率。

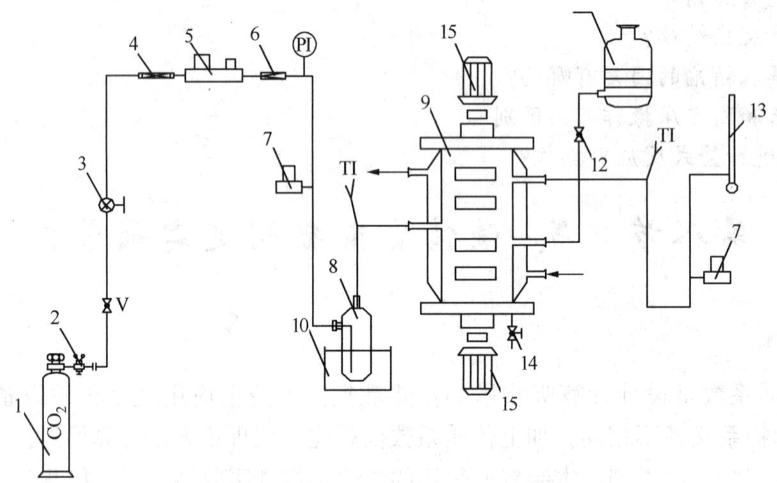

图 4-11　气-液传质系数测流程示意图

PI—压力计　TI—测湿热电偶

1—气体钢瓶；2—减压阀；3—调节阀；4—过滤器；5—质量流量计；6—止逆阀；
7—压力变送器；8—玻璃增湿器；9—双驱动搅拌吸收器；10—恒湿水浴；
11—吸收剂瓶；12—截止阀；13—皂膜流量计；14—吸收液取样阀；15—交流电机

气膜阻力为主的系统、液膜阻力为主的系统或者气膜阻力与液膜阻力相近的系统在实际操作中都会存在，在开发吸收过程中要了解某系统的吸收传质机理必须在实验设备上进行研究。

要测定某条件下的气液传质系数，就必须采取切实可行的方法测出单位时间、单位面积的传质量，并通过操作条件及气液平衡关系求出传质推动力。传质量的计算可以通过测定被吸收组分进入搅拌吸收器的量与流出吸收器的量之差求得，或者通过测定搅拌吸收器里的吸收液中被吸收组分的起始浓度与最终浓度之差值来测定。

本装置可以采取以热碳酸钾吸收二氧化碳作为系统，该系统是一个伴有化学反应的吸收过程：

$$K_2CO_3+CO_2+H_2O \rightleftharpoons 2KHCO_3 \tag{1}$$

CO_2 从气相主体扩散到气液界面，在液相界面与 K_2CO_3 进行化学反应并扩散到液相主体中去，由于 CO_2 在 K_2CO_3 的溶液中的反应为快速反应，使原来液膜控制的过程有所改善。若气膜阻力可以忽略，吸收速率的公式可写成：

$$N_{CO_2}=\beta K_L(C_A^*-C_{AL}) \tag{2}$$

或

$$N_{CO_2}=\beta K_G H_{CO_2}(P_A-P_{AL}^*) \tag{3}$$

$$=K(P_A-P_{AL}^*) \tag{4}$$

式中 N_{CO_2}——单位时间单位面积传递的 CO_2 量；

β——增大因子；

K_L——液相传质系数；

K_G——气相传质系数；

G_A^*——气相中 CO_2 分压的平衡浓度；

C_{AL}——液相中的 CO_2 浓度；

H_{CO_2}——CO_2 的溶解度系数；

P_A——CO_2 分压，为总压与吸收液面上饱和水蒸气压之差；

P_{AL}^*——吸收液上 CO_2 的平衡分压；

K——K_2CO_3 吸收 CO_2 的气液传质系数。

实验中以钢瓶装 CO_2 作气源，经过稳压，由质量流量计控制气体流量，经增湿后进入双驱动搅拌吸收器。气体为连续流动，吸收液固定在吸收器内。操作一定的时间后取得各项数据，可计算出 K 值，此为一个平均值。

CO_2 在整个吸收过程的传质量可用 K_2CO_3 中的 $KHCO_3$ 增加量来确定，即可用酸解法来得到，从 1mL 吸收液在吸收前后所持有 CO_2 量的差可以确定 CO_2 总吸收量(操作方法见实验步骤中的分析方法)。

吸收在60℃下操作，使用浓度为1.2mol/L 的 K_2CO_3 吸收液，它的平衡分压可用下式计算：

$$P_{CO_2}^*=1.98\times10^8\times C^{0.4}\left(\frac{f^2}{1-f}\right)\exp\left(\frac{-8160}{T}\right) \tag{5}$$

式中 $P_{CO_2}^*$——CO_2 平衡分压，MPa；

C——K_2CO_3 的浓度，mol/L；

T——吸收温度，K；

f——转化度，无因次。

$$f=\frac{C_{HCO_3^-}}{2C_{CO_3^=}+C_{HCO_3^-}}$$

60℃时热钾碱上水蒸气分压较大，应从总压中扣除水蒸气分压后才是界面上 CO_2 的分压。60℃碱液上水蒸气分压可按下式计算：

$$P_W=0.01751(1-0.3f) \tag{6}$$

式中 P_W——水蒸气分压，MPa。

吸收液的转化度可用酸解法求取(见分析方法)。

为了考察其他物系不同操作条件对吸收速率的影响，可以分别改变气相的搅拌速度与液相的搅拌速度，测得传质系数后进行综合比较，确定系统的传质情况。

(二)操作规程

气体从钢瓶经减压阀送出，经过稳压，由质量流量计控制气体流量，经增湿后进入双驱动搅拌吸收器。增湿器放置在超级恒温槽内，双驱动搅拌吸收器的吸收温度也由恒温槽控制，增湿的气体从吸收器中部进入，与吸收液接触后从上部出口引出，出口气体经另一皂膜流量计后放空。

双驱动搅拌吸收器是一个气液接触界面已知的设备，气相搅拌桨、液相搅拌桨的转速分别通过数显调速器调节。吸收器中液面的位置应控制在液相搅拌桨的下缘1mm左右，以保证桨叶转动时正好刮在液面上，以达到更新表面的目的。吸收液从吸收剂瓶一次准确加入。

1. 实验操作步骤

(1) 开启总电源。开启超级恒温槽，将恒温水调节到需要的温度。开启质量流量计(质量流量计需预热后再给定流量)。质量流量计、温度测量仪表、压力变送器的使用详见各自的使用说明书。压力的测定为两路巡检，分别测定进出口气体压力。

(2) 关闭气体调节阀，开启 CO_2 钢瓶阀，缓慢开启减压阀，再开气体调节阀并通过质量流量计调节到适当流量，观察增湿器的鼓泡情况，让 CO_2 置换装置内的空气，调节气相及液相搅拌转速在指定值附近。

(3) 待恒温槽到达所需温度，空气置换完全，进入吸收器的气体流量适宜，此时可向吸收器内加吸收液，使吸收剂的液面与液相搅拌器上面一个桨叶的下缘相切。要一次正确加入，液相的转速不能过大，以防液面波动造成实验误差过大。此时记作为吸收过程开始的“零点”。

(4) 吸收2h，从吸收液取样阀中迅速放出吸收液，用500mL量筒接取，并精确量出吸收液体积。

(5) 用酸解法分析初始及终了的吸收液中 CO_2 的含量。

(6) 关闭吸收液取样阀门、气体调节阀、CO_2 减压阀、钢瓶阀，关闭超级恒温槽的电源，使气液相转速回“零”，关闭两个转速表开关，关掉总电源。

2. 酸解法分析吸收液中 CO_2 含量

(1) 原理：

热钾碱与 H_2SO_4 的反应放出 CO_2，用量气管测量 CO_2 体积，即可求出溶液的转化度。反应式为：

$$K_2CO_3+H_2SO_4 = K_2SO_4+CO_2\uparrow+H_2O \tag{7}$$

$$2KHCO_3+H_2SO_4 = K_2SO_4+CO_2\uparrow+2H_2O \tag{8}$$

(2) 仪器与试剂：

① 仪器装置，见图4-12。

② 150mL量气筒1支，1mL移液管1支，5mL移液管1支。

③ 3mol/L浓度的 H_2SO_4。

(3) 分析操作及计量：准确吸取吸收液1mL置于反应瓶的内瓶中，用5mL移液管移5mL 3mol H_2SO_4 置于反应瓶的外瓶内，提高水准瓶，使液面升至量气管的上刻度处，塞紧瓶塞，使其不漏气后，调整水准瓶的高度，使水准瓶的液面与量气管内液面相平，记下量气管的读数 V_1。摇动反应瓶使 H_2SO_4 与碱液充分混合，反应完全(无气泡发生)，再记下量气管的读数 V_2。可计算出吸收液中 CO_2 含量。

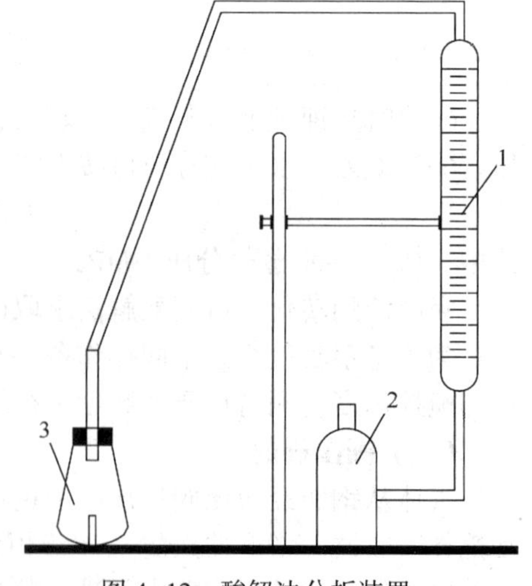

图4-12　酸解法分析装置

1—量气管；2—水准瓶；3—反应瓶

溶液中：　$$V_{CO_2}=(V_2-V_1)\cdot\varphi \tag{9}$$

式中　V_{CO_2}——每 mL 吸收液含 CO_2 的量，mL；

　　φ——校正系数。

$$\varphi=\frac{273.2}{T}\cdot\frac{(P-P_{H_2O})}{101.3} \tag{10}$$

式中　P——大气压，kPa；

　　T——酸解时器内 CO_2 温度，K；

　P_{H_2O}——t℃时的饱和水蒸气压，kPa。

$$P_{H_2O}=0.1333\exp[18.3036-3816.44/(T-46.13)] \tag{11}$$

溶液转化度可按下式计算：

$$f=\frac{C_f}{C_f^0}-1 \tag{12}$$

式中　f——吸收液的转化度，可用来计算吸收液上 CO_2 的平衡分压与水的饱和蒸气压；

C_f、C_f^0——吸收后和吸收前 1mL 吸收液酸解后放出的 CO_2 校正后体积数，mL。

（三）实验数据处理

从记录的实验原始数据中逐项计算出单位时间单位面积的 CO_2 传递量，换算成摩尔数，以及从初始及终了吸收液的转化度算出吸收的推动力，求取平均推动力来计算气液传质系数，单位为 mol/S · m^2 · MPa。

对在不同的液相转速下取得的 K 值进行综合比较，并得出结论。

五、实验举例

（一）实验控制参数

吸收温度 60℃，吸收液：$C=1.2$mol/L 的 K_2CO_3 溶液，吸收器内 ϕ70mm，吸收面积：$A=0.00385m^2$，质量流量计设定值 80mL/min，气相搅拌转速 180r/min，液相搅拌转速 160r/min，吸收时间 2h。

（二）实验步骤

（1）系统试漏。注意事项：因系统操作压力较低，设备配备的压力变送器量程较小，进口压力变送器最大量程为 200kPa，出口压力变送器最大量程为 1.5kPa，因此试漏时应将连接压力变送器与系统隔离开，以免超量程，将压力变送器损坏。仔细检查各接口及搅拌器轴封，直到系统不漏为止。

（2）开启恒温水浴，控制水浴温度为 60℃。开启质量流量计，将流量设定值调到一定值，将盛吸收液的储瓶放入恒温水浴中恒温。

（3）开启 CO_2 钢瓶阀，缓慢开启减压阀，观察增湿器的鼓泡情况，再开气体调节阀并通过质量流量计调节到适当流量，观察增湿器的鼓泡情况，让 CO_2 置换装置内的空气。调节气相搅拌转速、液相搅拌转速在一定值。

（4）调节好后，等待恒温水浴升温温度到达 60℃。此时系统进口压力 1.1kPa，出口压力为 0.19kPa。

（5）一次性准确加入已恒温到 60℃ 的 K_2CO_3 溶液，使吸收剂的液面与液相搅拌器上面一个桨叶的下缘相切。开始计时，此为开始吸收时间。吸收进行 2h。

吸收过程中记录记录进出口压力、进出口温度，气相、液相搅拌转速、尾气通过皂膜流量计计量出口流量。

吸收 2h 后，吸收结束时各项参数如下：

进口压力：1.1kPa，温度 34.2℃；出口压力：0.1kPa，温度 21.9℃；

气相搅拌转速 184r/min、液相搅拌转速 165r/min；

恒温水浴温度：60℃，质量流量计流量 80mL/min；

尾气流量：44.6mL/min。

(6) 吸收 2h 后，停止实验。从吸收液取样阀迅速放出吸收液，用 500mL 量筒接取，并精确量出吸收液体积，吸收液体积为 362mL。

(7) 关闭吸收液取样阀门、气体调节阀、CO_2 减压阀、钢瓶阀，关闭超级恒温槽的电源，使气液相转速回“零”，关闭两个转速表开关，关掉总电源，结束实验。

(8) 数据处理：酸解法测定吸收液中 CO_2 含量，室温 21.8℃。吸收前 1mL 碱液中 CO_2 含量为 30mL，吸收后 1mL 碱液中 CO_2 含量为 40mL。

$$\varphi=\frac{273.2}{T}\cdot\frac{(P-P_{H_2O})}{101.3}$$

式中 φ——校正系数；

P——大气压，按 101.3kPa 计算，$T=273.2+21.8=295K$。

$$P_{H_2O}=0.1333\exp[18.3036-3816.44/(T-46.13)]=2.59kPa$$

$\varphi=0.902$

$C_f=36.08mL$　　　$C_{f0}=27.06mL$　　　$f=0.333$

吸收液：$C=1.2mol/L$ 的 K_2CO_3 溶液，吸收温度 60℃。

$$P_{CO_2}^*=1.98\times10^8\times C^{0.4}\left(\frac{f^2}{1-f}\right)\exp\left(\frac{-8160}{T}\right)=8.21\times10^{-4}MPa$$

$$P_W=0.01751(1-0.3\times f)=0.01576MPa$$

$$P_A=P_{总}-P_W=101.3+0.1-15.76=85.64kPa$$

$$P_{AL}^*=8.21\times10^{-4}MPa$$

CO_2 总吸收量 $N=(36.08-27.06)\times362=3265.24mL=0.1458mol$

吸收时间 2h，吸收面积 $0.00385m^2$

可计算出 $K=0.062(mol/S\cdot m^2\cdot MPa)$

第九节　液液传质系数测定实训装置

一、实验目的

(1) 掌握用刘易斯池测定液液传质系数的实验方法。

(2) 测定醋酸在水与醋酸乙酯中的传质系数。

(3) 探讨流动情况、物系性质对液液界面传质的影响机理。

二、实验原理

实际萃取设备效率的高低，以及怎样才能提高其效率，是人们十分关心的问题。为了解决这些问题，须研究影响传质速率的因素和规律，以及控制传质过程的机理。

近几十年来，人们虽已对两相接触界面的动力学状态、物质通过界面的传递机理和相界面对传递过程的阻力等问题进行了研究，但由于液液间传质过程的复杂性，许多问题还没有得到满意的解答，有些工程问题不得不借助于实验的方法或凭经验进行处理。

工业设备中，常将一种液相以滴状分散于另一液相中进行萃取。但当流体流经填料、筛板等内部构件时，会引起两相高度的分散和强烈的湍动，传质过程和分子扩散变得复杂，再加上液滴的凝聚与分散、流体的轴向返混等影响传质速率的主要因素，如两相实验接触面积、传质推动力都难确定。因此，在实验研究中，常将过程进行分解，采用理想化和模拟的方法进行处理。1954 年刘易斯提出用一个恒定界面的容器研究液液传质的方法，它能在给定界面面积的情况下，分别控制两相的搅拌强度，以造成一个相内全混、界面无返混的理想流动状况，因而不仅明显地改善了设备内流体力学条件及相际接触状况，而且不存在因液滴的形成与凝聚而造成端效应的麻烦。本实验即采用改进型的刘易斯池进行实验。由于刘易斯池具有恒定界面的特点，当实验在给定搅拌速度及恒定的温度下，测定两相浓度随时间的变化关系，就可借助物料衡算及速率方程获得传质系数。

求得传质系数后，就可讨论流动情况、物系性质等对传质速率的影响。由于液液相际的传质远比气液相际的传质复杂，若用双膜模型处理液液相间传质，可假定界面是静止不动的，而且两相呈平衡状态；紧靠界面两侧是两层滞流液膜，传质阻力是由界面两侧的两层阻力叠加而成；溶质靠分子扩散进行传递。但结果常出现较大的偏差，这是由于实际上相界面往往是不平静的，除了主流体中的旋涡分量时常会冲到界面上外，有时还因为流体流动的不稳定，界面本身也会产生骚动而使传质速率增加好多倍。另外有微量的表面活性物质的存在又可使传质速率减少。

三、实验装置及试剂

1. 实验装置

如图 4-13 所示，实验所用的刘易斯池，是由一段内径为 0.1m、高为 0.12m 的玻璃圆筒构成。池内体积约为 900mL，用不锈钢制成的界面环(环中均匀分布小孔)把池隔成大致等体积的两隔室。每隔室的中间部位装有互相独立的两叶搅拌桨，在搅拌桨的四周各装设六叶垂直挡板，其作用在于防止在较高的搅拌强度下造成界面的扰动。两搅拌桨由两个直流侍服电机通过皮带轮驱动。另设有可控温型磁力搅拌器以调节和控制池内两相的温度。

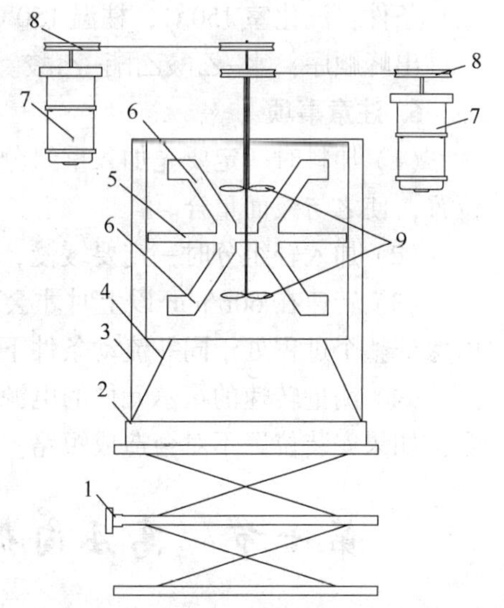

图 4-13 液液传质系数测定流程图

1—升降台；2—磁力搅拌器；3—恒温烧杯；4—支架；5—界面环；6—上、下挡板；7—电机；8—槽轮；9—上、下搅拌桨叶

2. 试剂

蒸馏水、乙酸乙酯、醋酸。

3. 实验步骤

(1) 装置在安装前，先用丙酮清洗池内各个部位，以防表面活性剂污染。

(2) 按图 4-13 将各部件组装好，将水槽内温度调整到实验所需温度。

(3) 先将蒸馏水加入池内，利用升降台调整池的位置，使界面环中心线的位置与液面重合，缓慢加入乙酸乙酯。

(4) 启动搅拌桨，调至所需转速进行搅拌约30min，使两相相互饱和，然后由高位槽加入一定量的醋酸。因溶质传递是从不平衡到平衡的过程，所以当溶质加完后就应开始计时。

各相浓度按一定的时间间隔同时取样分析，开始应3~5min取样一次，以后可延长时间间隔，当取了8~10个点的实验数据后，实验结束。

(5) 停止搅拌，放出池中液体，洗净待用。

(6) 以醋酸为溶质，由一相向另一相传递的萃取实验可进行以下内容：

① 测定各相浓度随时间的变化关系，求取传质系数。

② 改变搅拌强度，测定传质系数，关联搅拌速度与传质系数的关系式。

③ 进行系统污染前后传质系数的测定，并对污染前后实验数据进行比较，解释系统污染对传质的影响。

④ 改变传质方向，探讨界面湍动对传质系数的影响程度。

⑤ 改变相应的实验参数或条件，重复操作。

4. 记录实验数据

转速/(r/min)	轻组分/%			重组分/%		
	水	酯	酸	水	酯	酸
95	9.381	90.41	0.214	96.44	3.501	0.058
	8.62	91.27	0.11	94.34	5.58	0.072
130	10.94	88.86	0.2054	91.76	7.7601	0.6461
	8.235	91.62	0.1374	91.45	7.943	0.5995

注：实验温度为25℃。

5. 分析条件

色谱分析：热导池检测器，色谱柱采用GDX-102载癸二酸。

条件：汽化室150℃，柱温150℃，桥流电流150mA。

出峰顺序：水-乙酸乙酯-乙酸。

6. 注意事项

(1) 加料时一定要先加入重组分，然后利用升降台及池盖上的旋母调节界面环中心线的位置，使之与液面重合。

(2) 加入轻组分时一定要缓慢，避免界面骚动。

(3) 转速在60r/min以上时才会有显示，在溶质加入前，应预先调节好实验所需转速，以保证整个过程处于同一流动条件下。

(4) 测量转速的霍尔元件的电源插头安装时一定要使接头上的划线与机座上的划线相重合，如果安装位置不对会造成短路。

第十节　高压内循环无梯度色谱反应实训装置

一、概述

内循环无梯度反应装置是反应工程实验的重要设备，它可以用来做反应器返混性能与停留时间分布的测定、气固相催化反应动力学数据测定等实验。它的最大优点是：因反应器内有快速搅拌的结构，使反应物在固体催化剂上浓度与温度都没有梯度；另外又因反应器空间小，这样就缩短了时间常数，改变条件很快就达到定态，同时，还可以使用微分反应器的计算方法求出反应速度。因此，对气固相催化反应研究人员来说，尤其研究宏观动力学时，该类型的反应器是很受欢迎的，使用极其广泛。

本装置是用于高压的反应设备，有温度自动控制、温度数据显示、反应器内搅拌速度控制、六通阀法恒温箱、控温及显示仪表等，置于控制柜和操作架台上。设备紧凑，操作方便，数据可靠。

二、技术指标

最高使用温度 600℃，静态控温精度±0.2℃，最高使用压力≥10MPa，催化剂最大装填量 2mL。

反应压力用进口稳压阀和背压阀同时控制，在≥10MPa 内均可手动调节。反应产物气体排空。

配备热导检测器色谱一台，恒温型，双气路，配备南京千谱 HW-2000 色谱工作站和色谱数据处理用软件及联想(北京)M44/PD3.0/512/80G/DVD/17 寸液晶显示器计算机。

取样分析六通阀用瑞士进口，阀箱温度用仪表控制，最高不超过 200℃。

三、工艺流程

高压内循环无梯度色谱反应流程如图 4-14 所示。

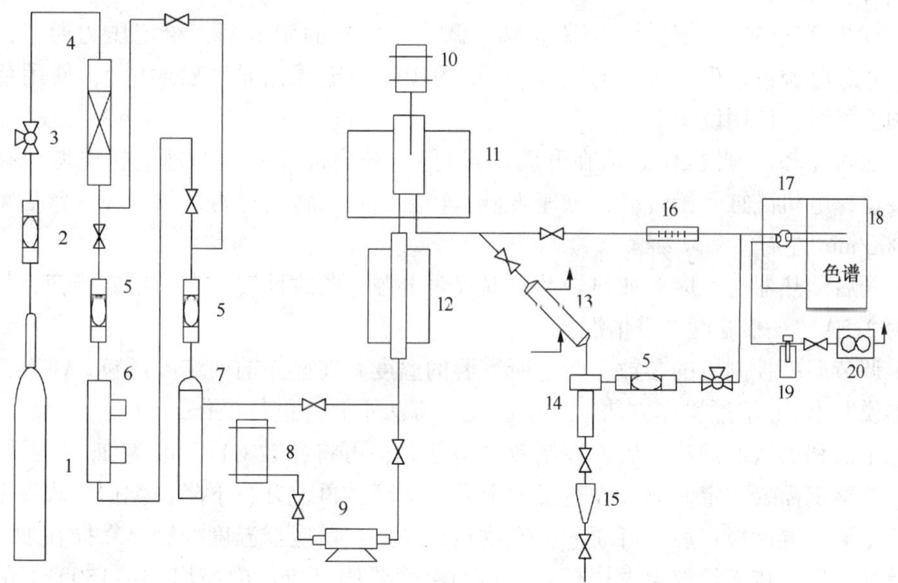

图 4-14 高压内循环无梯度色谱反应流程图

1—气体钢瓶；2，5—过滤器；3—稳压阀；4—干燥塔；6—质量流量计；7—缓冲管；8—原料罐；9—原料泵；10—搅拌机；11—反应器；12—预热器；13—冷凝器；14—高压气液分离器；15—缓冲器；16—保温器；17—保温箱；18—色谱仪；19—冷阱；20—气体流量计

四、操作规程

1. 操作前的准备工作

(1) 检查反应器：拆卸接头后，将加热炉取出，卸掉螺栓抬起反应器上盖，露出催化剂

筐。移开上部压盖筒体，检查筒体与催化剂筐是否清洁，如有脏污可用丙酮清洗。装好催化剂，盖上筒体，上紧螺栓。

(2) 联接色谱与氢气钢瓶管路，调节减压阀给定气压(按需要而定，最高不超过0.15MPa)。

(3) 检查电源：检查电路和各加热线及测温点接头是否与标志相符，无误后才可使用。

(4) 试漏：

① 将热电偶插入各测定点；

② 检查气体和液体进口连接点是否紧密，确定反应介质是气体还是液体，若是液体(可燃易爆物)则要用氮气吹扫。以后冲压至所需压力值(用六通阀进行色谱分析时，压力不超过0.12MPa，10min不下降为合格。但超过上值不能直接用六通阀向色谱进样，故将反应器出口管与分离器入口管连接起来，关闭分离器出口阀，打开质量流量计电源，给定流量进气)。

③ 检查色谱仪气路是否有泄漏(盲死两出气口)关闭进氢气的阀门，观察压力表的压力是否下降，不降为合格。

检查电路和各加热线及测温点接头是否与标志相符，无误后才可使用。

④ 通电前一定要通入冷却水(不允许未通入冷却水就通电)。

⑤ 开启搅拌马达调速电机电源，顺时针转动调速旋钮，电机磁缸开始转动，测速表显示转数，观察转动是否平稳。无异常后可将转速调至2500r/min。

2. 开车操作

(1) 打开氢气(或其他气体)钢瓶总阀，调节减压阀的调节柄，给定压力通气，待一定时间后，开总电源再开启色谱仪的电源(色谱的操作一定要先通气后通电)，使用色谱仪时应仔细阅读色谱仪使用说明书。

(2) 通入冷却水(此操作必须在升温前进行)，开启搅拌马达调速电机电源，顺时针转动调速旋钮，电机磁缸开始转动，测速表显示转数，观察转动是否平稳。无异常后可将转速调至2500r/min左右。

(3) 开启预热器与反应器加热炉及测温仪表电源，顺时针转动电流给定旋钮，控制反应器电流为2.5A，观察温度上升情况。

(4) 调节温度控制器的参数，给定所需要的温度。在操作前一定要阅读《AI人工智能工业调节器说明书》，掌握操作方法。不了解使用方法不允许进行操作。

当给定值和参数值都选定后，控制效果不佳时，可将参数CTRL改为2，仪器再次进行自整定。自整定需要一定时间，经过温度上升、下降，再上升、下降，类似位式调节，很快就达到稳定值。温度稳定后，可通入反应物料。注意：反应器温度控制是靠插在加热炉上的热电偶感知的温度传送给仪表去执行的，它的温度要比反应器内高出80~150℃，故给定值要高些。预热器的温度不要太高，对液体能使它汽化即可。

(5) 反应器维持高压的方法(以氮气为例)，氮气钢瓶与设备氮气接口连接，开钢瓶设备压力表显示总压力，打开氮气截止阀，打开氮气旁路阀，调节稳压阀和背压阀，使反应器内达到和保持所需要的压力，开启质量流量计电源(请先仔细阅读质量流量计说明书)，调节开关位置从“关闭”至“控制”。将“流量”钮顺时针转动，将流量开关搬到“设定”，见显示值为所需的值后将流量开关再搬回“流量”位置，都设定好后，将质量流量计阀前后的截门打开，将氮气旁路截门关闭。调节背压阀，使得皂膜流量计有一个小流量，反应器压力不变。

（6）操作：

① 常压操作时：用六通阀直接连接色谱进样器测定反应物，此时反应器出口必须直接与六通阀连接，反应产物从六通阀流出并进入气液分离器，该分离器插入保温瓶冷却，能捕集液体，而尾气进入湿式流量计计量。

② 高压操作时：将反应器出口与直观冷凝器相连接，在冷凝器的下方有气液分离器，再将上方出口与六通阀连接，这样尾气可在线分析；在分离器底部可定时开启阀门取液体产物样注入色谱仪内分析。

（7）打开色谱处理机，转动六通阀进样（注意：六通阀转动位置有进样和取样两个点，进样表示氢气流过定时管把样品带入色谱柱，取样表示尾气流过定量管）。进样后在色谱出峰时不要转动六通阀，以免影响峰形。出完峰后将六通阀转回取样位置。

3. 停车

（1）停止加料，通入惰性气体吹扫。

（2）关闭温度控制器电源和预热器电源，不要停止通冷却水，待反应器温度降至200℃以下时方可停水。

（3）将调速电压调至零，关闭电源，停止搅拌。

（4）关闭总电源。

五、故障处理

（1）开启电源开关指示灯不亮，且没有交流接触器吸合声，则保险坏或电源线没有接好。

（2）开启仪表等各开关时指示灯不亮，且没有继电器吸合声，则分保险坏或接线有脱落的地方。

（3）控温仪表、显示仪表出现四位数字，则热电偶有断路现象。

（4）仪表正常但电流表没有指示，可能保险坏或固态变压或固态继电器坏。

（5）搅拌器转动声音异常或是有震动声，则马达固定螺栓松脱，或是反应器内轴位置不正，或轴承缺少润滑脂，或磁钢位置不正。

（6）系统压力突然下降，则有大漏气点应停车检查。

（7）色谱柱前压力突然降落或降低，则色谱的气路有泄漏点。应停止色谱系统和阀室的加热（色谱恒温箱与阀箱室都有明火加热，氢气泄漏点与明火接触是非常危险的）。

六、注意事项

（1）设备及仪表柜必须可靠接地。

（2）加料泵严禁无液体干运转。开泵前必须确认泵内充满液体。

第五章　典型化工工艺过程综合实训装置

第一节　乙苯脱氢及分离实训装置

一、装置简介

本装置是用于气-固相催化反应与分离的模拟实验专用设备。装置由反应系统和精制分离系统组成，前者全部为不锈钢材料制；后者为玻璃填料塔。

反应系统中的固定床反应器为凹凸面法兰连接，中间加柔性石墨垫及螺帽拧紧密封，加热采用管式加热炉，为三段电加热，自动控温。反应器可从炉中拉出，能方便地装填催化剂。管路部分采用卡套式和硅橡胶密封垫连接方式，流程布局合理。控温采用智能化精度较高的温度控制仪表。仪表测温与控温可任意选用各种类型温度传感器，使用时极其方便，本装置采用带补偿导线的K型热电偶。反应产物经直管冷凝器进入气液分离器，液体进入带有冷却水的油水分离器，油层排出后进入第一级精馏塔，脱出未反应的乙苯，釜液进入第二精馏塔，最后在二塔顶部馏出纯度较高的苯乙烯。反应系统的设备结构分为两大部分：第一部分为温度自动测量显示及控制仪表组成的仪表柜，其中电路选用了固态继电器的电子控制单元。结构紧凑，性能可靠，操作简便。第二部分为流程，有控制吹扫气流量的不锈钢调节阀门、转子流量计、湿式流量计、预热器、反应器、气液分离器、油水分离器、双柱塞加料泵等组成的操作流程。

分离系统为两个带透明膜电加热保温的填料塔组成，能稳定的进行连续操作。

（一）技术指标

反应器：ϕ50×3.5mm，长0.8m。

预热器：ϕ12×2mm，长250mm。

反应炉：ϕ300mm，长700mm，三段加热，上、下段功率1.5kW，中段2kW，最高温度：600℃。

预热炉：加热功率0.8kW，最高温度：400℃。

气液分离器：ϕ50mm，长170mm。

精馏塔1：塔径15mm、塔高1400mm，5个侧口，两段加热保温，功率300W。

塔釜250mL，加热功率200~300W。

预热器：加热功率70W。

精馏塔2：塔径15mm、塔高1200mm，一段加热保温，功率300W。

塔釜250mL，加热功率200W。

回流比控制器：0~99s可调，数码显示。

（二）操作说明

1. 反应系统的操作

(1) 催化剂的填装。拆开下口接头，将反应器从炉上方拉提出，卸出原装填物，用丙酮或乙醇清洗干净后吹干，连接好下口接头，插入测温套管及催化剂支撑管和不锈钢支撑网，放少许耐高温钴硅酸铝棉或加入少量粗粒惰性物体。注意：装催化剂要将套管放在反应器中心位置。最后将上部接头的测温套管安装好，拧紧小螺帽，使测温管不会移动，再卸开下部接头后，放在炉内，连接好上下口接头，插入测温热电偶。

（2）检查电路与测温热电偶线路是否位置与标识相符。无误后可进行系统试漏（注意：第一次全流程管路试漏，此后仅对反应器进行试漏即可）。

（3）气密性检验：充氮后压力至0.1MPa，保持数分钟，以压力计指针不下降为合格，可开始升温操作；如果有下降时，可通过涂拭肥皂水检查各处有气泡否，如有漏点，用扳手拧紧后再试，直至压力不下降为准。

（4）开车：

① 将冷凝器、气液分离器通冷却水。

② 先通氮气升温，升温时要将仪表参数 opH 控制在20，此时加热仅以20%的强度进行，电流值不大，以后可提高该给定值，但不能超过50，以防止过度加热，而热量不能及时传给反应器则造成炉丝烧毁。控温仪表的使用应仔细阅读 AI 人工智能工业调节器的使用说明书，没有阅读该使用说明书的人，不能随意改动仪表的参数，否则仪表不能正常进行温度控制。

③ 当温度达到200℃时可开启加料泵，加入一定量的水。达到反应温度后维持一段时间，再进乙苯（或根据催化剂的性能要求进行升温操作）。

④ 测定温度。

控温注意事项：反应器控温是依靠插在电炉中的热电偶传感器传导毫伏信号而进行的。这时因它在加热区内，温度要比反应器内温度高许多，调整温度给定值，则可达到床内反应温度要求，经过数次测试即可找到最佳温度给定值。如不理想，可先进行仪表自整设定操作，还不理想，再检查热电偶插入位置是否合适。

（5）液体泵的使用。泵使用前要在齿轮槽内注入机油，仔细连接好泵的加料管和进料管，注满计量管内液体，将出口管降低一定高度，打开计量管旋塞，让液体从出口流出，这就排除了泵头中的气体。使用中通过计时和读出液面刻度随时调节泵的流量。

2. 分离系统的操作

（1）塔的安装。在塔的各个接口处，凡是有磨口的地方都要涂以活塞油脂（真空油脂），并小心地安装在一起。另外，若用带有翻边法兰的接口时，要将各塔节连接处放好垫片，轻轻对正，小心地拧紧带镙纹的压帽（不要用力过猛以防损坏），这时要上好支撑卡子螺丝，调整塔体使整体垂直，此后调节升降台距离，使加热包与塔釜接触良好（注意：不能让塔釜受压）以后再连接好塔头（注意：不要固定过紧使它们相互受力），最后接好塔头冷却水出入口胶管（操作时先通水）。

（2）将真空系统连接好，关闭进料阀门，开真空泵使塔内有一定真空度，关闭真空系统阀门，观察U形管水银压力计（或压力变送器的显示值）是否下降，5min内不降为合格。

（3）将各部分的控温、测温热电偶放入相应位置的孔内。

（4）电路检查：

① 插好操作台板面各电路接头，检查各接线端子标记与线上标记是否吻合（设备安装时已接好，若无意外请勿乱动）。

② 检查仪表柜内接线有无脱落。电源的相线、零线、地线位置是否正确，无误后进行

升温操作。

(5) 加料。未进行连续操作之前可做间歇的精馏方法操作。这时要靠较低真空度将反应液体吸入塔1釜中，釜内有一定的液位后开始启动釜加热系统，当正常反应后，靠调节阀控制进入量(在转子流量计有指示，找到进出塔的平衡值，以维持之)，操作前要加入几粒陶瓷环，以防暴沸，还要加入阻聚剂(苯醌类)。塔2进料要靠更高的真空度将塔1釜液吸入塔内。调解两塔的真空度可达到稳定的操作，但控制要仔细操作才行。

(6) 升温：

① 开启总电源开关，开启测温开关，温度显示仪表有数值出现。

② 开启釜热控温开关，仪表有显示。给定 opH 参数在 20。温度控制的数值给定要按仪表的"∧、∨"键，在仪表的下部显示出设定值。温度控制仪的使用详见说明书(AI 人工智能工业调节器说明书)，不了解使用方法不允许进行操作。当给定值和参数值都给定后控制效果不佳时，可将控温仪表参数 CTRL 改为 2，再次进行自动整定。自整定需要一定时间，温度经过上升、下降，再上升、下降，类似位式调节，很快就达到稳定值。

升温操作注意事项：

a. 釜热控温仪表的给定温度要高于沸点温度 50~80℃，使加热有足够的温差以进行传热。其值可根据实验要求而取舍，边升温边调整，当很长时间还没有蒸气上升到塔头内时，说明加热温度不够高，还需提高。此温度过低，蒸发量少，没有馏出物；温度过高，蒸发量大，易造成液泛。

b. 还要再次检查是否给塔头通入冷却水，此操作必须在升温前进行，不能在塔顶有蒸气出现时再通水，这样会造成塔头炸裂。当釜已经开始沸腾时，打开上、下段保温电源，顺时针方向调节保温电流给定旋钮，使电流维持在 0.2~0.3A 之处(注意：不能过大，过大会造成过热，使加热膜受到损坏，另外，还会造成因塔壁过热而变成加热器，回流液体不能与上升蒸气进行气液相平衡的物质传递，反而会降低塔分离效率)。

c. 升温后观察塔釜和塔顶温度变化，当塔顶出现气体并在塔头内冷凝时，进行全回流一段时间后可开始出料。

d. 用回流比操作时，应开启回流比控制器给定比例(通电时间与停电时间的比值，通常是以 s 计)，此比例即采出量与回流量之比。

e. 与反应连接后的操作要比单塔连续精馏复杂的多，要在反应系统操作一段时间，当油水分离器内有一定液面后才能进料，同时要控制好两塔的真空度和加料量，更要控制好两釜液体的采出量，以保持釜的液位在一定的位置上。回流比的确定要以馏出物的分析结果来决定，当塔底和塔顶的温度不再变化时，认为已达到稳定。可取样分析并收集之。

3. 停止操作

当操作结束时，先关闭塔壁保温电源并将电位器旋至0点处(注意：一定要进行这一操作，否则下次开车会发生突然有大电流输入造成危险)。无蒸气上升时停止通冷却水，关闭真空泵。

对反应部分要停止加油品料，通水或通氮气吹扫，降温至 200℃后再停车。

(三) 事故障处理

(1) 开启电源开关指示灯不亮，且没有交流接触器吸合声，则保险坏或电源线没有接好。

(2) 开启仪表等各开关时指示灯不亮，且没有继电器吸合声，则分保险坏，或接线有脱落的地方。

(3) 控温仪表、显示仪表出现四位数字，则热电偶有断路现象。

(4) 仪表正常但电流表无指示，可能保险坏或固态变压器，固态继电器坏。

(5) 仪表显示温度为负值，则热电偶接线反相。

(6) 开电源后接触器有嗡嗡交流响声，有杂质落入，反复启动可消除。

(7) 真空度下降或尾气无流量指示，则塔或反应系统漏气或加料泵漏液。

二、装置流程图

乙苯脱氢装置工艺流程如图 5-1 所示。

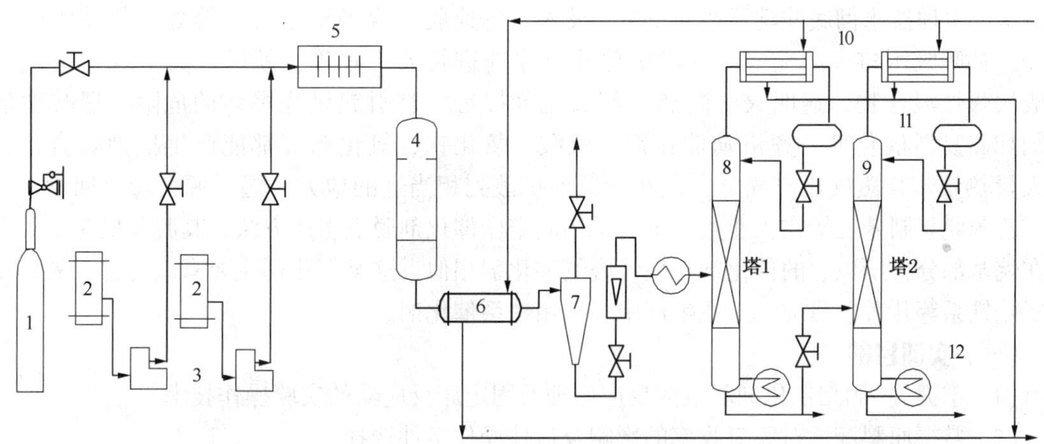

图 5-1　乙苯脱氢装置工艺流程图

1—氮气钢瓶；2—原料罐；3—计量泵；4—反应器；5—预热器；6、10—冷凝器；7—气液分离器；8—脱乙苯塔；9—苯乙烯提纯塔；11—塔顶回流罐；12—塔底再沸器

三、实训项目——乙苯脱氢生产苯乙烯

乙苯：分子式 C_8H_{10}；相对分子质量 106.16；无色液体，有芳香气味。熔点-94.9℃；沸点 136.2℃；相对密度(水=1)0.87；相对蒸气密度(空气=1)3.66；饱和蒸气压 1.33kPa(25.9℃)；临界温度 343.1℃；临界压力 3.70MPa；辛醇/水分配系数的对数值：3.15；闪点 15℃；引燃温度 432℃；爆炸上限 6.7%(V/V)，爆炸下限 1.0%(V/V)。不溶于水，可混溶于乙醇、醚等多数有机溶剂。主要用于有机合成和用作溶剂。对皮肤、黏膜有较强刺激性，高浓度有麻醉作用。急性中毒：轻度中毒有头晕、头痛、恶心、呕吐、步态蹒跚、轻度意识障碍及眼和上呼吸道刺激症状，重者发生昏迷、抽搐、血压下降及呼吸循环衰竭，可有肝损害。直接吸入本品液体可致化学性肺炎和肺水肿。慢性影响：眼及上呼吸道刺激症状、神经衰弱综合征。皮肤出现粗糙、皲裂、脱皮。易燃，其蒸气与空气可形成爆炸性混合物，遇明火、高热或与氧化剂接触，有引起燃烧爆炸的危险。与氧化剂接触猛烈反应。流速过快，容易产生和积聚静电。其蒸气比空气重，能在较低处扩散到相当远的地方，遇火源会着火回燃。

苯乙烯：分子式 $C_6H_5CH=CH_2$，相对分子质量 104.14；无色、有特殊香气的液体。熔点-30.6℃，沸点 145.2℃，相对密度 d_4^{20}0.9060；饱和蒸气压 1.33kPa(30.8℃)；临界温度 369℃；临界压力 3.81MPa，辛醇/水分配系数的对数值 3.2；闪点 34.4℃；引燃温度 490℃；

爆炸上限 6. 1%(V/V)，爆炸下限 1. 1%(V/V)；不溶于水，能与乙醇、乙醚等有机溶剂混溶。苯乙烯在室温下即能缓慢聚合，要加阻聚剂(如邻苯二酚)才能储存。苯乙烯自聚生成聚苯乙烯树脂，它还能与其他的不饱和化合物共聚，生成合成橡胶和树脂等多种产物。苯乙烯对眼和上呼吸道黏膜有刺激和麻醉作用。急性中毒：高浓度时，立即引起眼及上呼吸道黏膜的刺激，出现眼痛、流泪、流涕、喷嚏、咽痛、咳嗽等，继之头痛、头晕、恶心、呕吐、全身乏力等；严重者可有眩晕、步态蹒跚。眼部受苯乙烯液体污染时，可致灼伤。慢性影响：常见神经衰弱综合征，有头痛、乏力、恶心、食欲减退、腹胀、忧郁、健忘、指颤等。对呼吸道有刺激作用，长期接触有时引起阻塞性肺部病变。皮肤粗糙、皲裂和增厚。皮肤接触：脱去污染的衣着，用肥皂水和清水彻底冲洗皮肤。眼睛接触：立即提起眼睑，用大量流动清水或生理盐水彻底冲洗至少 15min。吸入：迅速脱离现场至空气新鲜处，保持呼吸道通畅。如呼吸困难，给输氧。如呼吸停止，立即进行人工呼吸，就医。其蒸气与空气可形成爆炸性混合物，遇明火、高热或与氧化剂接触，有引起燃烧爆炸的危险。遇酸性催化剂如路易斯催化剂、齐格勒催化剂、硫酸、氯化铁、氯化铝等都能产生猛烈聚合，放出大量热量。其蒸气比空气重，能在较低处扩散到相当远的地方，遇火源会着火回燃。

乙苯脱氢制苯乙烯在工业生产中均采用固定床催化剂脱氢生产方法，其脱氢反应主要发生在烷基部分，所以它的催化剂与烷烃脱氢催化剂相似，这类催化剂主要有氧化锌、氧化镁和氧化铁系等几种。目前，工业生产中多选用铁系催化剂。

(一) 实训目的

(1) 掌握气-固相催化剂脱氢的反应原理及固定床反应器的实验操作技术。

(2) 掌握原料配比对脱氢收率的影响及最佳操作条件选择。

(3) 学会仪器、仪表的使用、保护和对产品的分析及数据处理。

(4) 掌握催化剂性能的检测方法。

(二) 实验原理

1. 乙苯脱氢的主反应和副反应

乙苯在催化剂的作用下进行烷基脱氢制苯乙烯，主要发生下列反应：

主反应：

$$C_6H_5C_2H_5 \longrightarrow C_6H_5CH=CH_2 + H_2$$

副反应：

$$C_6H_5CH_2CH_3 + H_2 \longrightarrow C_6H_5CH_3 + CH_4$$

$$C_6H_5CH_2CH_3 \longrightarrow C_6H_6 + C_2H_4$$

$$C_6H_5CH_2CH_3 + H_2 \longrightarrow C_6H_6 + C_2H_6$$

$$C_6H_5CH_2CH_3 \longrightarrow 8C+5H_2$$

除上述主副反应外，还有连串和聚合副反应。

2. 乙苯脱氢反应的工艺条件

(1) 反应温度。乙苯脱氢反应是吸热反应，提高反应温度可使平衡向生成苯乙烯的方向进行。在氧化铁催化剂的存在下，于580℃左右脱氢，几乎没有裂解副产物的生成。随着温度的升高，乙苯脱氢速度增加，但裂解和水蒸气转化等副反应的速度也更加迅速，结果乙苯的转化率虽有增加，但苯乙烯产率却随之下降，副产物苯和甲苯的生成量增多。生产中一般选定反应温度在550~650℃。

(2) 反应压力。乙苯脱氢反应是体积增大的反应，减压有利于反应平衡向生成苯乙烯的方向进行。但在高温下减压操作不安全，可采用加入稀释剂水蒸气的办法解决。

(3) 水蒸气用量。在反应系统中加入水蒸气可达到减压的目的，此外，水蒸气的加入还可以向脱氢反应提供部分热量，使反应温度比较稳定，可使反产物迅速脱离催化剂表面，有利于反应向生成苯乙烯方向进行；同时还有利于烧掉催化剂表面积炭。但水蒸气增加到一定量后，乙苯转化率提高不太显著。因此水蒸气的用量应控制在一定的范围内，工业上采用量是乙苯∶水蒸气=1∶(1.2~2.6)(质量)。

(4) 催化剂。用于乙苯脱氢的催化剂种类较多，如氧化锌系三组分催化剂，氧化镁系催化剂，但近年来国内外广泛采用的是氧化铁系催化剂。我国采用的氧化铁系催化剂大致组成为：$Fe_2O_3$80%、$K_2Cr_2O_7$11.4%、$K_2CO_3$6.2%、CuO2.4%。这种催化剂效果好，乙苯转化率在38%~40%时，苯乙烯收率为90%~92%。

由上述分析可知，乙苯脱氢工艺条件为：

反应温度：550~650℃，反应压力：常压，水蒸气∶乙苯=(1.2~2.6)∶1(质量)，催化剂为氧化铁系的催化剂。

(二) 实验操作步骤

实验操作步骤和装置操作步骤相同。

(四) 产器分析

1. 容量分析法

苯乙烯含量的测定是取2mL液体(油层)产器样，放入250mL锥形瓶中，然后向样品中加入过量的溴试剂，直到溶液在10min内黄色不褪，同时剧烈摇动。多余的溴与KI(加入1g)反应为：

$$Br_2+KI \longrightarrow 2KBr+I_2$$

在暗处放置10~15min，生成的I_2用$C_{Na_2S_2O_3}=0.1mol/L$的$Na_2S_2O_3$标准溶液滴定，在接近终点时，加入淀粉指示剂滴定至蓝色消失。然后作一空白实验，记录消耗的$Na_2S_2O_3$溶液的毫升数。

实验所需试剂：$C_{Na_2S_2O_3}=0.1mol/L$ $Na_2S_2O_3$标准溶液；溴试剂：把CP甲醇100份和预先在130℃下干燥过的KBr13~14份混合，过滤后每1L溶液加$Br_2$18~20g；淀粉溶液指示剂，将实验结果进行记录。

产器分析记录

取样量	$V_{空白}$/mL	$V_{实验}$/mL

2. 色谱分析法

色谱分析操作条件：色谱柱用6201；柱直径3mm，长1~2m；柱前压力0.1MPa，柱温度150℃。桥流100~150mA；载气：氢气；检测器：热导检测器。惠普色谱工作站。

（五）实验数据

1. 实验数据记录

（1）升温过程记录表。

时间											
上段控温											
中段控温											
下段控温											
反应测温											
现象											

（2）反应过程记录。

时间/min	反应温度/℃	加料量		产品量		备　注
		乙苯/mL	水/mL	油层/mL	水层/mL	

（3）分离过程记录。

	塔顶温度/℃	塔顶真空度	塔釜温度/℃	塔釜真空度	釜残液量/mL	塔顶馏分量/mL
塔一						
塔二						

2. 实验数据处理

（1）乙苯转化率 X：

$$X=\frac{\text{反应掉的乙苯量}}{\text{加入反应器的乙苯量}}\times100\%$$

（2）苯乙烯的收率 Y：

$$Y=\frac{\text{生成苯乙烯所消耗的乙苯量}}{\text{加入反应器的乙苯量}}\times100\%$$

（3）催化剂的选择性 S：

$$S=\frac{\text{生成苯乙烯所消耗的乙苯量}}{\text{反应掉的乙苯量}}\times100\%$$

3. 结果分析与讨论

将实验结果进行整理并对结果进行分析和讨论。

四、思考题

1. 乙苯脱氢过程中为什么要加入水蒸气？实训反应时为什么没有加入？
2. 为什么对反应液进行减压分离？
3. 实训装置和工业生产装置有哪些主要区别？
4. 如何进行产品储存？
5. 本装置还能进行哪些实训项目的训练？

第二节　小型脱氢反应与分离实训装置

一、概述

小型脱氢实训装置由反应、分离和控制三部分组成，该实验装置可进行加氢、脱氢、氧化等反应。通过运行该装置可找出最适宜的工艺条件，进行催化剂性能检测，同时也能测取反应动力学和工业放大所需数据。是实现工学结合教学、训练学生的基本化工操作技能及分析化工生产过程可能出现的问题和化工研究方面不可缺少的手段。本装置的反应和分离系统的所有设备全部由不锈钢材料制成，防腐性能较好，适应范围较广。

小型脱氢实训装置仿真性能较好，既可实现化工单元过程实训项目的训练，也可进行生产性实训，用时还能生产小批量的化工产品。

异丙醇脱氢生产丙酮：

异丙醇：分子式 C_3H_3O，相对分子质量 61.0，结构式$(CH_3)_2$—CHOH，它是正丙醇 CH_3—CH_3—CH_2—CH_2OH 的同分异构体。异丙醇是无色透明可燃性液体，有与乙醇、丙酮混合物相似的气味。相对密度 0.7851，熔点-88℃，沸点 82.5℃。异丙醇能溶于水、醇、醚、氯仿。蒸气与空气形成爆炸性混合物，爆炸极限 3.8%~10.2%(体积)。可用于防冻剂、快干油等，更可作树脂、香精油等溶剂，在许多情况下可代替乙醇使用。也可用作涂料、松香水、混合脂等方面。

丙酮(Acetone，一般工厂俗称 ACE)，CH_3COCH_3，相对分子质量 58.08，密度：(25℃时)0.788，熔点-94℃，沸点 56.48℃，饱和蒸气压 53.32kPa(39.5℃)，折光率 1.3588，闪点-17.78℃(闭杯)，自燃点 465℃。爆炸极限 2.6%~12.8%，最大爆炸压力87.3N/cm^2，最易引燃浓度 4.5，产生最大爆炸压力浓度 6.3%，最小引燃能量 1.15mJ(当 4.97%浓度时)，燃烧热值 1792kJ/mol(液体，25℃)。又名二甲基甲酮，为最简单的饱和酮。是一种无色透明液体，有特殊的辛辣气味。易溶于水和甲醇、乙醇、乙醚、氯仿、吡啶等有机溶剂。易燃、易挥发，化学性质较活泼。

丙酮的生产方法主要有异丙醇法、异丙苯法、发酵法、乙炔水合法和丙烯直接氧化法。世界上三分之二的丙酮是制备苯酚的副产品，是异丙苯氧化后的产物之一。

工业上主要作为溶剂用于炸药、塑料、橡胶、纤维、制革、油脂、喷漆等行业中，也可作为合成烯酮、醋酐、碘仿、聚异戊二烯橡胶、甲基丙烯酸、甲酯、氯仿、环氧树脂等物质的原料。

毒性：丙酮主要是对中枢神经系统的抑制、麻醉作用，高浓度接触对个别人可能出现肝、肾和胰腺的损害。由于其毒性低，代谢解毒快，生产条件下急性中毒较为少见。急性中毒时可发生呕吐、气急、痉挛甚至昏迷。口服后，口唇、咽喉有灼烧感，经数小时的潜伏期后可发生口干、呕吐、昏睡、酸中度和酮症，甚至暂时性意识障碍。丙酮对人体的长期损害，表现为对眼的刺激症状，如流泪、畏光和角膜上皮浸润等，还可表现为眩晕、灼热感、咽喉刺激、咳嗽等。

二、实验原理及条件

1. 原理

主反应：
$$(CH_3)_2CHOH \longrightarrow (CH_3)_2CO+H_2$$

副反应：
$$(CH_3)_2CO+(CH_3)_2CHOH \longrightarrow (CH_3)_2CHCH_2COCH_3+H_2O$$
$$(CH_3)_2CHOH \rightarrow CH_2=CHCH_3+H_2O$$

2. 条件

温度 200~250℃，压力为常压，催化剂 Cu-Zn-Al 基-NiO 催化剂。

三、工艺流程

小型脱氢反应与分离装置流程见图 5-2 所示。

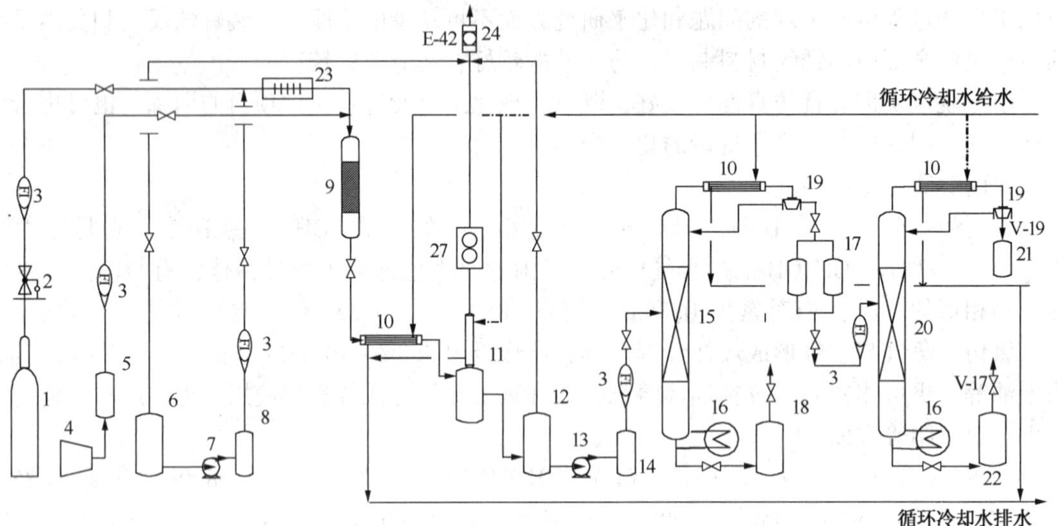

图 5-2　小型脱氢反应与分离装置流程

1—氮气钢瓶；2—减压阀；3—转子流量计；4—空气压缩机；5—进气缓冲罐；6—原料罐；7—原料泵；8—进料缓冲罐；9—反应器；10—冷凝器；11—气液分离器；12—反应液储罐；13—粗产品进料泵；14—塔进料缓冲罐；15—粗产品塔；16—塔釜加热器；17—粗产品塔塔顶馏出液储罐；18—粗产品塔塔釜液储罐；19—回流比调节器；20—产品提纯塔；21—塔顶馏分储罐；22—副产物储罐；23—进料预热器；24—阻火器

四、实验步骤

（1）反应器的拆卸与催化剂填装。打开开启式加热炉，卸下反应器上下管路连接接头，拆下反应器，在远离反应设备的地方卸下螺帽，取出热电偶套管和支撑架，清除内管碳化物。插入热电偶套管和支架，拧紧下部螺帽，使套管定位，从上部加入一些玻璃棉，再将一定数量催化剂加入反应器内，轻轻振动反应器，使催化剂均匀分布，上部再用少许玻璃棉填充，然后装填玻璃球（ϕ5mm×5mm）或 SiO_2（ϕ4mm×4mm）直至顶部后再加玻璃棉，拧紧上螺帽，安装在开启炉上，连接管路接头，全部完成后，通入氮气试漏。

(2) 试漏。管路在总体安装时，曾全流程试漏，经过多次检查已无泄漏点，在卸装反应器后，只检查反应器连接部分即可。但方法和全流程试漏相同，(即充气在 0.15MPa 停留 10min)，压力值不变为合格，说明可以进行升温、加料。

(3) 催化剂活化。Cu-Zn-Al 基-NiO 催化剂催化剂必须在使用前先进行还原活化。方法有两种：一种为用氢气在 200℃下还原 4~6h，另一种为利用异丙醇脱氢后的氢气进行还原。前者活性高，但必须使用氢气；后者活性上升慢，但不必采用外源氢气，操作简单。本实验采用后者。

(4) 升温、加料反应。检查各电路接线与热电偶连接位置是否正常并与标注的符号一致，不一致时应全面检查无误后可依次开启总电源、分电源开关并接通计算机系统。

向反应器通入氮气升温。首先给定控温仪的温度，当温度达到规定值(180~250℃，以后按反应需要而改变)后停止通氮气，打开磁力泵电源，调节流量进液，空速为 $4h^{-1}$的条件下进料，100mL 催化剂。向装置加料，每小时进料量 400mL 液体。加料的同时应及时打开冷却器和气液分离器上方的冷却水，同时将液体产物放至反应液储罐内，气液分离器上部排出气体，使排出尾气尽量减少产物损失。正常操作时有大量氢气排出，此尾气应经阻火器后通向室外，以防出现危险，操作中必须严格检查有无气体或液体流出系统外。

当反应转化率降低(表现为：即使反应温度升至 260℃也仍未见好转，说明催化剂已失活)，主要原因是催化剂表面结炭而失去活性，此时应停车进行催化剂活化再生。

(5) 停车。当反应进行一段时间，或得到所需数据、或催化剂失活时停车。停车顺序为先停泵，再停止加热，然后打开进气阀，用氮气吹扫反应系统使反应器温度降至 100℃，关闭所有电源、冷却水和阀门。

(6) 催化剂再生。通入空气与氮气混合气活化：流量控制在 450mL/min，温度控制在 220~300℃，测定尾气中二氧化碳含量。当尾气中二氧化碳为零时已活化完全。停止通空气，用氮气吹扫后再次进氢气或少量原料活化 8h。

(7) 精馏系统试漏。该系统设有两个塔，第一个塔是粗产品塔，第二个塔是丙酮塔。两塔试漏分别进行。

通入氮气后充压至 0.1MPa，关闭出入口阀门，观察压力表有无下降，10min 不下降为合格，可以进行开车操作。

(8) 反应液精馏：

① 间歇法：将釜温升至 65~85℃，塔顶温度控制在 50~67℃，当塔顶馏出液温度发生变化时，认为产品粗分离完成，停止加热后放出釜液。

② 如果采用连续精馏要连续进料，进料量控制在 20mL/h，塔釜温度控制在 65~85℃，塔顶温度 50~67℃，馏出物不断回流，回流比控制在 6~8 左右。采出液进入塔顶液收集罐内。当收集罐内液位达到一定量后打开阀门向塔 2 供料，当塔 2 釜内存有一定量液体后，启动塔 2。

(9) 丙酮提纯：

① 间歇操作：当塔 2 釜内液位达 2/3 处时可以升温加热，控制釜温 50~70℃，塔顶温度 56℃，回流比控制在 3~10 之间。随着蒸出液的减少，丙酮在塔内含量降低，不断增大回流比，以保持塔顶馏出物达标。当馏出物很低时，再次投料或放出残料再加料开车。

② 连续操作：此时塔 1 应不断有馏出液排出，塔 2 不断精馏，进料量维持在 10~15mL/h。釜温控制在 65~85℃，塔顶温度控制在 56℃，塔顶回流比控制在(6~8):1。塔

顶、塔釜中有液体排出，维持恒定，使塔顶组成达标。如不达标，调节回流比或调节塔釜温度，直至达标。

③ 当副反应较强时，用塔 1 作为共沸塔除去反应中生成的水分，再进行丙酮的分离与异丙醇的回收，方法同上。

如果精制产物量足够多，可以满负荷开车，效果会更好些。

(10) 产品检测：本实训装置采用色谱法对产物及分离液进行检测。

色谱分析条件：色谱柱用 GDX102，柱直径 3mm，长 1~2m，柱前压力 0.1MPa，柱温度 120℃。桥流 100~150mA，载气：氢气，检测器：热导检测器。惠普色谱工作站。

五、实验数据处理

(1) 异丙醇转化率 X：

$$X=\frac{\text{参加反应的异丙醇量}}{\text{加入反应系统的异丙醇量}}\times 100\%$$

(2) 丙酮收率 Y：

$$Y=\frac{\text{生成丙酮所消耗的异丙醇量}}{\text{加入反应系统的异丙醇量}}\times 100\%$$

(3) 反应选择性 S：

$$S=\frac{\text{生成丙酮所消耗的异丙醇量}}{\text{参加反应的异丙醇量}}\times 100\%$$

(4) 实验结果分析与讨论

六、思考题

1. 影响异丙醇脱氢反应的因素有哪些？
2. 如何进行催化剂再生？
3. 环境温度较高对产品分离有何影响？如何改进？

第三节　鼓泡塔反应与分离实训装置

一、装置简介

本装置为塔式鼓泡反应器和玻璃精馏塔组成一套完整的苯甲酸制备实训装置，塔式设备广泛用于气液相反应或气液固相反应。它是一个非均相反应过程，气体可为一种或多种类型，而液体可以为反应物或催化剂，其反应速度决定化学反应速度和两界面上组分分子扩散速度，充分接触是加快反应的必要条件，实验室常用该反应器做有机化合物氧化，如烷烃氧化制有机酸、对二甲苯氧化生成对苯二甲酸、环已烷氧化生成环已醇和环已酮、乙醛氧化制乙酸、乙烯氧化制乙醛、苯氯化制氯苯、甲苯氯化制氯甲苯、乙烯氯化制氯乙烯、烯烃加氢、脂肪酯加氢等。此外，还可进行 SO_3、NO_2、CO_2、H_2S 的吸收反应、生化反应、污水处理等。

1. 采用鼓泡氧化反应器的原因

(1) 进气能以小气泡形式分布，可连续不断进入保证气液接触反应效果良好；

(2) 反应器结构简单，容易稳定操作；

(3) 有较高的传质、传热效率，适于慢反应和强放热反应；

(4) 换热件安装方便。可处理悬浮液体，塔内可填加构件。

2. 采用精馏塔分离的原因

（1）从苯甲酸与甲苯混合液中分离回收甲苯；

（2）从粗苯甲酸溶液中提纯苯甲酸。

3. 采用分相器的原因

氧化反应会产生一些水，水会影响甲苯转化，故必须排水，排水过程甲苯也会排出，用分相器可使甲苯与水分离。

（一）技术指标

（1）最高操作压力 0.6MPa，使用温度 170℃。

（2）甲苯氧化反应器，下段 ϕ57mm×4mm，高度 440mm，外加套 76mm，内插加热管 ϕ10mm×1.5mm；上段 ϕ89mm×4mm，外加套 108mm，高度 150mm。气体分布器开孔率 10%。

（3）转子流量计 N_2：0.1~10L/min、O_2：0.2~20L/min。

（4）热液体循环齿轮泵 30L/h。

（5）无油空压机 1000L/h。

（6）导热油加热器 25~150℃。

（7）甲苯加料电磁泵 0.79L/h。

（8）精馏塔釜 1L，电热包加热功率 400W、精馏塔直径 20mm，塔高 1400mm，塔外壁有两段透明膜导电加热保温，功率 200W。

（9）摆锤式内回流塔头，回流比控制 1~99s 内自动控制。

（10）甲苯加料罐。

（二）操作说明

（1）将液体甲苯注入储罐内，并接好进气管线 N_2 与空气，将气体、液体出口阀门关死，通入 N_2 或空气，在 0.6MPa 下试漏，10min 内压力不变为合格，可以进料，并通入气体鼓泡，当液体加至在溢流口内有流出时，可加入催化剂，同时将恒温油浴升温至所需温度，可进行间歇反应。

（2）操作时将循环泵开动起来，调节变频调速装置，使循环量达到所需要求。连续进出物料和产品时，反应须用泵进料，气体流量控制在 20mL/min 左右，液体加料要求要根据选定的停留时间而定，高转化需低进料速度，但选择性要降低些；加料时，液体空速高会使转化率下降，但选择性能够提高。

（3）实验中要不断在溢流口调节阀门的开度，以排除反应后的液体，可保持鼓泡器内液位稳定。反应压力一旦确定，就不要随意改变系统压力，压力变化会造成排料数据不稳定。一般来说，在一开始就调节好进气压力和出气压力，此后只能微调各阀门，不应该大起大落地调节。

（4）当试验完成后继续通气反应一定时间，最后通 N_2 清扫，并放出所有反应液，用清水充满鼓泡器，清洗干净，以防腐蚀生锈。

（5）实验中应注意安全问题，避免空气与原料气浓度进入爆炸极限内，时刻用 N_2 进行调整。

（6）当反应产物有一定数量时，可开启精馏塔。渐渐升温使塔顶温度达到 110℃。收集甲苯原料，塔底产物用重结晶的方法处理得到纯苯甲酸。或者用多次累积量再精馏，控制塔底温度 190℃，塔顶温度 160℃，馏出物为苯甲酸纯品。

(7) 停车操作。当反应结束后停止加料(液体)，停止加热，关闭电源。电源关闭后要继续通气，待温度降至50℃以下可关闭气体(具体视催化剂的要求而定)。

精馏设备可用甲苯洗涤。塔底产物为催化剂与碳化物用其他溶剂稀释做废物处理。

(三) 故障处理

(1) 开启电源开关指示灯不亮，且没有交流接触器吸合声，则保险坏或电源线没有接好。

(2) 开启仪表各开关时指示灯不亮，且没有继电器吸合声，则分保险坏或接线有脱落的地方。

(3) 开启电源开关有强烈的交流震动声，则是接触器接触不良，应反复按动开关可消除。

(4) 仪表正常但仪表没有指示，可能保险坏或固态变压器或固态继电器坏。

(5) 控温仪表、显示仪表出现四位数字，则热电偶有断路现象。

(6) 反应系统压力突然下降，则有大泄漏点，应停车检查。

(7) 电路时通时断，有接触不良的地方。

(8) 压力不断增高，而尾气流量不变或减少，则系统有堵塞的地方，应停车检查。

二、实训装置流程图

苯甲酸制备装置流程图如图5-3所示。

三、实训项目

(一) 甲苯氧化生产苯甲酸

苯甲酸，别名安息香酸，分子式 $C_7H_6O_2$，相对分子质量122，熔点122.4℃，沸点249℃，密度1.2659g/cm^3。溶解性：油溶性，白色单斜晶系片状或针状结晶体，略带安息香或苯甲醛气味。在100℃时迅速升华，它的蒸气有很强的刺激性，吸入后易引起咳嗽。苯甲酸是弱酸，比脂肪酸强。它们的化学性质相似，都能形成盐、酯、酰卤、酰胺、酸酐等，都不易被氧化。苯甲酸的苯环上可发生亲电取代反应，主要得到间位取代产物。苯甲酸在常温下微溶于水、石油醚，但溶于热水，水溶液呈酸性；易溶于醇、氯仿、醚、丙酮，溶于苯、二硫化碳、松节油、乙醚等有机溶剂，也溶于非挥发性油。在空气(特别是热空气)中微挥发，有吸湿性，大约常温下0.34g/100mL。对微生物有强烈毒性，但对人体毒害不明显。最初苯甲酸是由安息香胶干馏或碱水水解制得，也可由马尿酸水解制得。工业上苯甲酸是在钴、锰等催化剂存在下用空气氧化甲苯制得；或由邻苯二甲酸酐水解脱羧制得。苯甲酸及其钠盐可用作乳胶、牙膏、果酱或其他食品的抑菌剂和防腐剂，也可作染色和印色的媒染剂。

1. 实验原理

反应原理：

$$C_6H_5CH_3 + \frac{3}{2}O_2 \longrightarrow C_6H_5COOH + H_2O$$

催化剂：环烷酸钴；助催化剂：溴化物(四溴乙烷)。

原料：甲苯(纯度99.8)，空气。

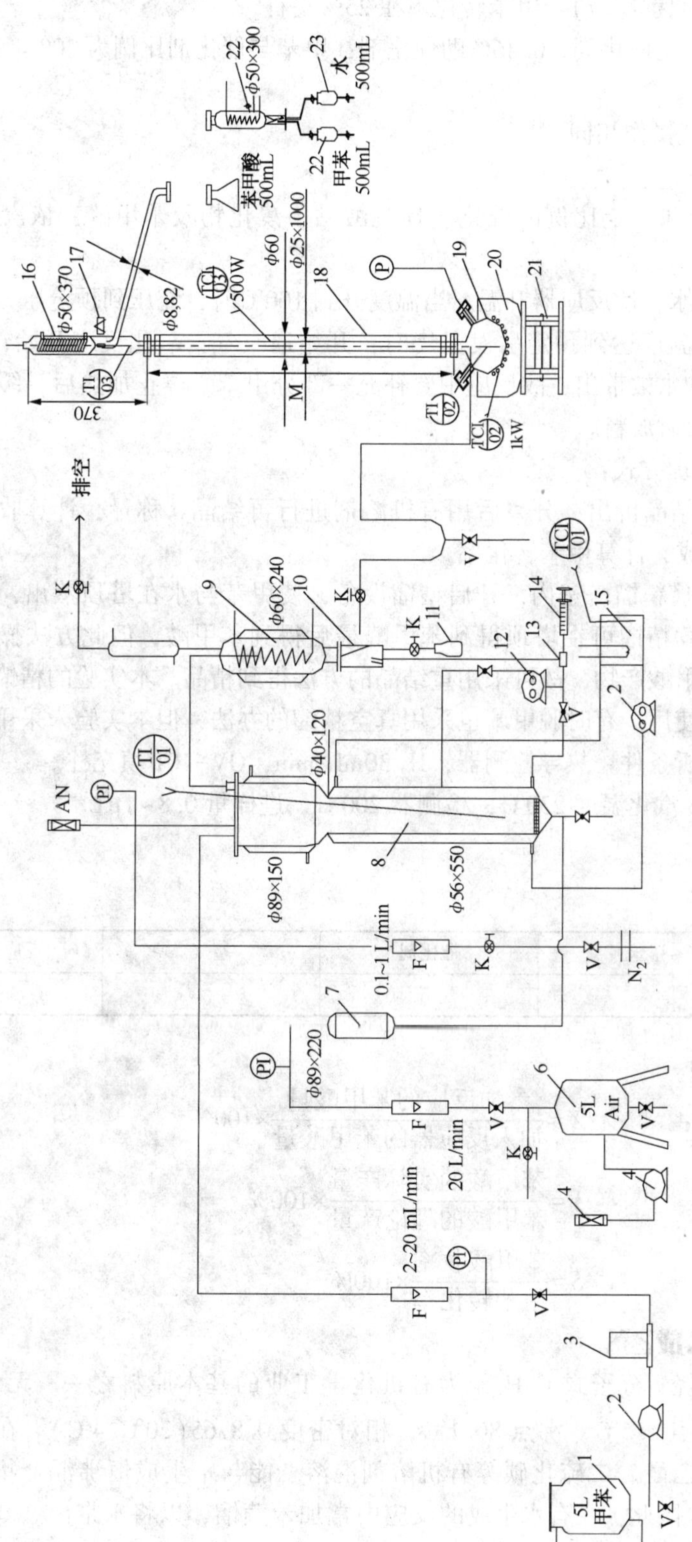

图 5－3　苯甲酸制备装置流程图

1—原料罐；2—缓冲罐；3—电磁泵；4—过滤器；5—空压机；6—缓冲罐；7—小缓冲器；8—鼓泡塔；9—冷凝器；10—油水分相气；11—水收集器；12—齿轮泵；13—取样器；14—注射器；15—加热油浴；16—玻璃塔头；17—电磁线圈；18—精馏塔；19—塔釜；20—加热包；21—升降台；22—冷却分相器；23—收集罐

反应条件：压力 0.2～0.6MPa，温度：(165±5)℃。

反应时间：8～12h(间歇反应)，甲苯转化率在 25%左右。

催化剂配比：0.71%主催化剂，0.46%助催化剂，甲苯与催化剂比例为 200∶1。

2. 实验步骤

(1) 连续操作同装置操作相同。

(2) 间歇反应步骤：

① 量取 300mL 甲苯和一定比例的催化剂环烷酸钴、溴化物及苯甲醛，依次加入反应器内。

② 打开冷凝管冷却水，使反应器升温。当温度升到 100℃时，充压到预定压力。

③ 当反应釜内液相温度达到预定引发温度时，开始通空气，氧化反应开始，反应 8～12h 结束，其间有甲苯和水被带出，故反应中要补充一部分甲苯。停止加热后，缓慢泄压到大气压，温度降到 110℃时放料。

④ 粗产物有两种处理方式：

a. 冷却至室温，有结晶析出，分离后用有机溶剂进行再结晶，称量，计算收率，通过色谱分析得出反应物组成，计算甲苯转化率。

b. 将粗产物倒入玻璃精馏塔釜内，开启精馏设备，使甲苯与水在塔顶蒸出，釜内留下粗苯甲酸，该物可以继续精馏可在塔顶得到苯甲醛最后得到苯甲酸，但此方法操作比较麻烦，必须有大量的粗苯甲酸产物，故可采用重结晶的方法得到精品。本实验的精馏装置有这种功能，但不推荐在此使用。有时脱甲苯也采用真空精馏的办法，但本实验未采用。

(3) 产品分析。分析条件：热导检测器，H_2 30mL/min，OV-101 填充柱。

使用：柱温 210℃，汽化温度 230℃，检测器 200℃，进样量 0.8～1μL。

3. 实验数据处理

(1) 实验数据记录：

组分	甲苯	催化剂	空气	反应混合物
体积/mL				

(2) 实验数据处理：

① 苯甲酸的转化 X：$$X=\frac{\text{参加反应的苯甲酸量}}{\text{加入反应器的苯甲酸量}}\times 100\%$$

② 苯甲酸收率 Y：$$Y=\frac{\text{苯甲酸的实际产量}}{\text{苯甲酸的理论产量}}\times 100\%$$

③ 反应的选择性 S：$$S=\frac{\text{苯甲酸收率}}{\text{甲苯转化率}}\times 100\%$$

(二) 苯烃化反应合成乙苯

苯是最简单的芳香烃，分子式 C_6H_6，为有机化学工业的基本原料之一。无色、易燃、有特殊气味的液体。熔点 5.5℃，沸点 80.1℃，相对密度 0.8765(20℃/4℃)。在水中的溶解度很小，能与乙醇、乙醚、二硫化碳等有机溶剂混溶。能与水生成恒沸混合物，沸点为 69.25℃，含苯 91.2%。因此，在有水生成的反应中常加苯蒸馏，以将水带出。苯在燃烧时产生浓烟。具有易挥发、易燃的特点，其蒸气有爆炸性。经常接触苯，皮肤可因脱脂而变干燥、脱屑，有的出现过敏性湿疹。长期吸入苯能导致再生障碍性贫血。

1. 实验目的要求

（1）掌握气液相催化反应的特点，鼓泡塔反应器的工作原理。

（2）学会络合物催化剂的制备。

（3）熟悉常用温度、压力、流量测试仪表的使用，掌握气液相催化反应的试验步骤、操作方法，熟悉精馏操作及色谱法测定烃化液含量的方法。

（4）学会对实验数据的选取、整理及实验数据处理。

2. 反应原理与工艺条件

（1）苯烷基化生产乙苯的反应如下。

主反应：$C_6H_6+C_2H_4 \longrightarrow C_6H_5C_2H_5$，同时还有生成二乙苯、三乙苯等的反应。

（2）反应的工艺条件：

原料配比：乙苯∶乙烯＝0.5∶1，乙苯∶催化剂＝5∶1

催化剂：$AlCl_3$－HCl－乙苯三元络合物。

温度：65～90℃。

压力：0.1～0.5MPa。

3. 实验步骤

（1）与装置操作步骤基本相同。

（2）将空气供给系统改为乙烯钢瓶，并以同样的方法向反应系统加入气相原料。

（3）反应结束后，将气路系统切换至氮气系统，吹扫20min，且当反应器的温度降至30℃以下方可放出反应液。

（4）烃化液的洗涤：把反应器中的烃化液和催化剂络合物一起放入沉降槽使其分层，下层络合物称量后倒入回收瓶。上层烃化液用等量蒸馏水洗去$AlCl_3$，洗涤时经常打开洗涤器放空，放出生成的HCl，水洗后再用5%NaOH洗涤一次，洗完的烃化液送分离装置进行分离。

（5）反应混合物分离采用多功能分离装置，并按多功能分离装置的操作方法进行操作。

4. 产品分析

色谱分析操作条件：色谱柱用6201；柱直径3mm，长1～2m，柱前压力0.1MPa，柱温度150℃。桥流100～150mA；载气：氢气；检测器：热导检测器。惠普色谱工作站。

5. 实验数据处理

（1）原始数据记录。

① 反应数据记录：

组分	苯	催化剂	乙烯	反应混合物
体积/mL				

② 分离数据记录

组分	苯	乙苯	二乙苯	其他组分
体积/mL				

（2）实验数据处理：

① 计算乙烯与苯的分子比。

② 计算乙烯的转化率，苯的转化率。

③ 计算乙苯的收率，催化剂的选择性。

四、思考题

1. 甲苯氧化反应液主要包括哪些组分？
2. 如何进行甲苯氧化反应液分离及结晶？
3. 影响以上两个实训项目产品收率的因素有哪些？
4. 实验装置有哪几部分组成？主要设备有哪些？
5. 以上两个实训项目的过程控制与操作有哪些区别？
6. 甲苯氧化催化剂的活性组分是什么？用什么做助催化剂？
7. 苯烃化反应催化剂如何合成？
8. 试举例说明利用本装置还能进行哪些项目训练？

第四节 甲乙酮生产与分离实训装置

甲乙酮生产与分离实训装置由反应、分离和控制三部分组成，该实训装置可进行加氢、脱氢、氧化等反应。通过运行改装置可找出最适宜的工艺条件，进行催化剂性能检测，生产小批量的化学试剂，培养学生的化工操作技能等。该装置是科研单位和大专院校进行化工生产过程研究、化工过程开发的重要基础设施。

一、组成装置主要设备的技术指标

1. 反应部分

固定床管式反应器：直径 30~35mm，长 1200mm，2 台，反应器切换使用，由电磁阀控制切换，最高操作温度 400℃，操作压力常压。

原料罐、产物储罐 10L，气液分离器 5L，冷凝器：传热面积 0.05m^2，二次气液分离罐容积 2L(带夹套，冷却)，不锈钢材质。

液体加料泵为电磁泵。加料系统转子流量计(2 台)：液体 1L/h，气体 1L/min。

预热器：直径 20mm，长 300mm，1 台，不锈钢材质。

预热炉：功率 1.5kW，1 台。

加热炉(开启式)：三段电加热，每段功率 2kW，2 台；

压力变送器及显示仪 0~0.4MPa，1 台。截止阀(SS-723)9 个，调节阀(SS3C6F)2 个，耐热截止阀(SS-5123A8)(上海)1 个；热电偶(K 型铠装式 ϕ2mm)10 支；

2. 分离部分

精馏塔[双塔不锈钢制(天津)]：直径 ϕ60mm，高 2m，处理量 15L/h，每个塔多段保温，加热功率 2kW。

塔釜容积 20L，加热功率 8kW，不锈钢材质。

塔顶馏分储罐、釜流出物储罐容积 10L，3 台，不锈钢材质。

塔顶冷凝器：传热面积 0.8m^2，横卧式，不锈钢材质。

自动控制回流器，电磁线圈吸合摆动式，在 0~99s 任意选择。

二、甲乙酮的理化性能

甲乙酮(简称 MEK)又名甲基乙基酮、2-丁酮，分子式 C_4H_8O($CH_3CH_2COCH_3$)，无色

液体，有似丙酮的气味，熔点-85.9℃，沸点79.6℃，相对密度(水=1)0.81；相对密度(空气=1)2.42，闪点-9℃，引燃温度404℃，临界温度260℃，临界压力4.40MPa，燃烧热2441.8kJ/mol，蒸气压9.49kPa/20℃。稳定性：稳定。危险标记：7(易燃液体)。是一种优良的有机溶剂，具有优异的溶解性和干燥特性，其溶解能力与丙酮相当，但具有沸点较高、蒸气压较低的优点，对各种天然树脂(如松香、樟脑等)、纤维素酯类(如硝化纤维素、乙基纤维素、醋酸纤维素)、合成树脂(如醇酸树脂、酚醛树脂、聚醋酸乙烯、氯乙烯-醋酸乙烯共聚物、氯乙烯-偏氯乙烯共聚物、香兰酮-茚树脂、对氯基苯磺酰胺树脂、丙烯酸树脂、聚苯乙烯树脂、氯化橡胶、聚氨酯树脂等)具有良好的溶解性能。另外，甲乙酮可与多种烃类溶剂互溶，在磁带、合成革、涂料、胶粘剂和油墨等工业部门具有广泛的用途。此外，甲乙酮还可用作精制润滑油脱蜡和石蜡脱油的溶剂，用于生产过氧化甲乙酮、甲基戊基酮、甲乙酮肟、丁二酮、甲基假紫罗兰酮等化工产品，广泛用作香料、催化剂、抗脱皮剂、抗氧剂以及阻蚀剂等。

三、甲乙酮生产与分离实训

(一) 实验原理

反应原理：$CH_3CH(OH)CH_2CH_3 = CH_3CH_2COCH_3 + H_2$

原料：工业仲丁醇。

工艺条件：催化剂 $CuO\text{-}ZnO\text{-}K_2O\text{-}Al_2O_3$。

温度：180~300℃，压力：常压。

(二) 工艺流程

甲乙酮反应与分离实训装置流程如图5-4所示。

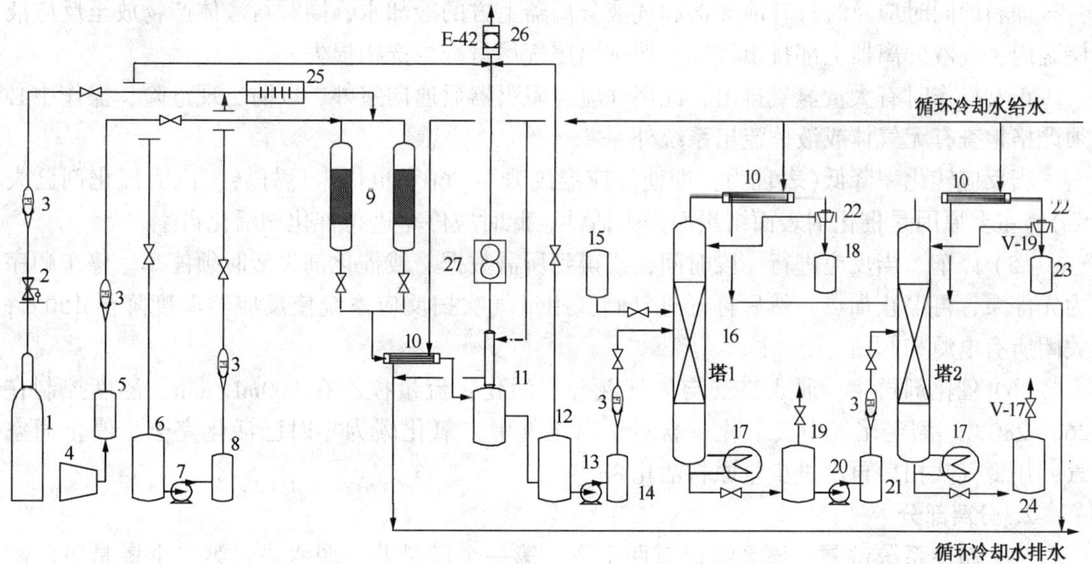

图5-4 甲乙酮反应与分离实训装置流程

1—氮气钢瓶；2—减压阀；3—转子流量计；4—空气压缩机；5—进气缓冲罐；6—原料罐；7—原料泵；8—进料缓冲罐；9—反应器；10—冷凝器；11—气液分离器；12—反应液储罐；13—共沸塔进料泵；14、20—塔进料缓冲罐；15—共沸剂储罐；16—共沸塔；17—塔釜加热器；18—共沸塔顶馏出液储罐；19—共沸塔塔釜液储罐；20—甲乙酮精制塔进料泵；22—回流比调节器；23—甲乙酮储罐；24—副产物储罐；25—进料预热器

（三）实验步骤

1. 反应部分

（1）反应器的拆卸与催化剂填装。打开开启式加热炉，卸下反应器上下管路连接接头，拆下反应器，在远离反应设备的地方卸下螺帽，取出热电偶套管和支撑架，清除内管碳化物。插入热电偶套管和支架，拧紧下部螺帽，使套管定位，从上部加入一些玻璃棉，再将一定数量催化剂加入反应器内，轻轻振动反应器，使催化剂均匀分布，在套管上部再用少许玻璃棉填充，拧紧上螺帽，安装在开启炉上，连接管路接头，全部完成后，通入氮气试漏。

（2）试漏。管路在总体安装时，曾全流程试漏，经过多次检查已无泄漏点，在卸装反应器后，只检查反应器连接部分即可。但方法和全流程试漏相同（即充气在 0.15MPa 停留10min），压力值不变为合格，说明可以进行升温、加料。

（3）催化剂活化。$CuO-ZnO-K_2O-Al_2O_3$催化剂必须在使用前先进行还原活化。该方法有两种：一种为用氢气在 200℃下还原 4～6h，另一种为利用仲丁醇脱氢后的氢气进行还原。前者活性高，但必须使用氢气，后者活性上升慢，但不必采用外源氢气，操作简单，本实验采用后者。

（4）升温、加料反应。检查各电路接线与热电偶连接位置是否正常并与标注的符号一致，不一致时应全面检查无误后才可依次开启总电源、分电源开关并接通计算机系统。

向反应器通入氮气升温。由于本装置设计的是并联双套反应器，一套为脱氢反应器，另一套为还原再生反应器。两个反应器通过三通电磁阀控制转换，当第一个反应器通电开启加料后，第二个反应器关闭加料，开启再生系统，反之切换操作。首先给定控温仪的温度，当温度达到规定值（200～240℃，以后按反应需要而改变）后停止通氮气，打开磁力泵电源，进液空速为 $4h^{-1}$的条件下进料。100mL 催化剂每小时进料量 400mL 液体。

加料的同时应及时打开冷却器和气液分离器上方的冷却水，同时将液体产物放至反应液储罐内，气液分离器上部排出气体，使排出尾气尽量减少产物损失。

正常操作时有大量氢气排出，此尾气应经阻火器后通向室外，以防出现危险，操作中必须严格检查有无气体或液体流出系统外。

当反应转化率降低（表现为：即使反应温度升至 260℃也仍未见好转，说明催化剂已失活），主要原因是催化剂表面结炭而失去活性，此时应停车进行催化剂活化再生。

（5）停车。当反应进行一段时间，或得到所需数据、或催化剂失活时须停车。停车顺序为先停泵，再停止加热，然后打开进气阀，用氮气吹扫反应系统使反应器温度降至 150℃，关闭所有电源和阀门。

（6）催化剂再生。通入空气与氮气混合气活化：流量控制在 500mL/min，温度控制在 260～280℃，测定尾气中二氧化碳含量。当尾气中二氧化碳为零时已活化完全。停止通空气，用氮气吹扫后再次进少量原料活化 8h。

2. 分离部分

（1）精馏系统试漏。该系统设有两个塔，第一个塔是共沸脱水塔，第二个塔是甲乙酮塔。两塔试漏分别进行。

通入氮气后充压至 0.1MPa，关闭出入口阀门，观察压力计有无下降，10min 不下降为合格，可以进行开车操作。

（2）反应液脱水。采用正已烷为共沸剂，加入一定量正已烷后进行共沸塔升温。

① 间歇法：将釜温升至 100～110℃，塔顶温度控制在 65～70℃，当塔顶馏出液无水分

时，脱水完结，停止加热后放出釜液。

② 如果采用连续共沸精馏要连续加入正已烷+塔顶馏出液，进料量控制在 20mL/h，塔釜温度控制在 100~110℃，塔顶温度 65~70℃，馏出物一部分作为回流，另一部分分离出水和少量正已烷+甲乙酮混合物。回流比控制在 6 左右。采出液各自进入收集罐内。正已烷量必须能维持将塔内水带出，但不能过量进入塔釜内。釜液含仲丁醇+甲乙酮+碳八酮等，进入釜液收集罐，当釜液收集罐内液位达到一定量后，开启泵 20。向塔 2 供料，当塔 2 釜内存有一定量液体后，启动塔 2。

(3) 甲乙酮精馏：

① 间歇操作：当釜内液位达 2/3 处时可以升温加热，控制釜温 160℃，逐渐上升直至 190℃，塔顶温度 83℃，回流比控制在 3~10 之间。随着蒸出液的减少，甲乙酮在塔内含量降低，不断增大回流比，以保持塔顶馏出物达标。当馏出物很低时，再次投料或放出残料再加料开车。

② 连续操作：此时共沸塔应不断有釜液排出，塔 2 不断精馏，进料量维持在 10~15L/h。釜温控制在 180~190℃，塔顶温度控制在 83℃，预热器控制在 90℃左右。塔顶回流比控制在(6~8)∶1。塔顶、塔釜中有液体排出，维持恒定，使塔顶组成达标。如不达标，调节回流比或调节塔釜温度，直至达标。

如果精制产物量足够多，可以满负荷开车，效果会更好些。

3. 分析方法

本实训装置采用色谱法对产物及分离液进行检测。

色谱分析条件：色谱柱：用 GDX102；柱直径 3mm，长 1~2m，柱前压力 0.1MPa，柱温度 120℃。桥流 100~150mA；载气：氢气；检测器：热导检测器。惠普色谱工作站。

四、实验数据处理

(1) 仲丁醇的转化率 X：$X=\dfrac{\text{参加反应加反应的仲}}{\text{加入反应入反应系统的量}}\times100\%$

(2) 甲乙酮的收率 Y：$Y=\dfrac{\text{生成甲乙酮所消耗的仲丁醇量}}{\text{加入反应系统的仲丁醇量}}\times100\%$

(3) 反应的选择性 S：$S=\dfrac{\text{生成甲乙酮所消耗的仲丁醇量}}{\text{参加反应的仲丁醇量}}\times100\%$

五、实验结果分析与讨论

1. 共沸剂的选择方法是什么？
2. 反应的选择性是什么？
3. 实训装置的由哪几部分组成？
4. 实训过程出现的问题及解决方法有哪些？
5. 实训的目的及意义是什么？
6. 产品检测方法有哪些？

第五节　离子交换实验装置

离子交换法是液相中的离子和固相中的离子间所进行的一种可逆性化学反应，当液相中的某些离子较为离子交换固体所喜好时，便会被离子交换固体吸附，为维持水溶液的电中性，所以离子交换固体必须释出等价离子回溶液中。离子交换是应用离子交换剂进行混合物分离和其他过程的技术。

离子交换过程是带有可交换离子(阳离子或阴离子)的不溶性固体与溶液中带有同种电荷的离子之间置换离子的过程。这种含有可交换离子的不溶性固体称为离子交换剂，其中带有可交换阳离子的交换剂称为阳离子交换剂，带有可交换阴离子的交换剂称为阴离子交换剂。

早在19世纪人们就认识到离子交换现象，20世纪初人们开始用天然和合成沸石软化水，20世纪30年代发明磺化煤用于水的软化。1935年英国人 Adams 和 Holmas 首先合成以酚醛树脂为骨架的离子交换树脂，20世纪40年代研制成交联苯乙烯型离子交换树脂。由于离子交换树脂的高交换容量与良好稳定性，引起人们的普遍重视，使离子交换技术很快发展。20世纪60年代出现大孔结构的离子交换树脂，它既有离子交换性能又有吸附功能，为离子交换树脂的应用开辟了新的前景，进一步促进了离子交换技术的发展。目前离子交换技术已广泛用于化工、医药、环保和科研等各个生产领域。下面介绍该装置的实训项目。

一、离子交换法制备高纯碳酸钠

（一）实验目的

（1）通过本实验使学生了解离子交换技术在化工生产中的应用，初步掌握离子交换法生产高纯无机盐的实验方法。

（2）使学生初步掌握真空蒸发制盐的实验技术。

（3）在掌握结晶过程原理的基础上，了解氯化铵冷析结晶过程及结晶剂在结晶中的作用。

（二）实验原理

离子交换反应原理与溶液中的化学反应基本相似，它同样是可逆的反应过程，只是在液-固相之间进行。

用阳离子交换剂，以 NaCl 和 NH_4HCO_3为原料，生产 $NaHCO_3$的交换过程和再生过程。

交换过程：　$RNa+NH_4HCO_3 \longleftrightarrow RNH_4+NaHCO_3$

再生过程：　$RNH_4+NaCl \longleftrightarrow RNa+NH_4Cl$

交换反应通式可简写为：　$NH_4^++Na^+ \longleftrightarrow NH_4^++Na^+$

离子交换平衡用浓度质量作用公式描述，其平衡常数又称为离子交换的选择性系数，简称选择性系数。

$$K_{Na}^{NH_4}=\frac{[NH_4][Na^+]}{[Na^+][NH_4]}$$

式中 $K_{Na}^{NH_4}$称为 Na^+交换交换剂中 NH_4^+的选择性系数。交联度为8%的阳离子交换剂$K_{Na}^{NH_4}$= 1.288，若$[Na^+]$和$[NH_4^+]$接近，达到平衡时，交换剂中的$[Na^+]$:$[NH_4^+]$ = 1.288，表明树脂优先结合 NH_4^+，在整个结合反应过程中，NH_4^+易置换 Na^+，而 Na^+不易置换 NH_4^+。由平衡方程可知：要使 Na^+易置换 NH_4^+，应增加$[Na^+]$，即配料时 NH_4^+应小于 Na^+，一般，$[Na^+]$：$[NH_4^+]$ = 1.40(mol)。

本实验采用的离子交换方式是把交换剂放在交换器中，以交换过程为例，NH_4HCO_3溶液不断地自上而下流过交换器，溶液中可交换离子 NH_4^+与交换剂中反离子 Na^+不断地进行交换，器中交换剂逐渐形成了三个区域，最下部保持不变；中间部分 Na^+被 NH_4^+交换(交换区)；最上层被 NH_4^+完全饱和(耗竭区)。交换过程中交换区和耗竭区的位置逐渐往下移动，当交换区移到器下端时，交换达到透过点，流出液中出现 NH_4^+，随着 NH_4^+的浓度不断增加，直至与被处理溶液中 NH_4^+浓度相同，交换区消失，交换剂完全失效。在交换过程中，整个交换剂层就是这样自上而下分层达到过渡饱和而失效的，这就是一般所说的分层失效原理。

达到透过点后，NH_4^+被带出交换器，这种现象称为泄漏，将造成原料损失。交换层的厚度取决于被处理溶液中 NH_4^+的浓度和溶液透过交换剂层的速度。一般流速快、浓度高、交换区厚，透过点到来的早，离子泄漏量大，交换器利用率低，产品成本提高。

交换器利用率与树脂性能、工作温度、交换液浓度和流速，以及交换器的高径比有关。本实验选用的交换剂为 732#(001×7)苯乙烯型强酸性阳离子交换树脂；温度对离子交换装置的工作影响较大，一般认为较理想温度是 20~30℃，即室温。为提高交换剂再生度采用低速逆流再生，再生过程中，NaCl 溶液上液速度在 1.5~3.5cm/min(线速度)之间。交换过程中，NH_4HCO_3溶液的上液速度在 3.5~5.5cm/min 之间。NH_4HCO_3浓度选择为操作温度下的饱和溶液，一般 NH_4HCO_3含量为 2.5mol/L 左右，控制 NaCl 溶液中 Na^+浓度为 3.5mol/L 左右。另外，要正确地选择工作交换容量(离子交换树脂在工作条件下对离子的交换吸附能力)，以达到 Na^+收率最高，原料耗量最少。一般为总交换容量(单位质量或体积离子交换树脂中能进行离子交换反应的化学基团总数)的 60%~100%。

(三) 实验流程及操作

1. 流程及装置简述

装置流程如图 5-5 所示。

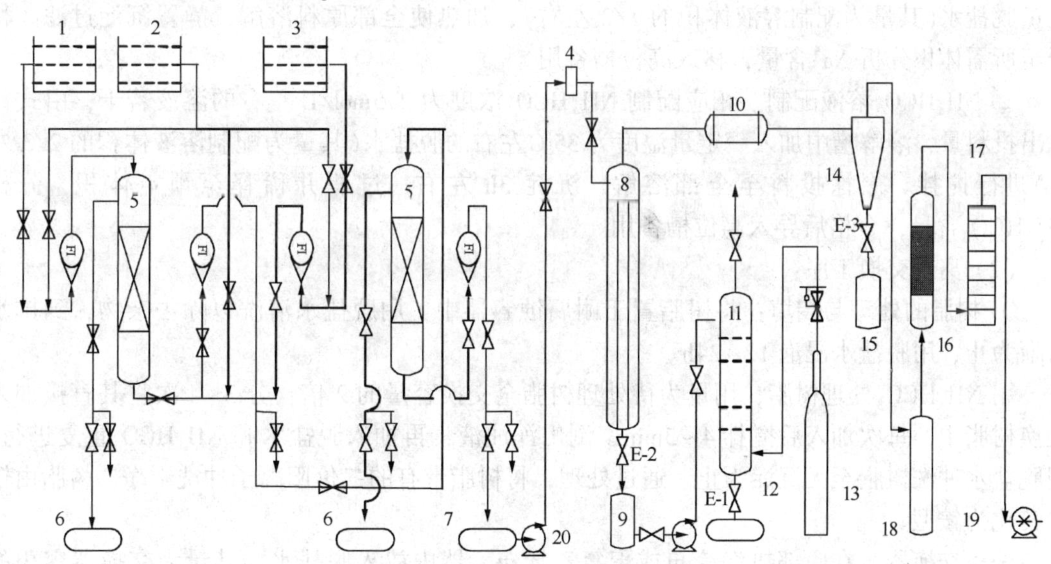

图 5-5　离子交换实训装置流程图

1—碳酸氢铵溶液槽；2—蒸馏水槽；3—氯化溶液槽；4、7—交换液槽；5—交换器；
6—副产物罐；8—真空蒸发器；9—蒸发液罐；10—冷凝器；11—碳化塔；12—碳化液储槽；
13—二氧化碳钢瓶；14—气液分离器；15—冷凝液储槽；16—吸收塔；17—干燥塔；
18—缓冲罐；19—真空泵；20—液体输送泵

该实验包括溶液配制、离子交换、交换稀碱液蒸发浓缩、浓缩液碳化、碳化液冷却分离、$NaHCO_3$煅烧及副产品 NH_4Cl 冷析结晶处理等工序，主要装置有交换塔、蒸发器、碳化塔、结晶器及真空泵，前三者均可用玻璃管制成。

交换器中交换树脂层高度一般应大于 60cm，在顶部有 20cm 左右的水层，上部有溢流管，顶部设进液管，底部设进液排液共用管，工业生产上树脂层与交换器直径之比一般在 2~3 之间，实验室可根据实际情况相应取大些。

膜式蒸发器高度 700~800mm，下部为加热蒸发段，内装 ϕ15mm 蒸发管，上部为分离段，高度 70mm，直径 60~70mm，蒸发需要的热量由直径 50mm、高 600mm 左右水夹套中的热水提供，夹套外壁绕有电热丝，用调压器控制通过电热丝的电流，并用接点热电偶测量并控制夹套中热水温度，温度计装在连通器的高位槽中。蒸发器顶部和底部分别设有真空接管和排液接管。在分离段中部设一进料口，料液通过蒸发管上部溢流堰呈膜状下降，溢流堰通常低于 5mm，且应使液体分布均匀。

碳化塔：直径为 30mm，高度可根据取液量选定，底部有进气和排液接管，二氧化碳气体经过分布器通过溶液上升，尾气放空。碳化塔外壁绕有电热丝，用调压器控制电热丝的电流，反应温度维持在 70~80℃之间。

结晶器是一个 2000mL 烧杯置于冷冻盐水中，用一个带有双叶片的螺旋桨搅拌，使结晶器内物料呈全混态。

2. 实验步骤

（1）溶液配制：

① NaCl 溶液配制。配制 Na^+浓度为 3.5mol/L 左右的 NaCl 溶液，溶液体积视交换剂装填量和循环次数而定，根据原料中 NaCl 含量，由式计算出 NaCl 用量，放入溶解槽中，加入定量脱盐水(其量为配制溶液体积的 1/2 左右)，加热使全部原料溶解，静置沉淀过滤。稀释至所需体积分析 Na^+含量，移入高位槽备用。

② NH_4HCO_3溶液配制。相应配制 NH_4HCO_3浓度为 2.5mol/L 左右的溶液若干，由式计算出投料量，溶解槽中加入一定量温度为 35℃左右的脱盐水(其量为配制溶液体积的 2/3 左右)进行搅拌。徐徐投料至全部溶解，沉淀 3h 左右，过滤并稀释至预定体积，分析 NH_4HCO_3含量，合格后导入高位槽备用。

（2）离子交换工序：

① 树脂的处理与装填：将树脂置于耐腐蚀容器中，用脱盐水清洗以除去杂物，到排水清晰为止，用脱盐水浸泡 12~24h。

用 NH_4HCO_3处理树脂，用量为待处理树脂全交换容量的 2 倍，分 3~4 次将其直接加入交换树脂中，每次加入后搅拌 4~5min，倒出浑浊液，再加入脱盐水和 NH_4HCO_3重复进行，用脱盐水冲洗树脂至无沉淀为止。通过处理，将树脂带有的二价阳离子冲洗干净，树脂由钠型转化为铵型。

洗净交换器，在底部垫涤纶布或聚氯乙烯布，器内放入脱盐水，其量为交换器容积的 1/3，再装入树脂，正洗，水清晰后再洗，洗去悬浮物和气泡，水面降至规定高度备用。

② 离子交换过程。离子交换过程是按再生、反洗、正洗、交换、二次正洗五个步骤周期性运行的，以下按运行次序逐一说明操作方法。

a. 再生过程。再生的目的是使失效的离子交换树脂恢复交换能力。为了降低原料消耗，提高再生度，进而增加工作交换容量，采用逆流再生。所谓逆流再生，指交换过程中溶液在器中的流动方向是自上而下，再生过程中再生剂的流动方向则是自下而上，这样，床层下部的树脂最先与新鲜而较浓的再生剂接触，使含 NH_4^+ 较少的溶液流过饱和度较小的树脂层，而含 NH_4^+ 较多的溶液，流过饱和度较大的树脂层，因而获得较高的再生效果，即使用较少的再生剂，也能得到较高的再生程度。

逆流再生成败的关键在于是否能够保证交换剂不乱层，保持原来的填充状态，所以在逆流再生和反洗时，应严格控制流速，一般控制流速小于 4cm/min。同时，交换剂层上部必须有 20cm 以上的水层。其操作步骤如下：

调整上部水层高度至溢流管，引入 NaCl 溶液，将流速调整到给定值，溢流管排出废液。根据式(5)~式(7)算出器内存水体积及排水时间，将水排入地沟。收集 NH_4Cl 溶液入储槽(即 NH_4Cl 储存瓶)。依据过程所需 NaCl 溶液量确定上液时间(计算式见第四章中的式(3)、式(6)、式(7))，上液结束后，转入反洗过程。

b. 反洗过程。让水自下而上通过交换剂层。反洗使交换剂翻松，为交换创造良好的条件，并带出树脂层中的残余再生剂、再生物及其他杂质。反洗的最初阶段，器内继续进行再生过程，反洗水速和 NaCl 溶液流速相同，由第四章中的式(5)、式(6)、式(7)算出器内溶液排出时间，排液结束，停止取液，控制反洗水流速，一般小于 4cm/min，反洗时间约 20~30min，流出液排入地沟。

c. 正洗过程。让水自上而下通过树脂层，正洗的目的是进一步洗清树脂层中的残余再生剂及其再生物，正洗水流速小于 7cm/min，正洗终点到流出液中 Cl^-<5mg 当量/L，正洗过程流出液可收集作为反洗用水或排入地沟。

d. 交换过程。调整树脂层上部存水高度，使其达到给定值，上 NH_4HCO_3 溶液，根据排水时间，确定取液始点，将 $NaHCO_3$ 溶液(后称稀液)收集在储槽中，由 NH_4HCO_3 上液量确定上液时间，上液结束，转入二次正洗过程。

e. 二次正洗过程。目的是用水清除剩余的交换剂及交换产物，正洗速度同 NH_4HCO_3 上液速度，根据第四章中的式(5)、式(6)、式(7)算出排液时间，排液结束，取液停止，转入下一个循环过程。

分析稀液中 Na^+ 浓度，测量稀液体积并计算 Na^+ 收率。

(3) 蒸发工序。蒸发过程在膜式蒸发器中进行，将稀液导入高位槽，接通电加热器电源，调整温控仪到给定值，并启动真空泵，真空泵控制在 93325Pa(即 610mmHg)左右，进料，蒸发到固液比大于 1。

过程中部分 $NaHCO_3$ 分解为溶解度较大的 Na_2CO_3 不易分离，必须将其转化为 $NaHCO_3$。

(4) 碳化工序。将浓缩液移入碳化塔中，同时接通加热器电源，通入 CO_2 气体，尾气放空。溶液 Na_2CO_3 与 CO_2 及 H_2O 反应生成 $NaHCO_3$，碳化至溶液 pH 值接近 8.3，碳化过程结束，将碳化液放入冷却槽。

(5) 分离工序。待碳化液降到室温，抽滤，母液送至蒸发浓缩工序，$NaHCO_3$ 滤饼送至煅烧工序。

(6) 煅烧工序。把 $NaHCO_3$ 滤饼放在瓷盘中摊匀，送到温度上升到 200℃ 的烘干炉中，烘 1h 以上，$NaHCO_3$ 分解为产品 Na_2CO_3、CO_2 和 H_2O，将产品取出放入干燥器中，降至室温，称重，密封包装，分析 Na_2CO_3 含量。

(7) 副产品 NH_4Cl 冷析结晶处理。

① 打开真空泵及冷冻机调节 NH_4Cl 液流入结晶器的速度，使结晶停留时间为 4h，在快

速搅拌下，连续结晶，同时开动晶浆抽出系统，使晶浆抽出速率与新鲜 NH_4Cl 液加入速率相等。结晶器溢流除细晶后浆液返回结晶器，晶浆经过滤和烘干，进到筛分。

② 采用有机胺基化合物或具有微量元素肥料作用的无机盐为煤晶剂，在新鲜溶液中，加入 2~3 种添加剂，胺基化合物的添加量与 NH_4Cl 含量的质量比例是 0.1~0.2，同上一样进行冷冻结晶试验。

（8）分析方法。

① 原料分析方法：

a. 粗食盐中氯化钠含量的测定：由于原料中钠离子的检测比较困难，而粗食盐在用作原料前要进行提纯处理，所以采用检测氯离子的方法来测定原盐的浓度。

以 0.01mol/L $AgNO_3$溶液作为标准溶液，以 5% K_2CrO_4溶液作为指示剂来滴定处理稀释后的原盐溶液，然后根据滴定所消耗的 $AgNO_3$溶液的体积计算稀释液的浓度，平行测定三次。再反算原盐的浓度。

b. 碳酸氢铵含量的测定：测定铵盐浓度的方法有两种，一种是通过测定溶液中的 HCO_3^-浓度，然后反算碳酸氢铵的浓度；另一种是直接溶液中的 H_4N^+浓度来确定碳酸氢铵的浓度。

第一种方法：以 0.1mol/L HCL 溶液作为标准溶液，以 0.1%的甲基橙作为指示剂来滴定稀释后的碳酸氢铵溶液（约为 0.1mol/L），然后根据滴定所消耗的 HCl 溶液的体积计算稀释液的浓度，平行测定三次。再反算碳酸氢铵的浓度。

第二种方法（甲醛法）：准确吸取稀释后的铵盐溶液（约为 0.1mol/L）20mL 放入 250mL 锥形瓶中，再向锥形瓶中加入 1∶1 的中性甲醛溶液（向甲醛中滴加 4~5 滴酚酞，用 NaOH 溶液滴至浅粉红色）5mL 和 1~2 滴酚酞指示剂，用 0.1mol/L NaOH 标准溶液滴至浅粉红色半分钟不褪色，根据滴定所消耗的 NaOH 标准溶液的体积计算稀释液的浓度，平行测定三次，再反算碳酸氢铵的浓度。该测定方法还可以用来确定交换过程何时达到透过点。

② 产品分析：采用容量分析中双指示剂法分析纯碱的含量。

在分析天平上准确称取 m（m=1.5~1.7）g 产品，溶解后稀释在 200mL 容量瓶中，摇匀，用 20mL 移液管准确吸取 20mL 所配溶液于 250mL 锥形瓶中，加入 3~5 滴 0.1%的酚酞指示剂，用 0.1mol/L 的 HCl 标准溶液滴定至浅粉红色，记录所消耗 HCl 标准溶液的体积；再在上述锥形瓶中加入 2~3 滴 0.1%的甲基橙指示剂，继续用 0.1mol/L 的 HCl 标准溶液滴定至橙色，记录所消耗 HCl 标准溶液的体积，平行测定三次。根据所消耗的 HCl 标准溶液的体积计算产品中 Na_2CO_3和 $NaHCO_3$的含量，进而计算 Na_2CO_3的收率。

（四）基本计算公式

（1）配制 NaCl 溶液需 NaCl 量：

$$W=VC/A$$

式中 V——配制 NaCl 溶液的体积，mL；

A——原料中钠的摩尔质量；

C——配制溶液中 Na^+浓度，mol/L。

（2）配制 NH_4HCO_3溶液需 NH_4HCO_3量：$W=VC/A$

式中 V——配制 NH_4HCO_3溶液的体积，mL；

A——原料中 NH_4HCO_3的摩尔质量；

C——配制溶液中 NH_4HCO_3浓度，mol/L。

(3) NaCl 溶液上液体积：$V=(WN/C)\times 0.023$

式中　W——交换器中装填树脂质量，g；

N——树脂工作交换量，mol/L；

C——NaCl 溶液中 Na^+ 的浓度，mol/L；

0.023——钠的毫克摩尔质量。

(4) NH_4HCO_3 溶液上液体积：$V=(WN/C)\times 0.07906\times 1.40$

式中　W——交换器中装填树脂重量，g；

N——树脂工作交换量，mol/L；

C——NH_4HCO_3 溶液中 NH_4HCO_3 的浓度，mol/L；

0.07906——NH_4HCO_3 毫克摩尔质量；

1.4——配料比。

(5) 器中存水、存液体积：$V=S\times hW/d$

式中　S——交换器截面积，cm^2；

h——树脂层高度与顶端存水高度之和，cm；

W——器中装填湿树脂质量，g；

d——树脂的湿真密度。

(6) 溶液及水流量：$Q=S\times u$

式中　u——溶液或水的空器线速度，mL/min。

(7) 上液排液或排水时间：$t=V/Q$

式中　t——上液或排水时间，s；

V——上液、器中存水或存液体积，mL。

(8) 钠离子收率：$Na^+=\dfrac{W_{Na^+稀}}{W_{Na^+}}\times 100\%$

式中　$W_{Na^+稀}$——稀液中 Na^+ 质量，g；

W_{Na^+}——一个循环通入交换器 NaCl 溶液中 Na^+ 质量，g。

(9) 成品中 Na_2CO_3、百分含量的计算：

$$Na_2CO_3=\frac{(C_{HCl}\times V_{HCl酚酞})106\times 10}{m}\times 100\%$$

$$NaHCO_3=\frac{C_{HCl}\times(V_{HCl甲基橙}-2V_{HCl酚酞})84.01\times 10}{m}\times 100\%$$

（五）实验数据处理及结果讨论

1. 原始数据记录表

实验原始数据记录表见表 5-1～表 5-3。

表 5-1　交换工序记录表

实验序号	1		2	
进行过程	再生过程	交换过程	再生过程	交换过程
	$Na^+\to NH_4^+$	$NH_4^+\to Na^+$	$Na^+\to NH_4^+$	$NH_4^+\to Na^+$
溶液浓度				
溶液用量				

续表

实验序号		1		2	
进行过程		再生过程	交换过程	再生过程	交换过程
		$Na^+ \rightarrow NH_4^+$	$NH_4^+ \rightarrow Na^+$	$Na^+ \rightarrow NH_4^+$	$NH_4^+ \rightarrow Na^+$
溶液线速度					
溶液流量					
上液时间	起				
	止				
取液时间	起				
	止				
反洗时间	起				
	止				
正洗时间	起				
	止				
二次正洗时间	起				
	止				

表 5-2 交换工序分析记录表

实验序号	1	2	3	4
稀液体积/mL				
稀液中 Na^+ 含量/(mol/L)				
Na^+收率/%				
稀液中 NH_4HCO_3 含量/(mol/L)				

表 5-3 成品分析结果

指标名称	NaCl	Na_2CO_3	$NaHCO_3$
百分含量			

2. 实验误差分析

由投料量进行物料衡算，计算 NH_4HCO_3 理论产量，并与实际产量比较计算出产率。

3. 实验结果分析比较

在若干个影响收率的因素中，本实验暂选取了 NaCl 溶液流速、NH_4HCO_3 溶液流速、树脂工作交换量三个因素，通过正交试验法，考察上述因素对其收率的影响。

因素与水平

因素 / 水平	NaCl 溶液流速 A	NH_4HCO_3 溶液流速 B	工作交换量 C
1	A_1	B_1	C_1
2	A_2	B_2	C_2
3	A_3	B_3	C_3

试验安排

试验号 \ 列号	A	B	C	Na^+平均收率/%(质量)
	1	2	3	
1	A_1	B_1	C_1	
2	A_1	B_2	C_2	
3	A_1	B_3	C_3	
4	A_2	B_2	C_3	
5	A_2	B_3	C_1	
6	A_2	B_1	C_2	
7	A_3	B_3	C_2	
8	A_3	B_1	C_3	
9	A_3	B_2	C_1	
Ⅰ—水平试验结果总和				
Ⅱ—水平试验结果总和				
Ⅲ—水平试验结果总和				
Ⅰ/3				
Ⅱ/3				
Ⅲ/3				
极差				

4. 思考题

(1) 影响 Na^+收率的因素有哪些? Na^+收率能否达到100%?

(2) 交换反应在交换器中形成了哪三个区域?

(3) 什么是总交换容量? 什么是工作交换容量?

(4) 最佳操作条件是什么?

(5) 什么是透过点?

(6) 离子交换工序由哪几个过程组成? 各过程的作用是什么?

(7) 为什么对稀液($NaHCO_3$稀液)采取真空蒸发?

(8) 实验中，应采取什么措施提高 Na^+收率? 收率越高能否保证产品成本越低?

二、离子交换法生产去离子水

普通水中含有100~300μg/g的无机盐，作为家庭用水可以，但作为工业用水，如分析检测、高压锅炉、无线电工业中微型或精细零部件的洗涤用水等就不行了。在用离子交换树脂制纯水的方法未确定以前，只能采用十分费时又不经济的蒸馏方法，可以说，由于离子交换法以及它和其他方法组合制备高纯水的技术的开发，对高压锅炉的广泛采用、无线电技术的进步起到促进作用。

将原水通过 H^+式阳离子交换树脂和 OH^-式阴离子交换树脂就能达到脱盐的目的。但为能最经济地获得要求纯度和数量的纯水，应按照前述的离子交换树脂组合方式及工业装置的设计原则进行认真研究。作为脱盐装置，有10L/h的实验室规模和大到200m³/h的工业装置，小型装置一般可用强酸型阳、阴离子交换树脂混合床。大型装置多数采用强酸性阳离子交换树脂-脱气塔-强碱性阴离子交换树脂串联的所谓二床三塔式，也有不少在其后再串一混合床。在原水无机盐成分较多的场合，可在二床三塔式的脱气塔后加一弱碱性阴离子交换树脂而成为三床四塔式，这样可减少再生药品的消耗，获得较好的经济效果。

（一）实验目的

（1）了解实验室纯水的制备方法。

（2）掌握实验室纯水的制备工艺。

（3）掌握实验室用纯水的检测方法。

（二）实训步骤

（1）按照图 5-5 安装实训装置(只安装交换部分)，并在其后再增加一根交换柱作为混合床。

（2）在第一根交换柱中装填阳离子交换树脂，在第二根交换柱中装填阴离子交换树脂，在第三根交换柱中装填混合后的阴、阳离子交换树脂(混合比例为各占 50%)。

（3）阳离子交换床进自来水，并检测其出口水中金属离子的浓度。合格后将出口与阴离子床入口相连。

（4）检测阴离子床出口水中阴离子(一般是 Cl^-)的浓度，合格后将出口与混合床入口相连。

（5）检测混合床出口水中金属离子和阴离子的浓度，合格后接收混合床出口水备用。

（6）树脂再生：交换进行一段时间后，水的纯度达不到要求，表明树脂失效，需要对树脂进行再生。阳离子交换树脂采用 5%的 HCl 溶液进行再生，阴离子树脂采用 5%的$NaHCO_3$溶液进行再生。混合床则需要对两种树脂进行分离，然后分别再生。

（三）检测方法

（1）阳离子床出口水的检测：以铬黑 T 为指示剂，以 EDTA 溶液为标准溶液来滴定 100mL 阳离子床出口水中金属离子的浓度，然后与国标对照，看其是否合格。

（2）阴离子床出口水的检测：以 5%K_2CrO_4溶液为指示剂，以 0.01mol/L 溶液为标准溶液来滴定 100mL 阴离子床出口水中氯离子的浓度，然后与国标对照，看其是否合格。

第六节　煤气化、脱硫、变换实训装置

煤气化、脱硫、变换实训装置是围绕煤化工生产工艺研发的，它包括合成气的生产、合成气的净化、合成气的变换三个主要生产工序。而合成气又是生产合成氨、合成甲醇的主要原料。装置采用目前较为先进的移动式固定床气化炉，是教师进行煤气化工艺、脱硫工艺及脱硫催化剂、变换工艺及变换催化剂研究必不可少的仪器设备，也是学生了解如何利用煤来生产“碳一化学品”的主要装置，同时也是培养煤化工类专业学生化工过程控制及专业技能取证的主要装置。采用本装置进行教学可以完成下列实训项目。

一、煤气化生产合成气

（一）原理

煤在常压下与水蒸气作用，在 900~1000℃生成半水煤气。

主反应：

$$C+H_2O = CO+H_2$$

$$C+2H_2O = CO_2+2H_2$$

$$CO+H_2O = CO_2+H_2$$

主要副反应：

$$C+2H_2 = CH_4$$

$$CO+3H_2 = CH_4+H_2O$$

$$CO_2+4H_2 = CH_4+2H_2O$$

另外反应过程中还生成少许煤焦油。

（二）工艺流程

煤气化、脱硫、交换流程图见图 5-6。

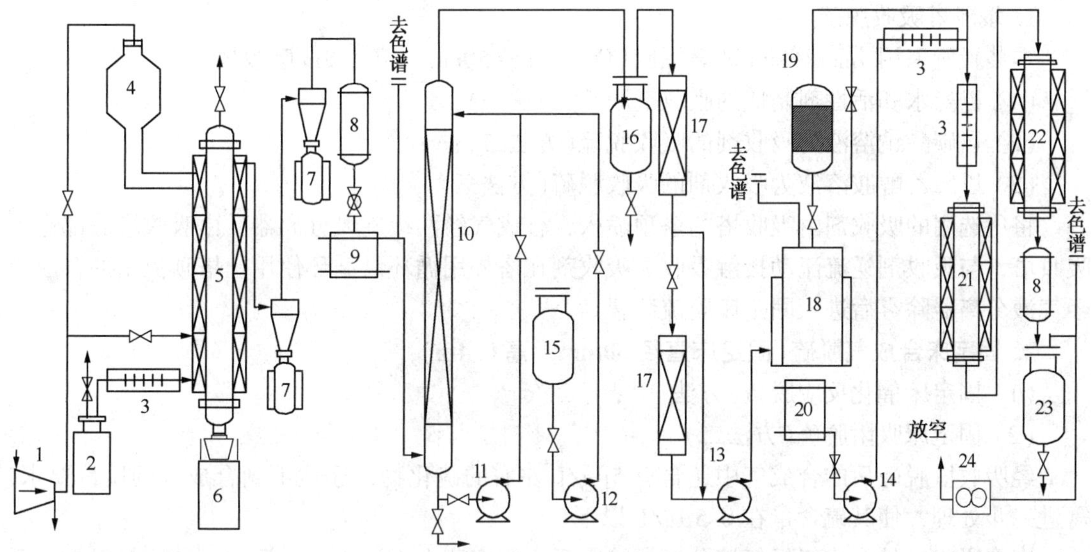

图 5-6　煤气化、脱硫、变换流程图

1—压缩机；2—蒸汽发生器；3—加热炉；4—加料计量器；5—移动床；6—灰分接收器；7—旋风分离器；8—冷凝器；9—焦油槽；10—吸收塔；11—循环泵；12—吸收液泵；13—抽气泵；14—水泵；15—吸收液储罐；16—缓冲罐；17—固定床脱硫塔；18—气包；19—脱氧槽；20—水罐；21—高温变换器；22—低温变换器；23—分离器；24—流量计

（三）操作规程

1. 煤质粉碎造粒

将工业用煤挑出石子后粉碎成 1～2mm 的颗粒煤料，除去其中的粉煤灰，备气化时用。

2. 气化系统和水蒸气发生系统的开车

（1）气化系统氮气吹扫置换：打开氮气控制阀吹扫气化系统。

（2）开启气化系统和水蒸气发生系统的电器仪表控制装置，向气化炉和蒸气发生器加料，并调节各控制参数，慢慢将气化炉的温度升至 900℃左右，使蒸气发生器产生蒸气。

3. 煤气化生成半水煤气

调节气化炉温度，将其各段温度控制在(1000±20)℃，打开蒸汽进气阀，控制进气速度 0.5L/h 左右，水蒸气经加热器加热后进入气化炉与煤接触反应生成半水煤气，在此过程中根据反应情况及时卸载灰分和补加煤料。产生的半水煤气送脱硫工段。

4. 气化系统和蒸气发生系统停车

（1）关闭气化系统和蒸气发生系统的加热装置；

（2）卸载气化炉中的固体参杂和灰分；

（3）气化炉和蒸气发生器降温；

（4）用氮气吹扫置换气化系统。

二、半水煤气脱硫

由于工业用煤的硫化物含量较高，煤在气化过程中除了生成半水煤气外，还生成了硫化氢、二硫化碳、硫醇等硫化物气体，严重影响合成气的变换过程及合成氨或合成甲醇，因此要及时脱除合成气中的硫化物。目前工业上采用较多的有吸收脱硫法和固定床脱硫法。

1. 填料塔吸收脱硫

本装置所采用4mm×6mm 玻璃螺旋填料，直径 50mm，高 1.2m 吸收塔。

(1) 以氨水和活性剂制成的吸收剂脱硫(方法一)；

(2) 以碳酸钠溶液为吸收剂的吸收脱硫(方法二)；

(3) 以二乙醇胺溶液为吸收剂的吸收脱硫(方法三)。

将所选用的吸收剂由吸收塔的塔顶喷入，合成气经两级旋风分离器后由吸收塔底部进入吸收塔，与吸收剂逆流流动接触吸收。吸收剂在塔外用循环泵循环使用。塔顶流出的合成气经气液分离器除雾后进入固定床脱硫装置。

2. 固定床合成气脱硫(固定床直径 50mm，高 0.4m)

(1) 固定床催化反应脱硫(方法一)；

(2) 固定床吸附脱硫(方法二)。

经吸收塔脱硫后的合成气中还含有 5μg/L 左右的硫化物，还达不到合成气的质量要求，需进一步处理，使其硫含量在 0.5μg/L 以下。

来自吸收塔的合成气经气液分离器除雾后由固定床上部进入，与床层固体物接触催化反应脱硫或吸附脱硫，使合成气中的硫化物基本被全部脱除。在脱硫过程中控制抽气泵的流量以保证脱硫效果。

三、一氧化碳的中、低温变换

1. 合成气检测

合成气分析项目包括 CO_2、O_2、CO、H_2、CH_4 及 N_2，以上气体分析方法目前主要有色谱分析法和奥氏气体分析法两种。

(1) 色谱分析法：采用气相色谱分析仪进行分析，以 GDX502 色谱柱为检测柱，用热导检测器进行在线监测，色谱柱长度 2m。检测结果直接通过色谱工作站获得。

(2) 奥氏气体分析法：CO_2、O_2、CO 三种气体用吸收法测定，H_2和 CH_4用爆燃法测定，总体积减去上述各气体含量认为是 N_2的含量。

① 准备工作。CO_2吸收剂为 30%的 KOH 溶液，O_2的吸收剂为焦性没食子酸钾溶液，应在使用前配制，CO 的吸收剂为氯化亚铜氨溶液，溶液中应加入紫铜丝一束，以防 Cu_2Cl_2被氧化，用 10%H_2SO_4溶液吸收氨。

所用气体分析仪如图 5-7 所示。在安装前，应将各玻璃部件洗涤干净，然后用橡皮管小心地将有关部件连接起来，此时应使玻璃管端对紧，并在每个旋塞上涂以润滑剂。在各个吸收瓶中分别注入相应的吸收剂溶液，其顺序如图 5-7 所示。在吸收剂上加入数毫升液体石蜡，以免空气与吸收剂接触，影响吸收效能。水准瓶中加入封闭液、1~2 滴 10%H_2SO_4溶液以及数滴甲基橙溶液。量气管水套中注入蒸馏水，爆燃管用导线与电火花发生器相连接，接好开关及电源。

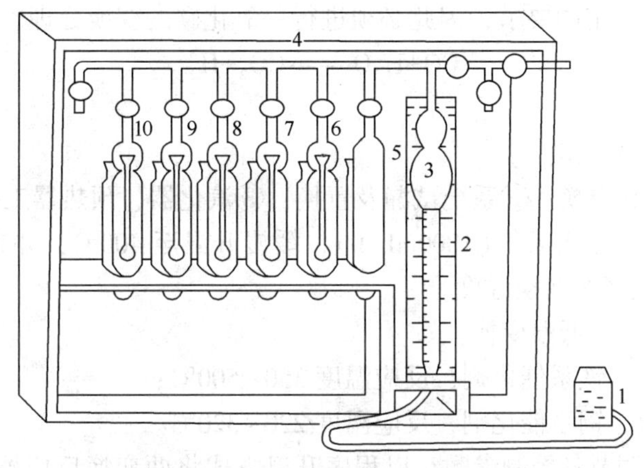

图 5-7　奥氏气体分析仪

1—水准瓶；2—水套管；3—量气管；4—梳形管；5—爆燃管；6—二氧化碳吸收瓶；7—氧气吸收瓶；8、9—一氧化碳吸收瓶；10—吸收瓶(内装 10%硫酸溶液)

然后应检查仪器是否漏气。为此，可借水准瓶使各吸收瓶及爆燃管内溶液上升至标线，关闭各旋塞。再将量气管内气体排出，关闭旋塞使量气管与大气隔绝。把水准瓶放在地板上，如量气管内液面稍微下降后保持不变，并且各吸收瓶及爆燃管内的液面也保持不变，表示仪器不漏气。如液面下降，则有漏气之处，应检查出来。漏气部位一般在橡皮管连接处或旋塞处，应加以补救。

② 测定步骤。接上取样管(或球胆)，打开旋塞，放低水准瓶，使样气吸入量气管中少许。然后转动旋塞，使之通大气，提高水准瓶使量气管中液面上升至标线，以排出气体。如此重复 3~4 次，以置换除去梳形管及各支管中的空气，然后准确取样气 100mL。

借水准瓶将样气送入 CO_2 吸收瓶中，进行吸收，反复吸收 6~7 次，至气体体积不变，记下读数，设为 D_1。余气送入 O_2 吸收瓶中，反复吸收 6~7 次，至气体体积不变，记下读数，设为 D_2。余气再送入 CO 第一吸收瓶中，反复吸收 6~7 次，再送入 CO 第二吸收瓶中，反复吸收 6~7 次；然后再送入 H_2SO_4 吸收瓶中，反复吸收 2~3 次以除去 NH_3，直至气体体积不变，记下读数，设为 D_3。

排去前述吸收操作后的部分余气，准确保留余气至量气管的刻度 25mL 处，加入 75mL 空气，送入爆燃管，点火使之爆燃。记下爆燃后所减少的体积，设为 V。然后将余气送入 CO_2 吸收瓶中吸收 6~7 次，至气体体积不变，记下被吸收的体积，设为 V_{CO_2}。

③ 数据处理。根据上述测定结果按下式计算各组分的百分含量。

$$CO_2 = 100 - D_1$$

$$O_2 = D_1 - D_2$$

$$CO = D_2 - D_3$$

$$CH_4 = V_{CO_2} \times \frac{D_3}{25}$$

$$H_2 = 2/3(V - 2V_{CO_2}) \times \frac{D_3}{25}$$

$$N_2 = 100 - CO_2 - O_2 - CO - CH_4 - H_2$$

2. 一氧化碳的中、低温变换(变换反应器 ϕ38mm×1m)

净化后的合成气中主要组分是 CO、CO_2、H_2，要将合成气作为合成甲醇、氨的原料，

合成气中 CO/H_2 比有一定的要求，因此必须进行一氧化碳的变换处理。

变换反应原理：　　　　$CO+H_2O \longrightarrow CO_2+H_2$

3. 操作过程

(1) 变换前的准备工作：

①催化剂的装填和更换；②系统试漏及置换；③汽化器、预热器工作状态检查。

(2) 催化剂还原，通入氮气(1000mL/h)，缓慢升温至 400℃，并在此温度和流量下维持 1~2h，然后将温度降至变换温度。

(3) 一氧化碳的中、低温变换：

① 中温变换反应，铁系催化剂，反应温度 350~500℃；

② 低温变换反应，铜系催化剂，反应温度 220~320℃。

开启控制装置，调节各控制参数，以程序升温方式将两变换反应器的温度升至规定值，先通入水蒸气 10min，然后再通入合成气进行变换反应，检测变换气组成。改变操作参数，重复上述操作至变换气合格。

4. 操作要求

(1) 变换反应前先通水蒸气数分钟后，再通合成气。

(2) 系统最高允许压力 1.5MPa。

(3) 变换反应结束时，先断合成气，数分钟后再断水蒸气。

第七节　小型提升管法催化裂化实训装置

一、概述

所谓裂化就是将高沸点大分子量的烃类转变成为低沸点小分子量烃类的加工方法，称为裂化。裂化根据加工方式不同，分为热裂化、催化裂化、减黏裂化和加氢裂化。本装置主要讨论催化裂化。

小型提升管催化裂化实验装置与工工业生产装置相比，具有工艺原理相同、工艺流程相近、工艺设备相似、工艺控制手段基本同步、操作灵活简便、开停工方便、采集的实验数据真实可靠等优点，是摸索工艺条件、制定生产方案、评价催化荆的有效手段。

(一) 工艺流程簿述

小型催化裂化装置由原料预处理、反应、再生、气液分离、供热控制、公用工程和简易蒸馏等系统构成。

1. 原料预处理

原料预处理系统由原料缸、电子计量器、原料泵和加热炉等设备组成。

原料走向为：油缸—油泵—加热炉—提升管。

水蒸气定向为：水缸—水泵—加热炉—反应器—汽提器。

2. 反应再生

反应再生系统由提升管、反应器、反应沉降器和再生器构成。

油气走向：油泵—加热炉—反应器—反应沉降器—气固分离器—蒸馏系统。

催化剂走向：再生剂(输送弯管)—反应器—反应沉降器—汽提段—再生沉降器—再生器—输送弯管。

烟气走向：再生器—再生沉降器—烟气冷却器—烟气流量计—大气。

3. 分馏

该分馏系统的作用是将反应油气进行气液分离，由分馏塔、油气冷凝器、油气分离器等构成。

油气走向：反应油气—分馏塔—油气冷凝器—气液分离器—油气计量器—排空。

4. 供热温控系统

该系统由动力电源、控制柜，各种测量仪表、各种控制设备等组成。

（1）供热电源共分十四路：第一路加热炉；第二路加热炉出口；第三路反应沉降器；第四路气体器；第五路再生沉降器；第六路反应器下段；第七路反应器上段；第八路汽提器；第九路再生器上段；第十路：再生器下段；第十一路输送弯管；第十二路管线保温；第十三路油缸保温；第十四路泵头保温。

（2）动力电源分两路：第一路水泵；第二路油泵。

（3）温度调节显示共分十四路：第一路加热炉温控；第二路加热炉出口温控；第三路反应沉降器温控；第四路气体器温控；第五路再生沉降器温控；第六路反应器下段温控；第七路反应器上段温控；第八路汽提器温控；第九路再生器上段温控；第十路再生器下段温控；第十一路输送弯管温控；第十二路管线保温温控；第十三路反应器出口温度显示；第十四路油缸保温温控。第十四路泵头保温温控。

5. 公用工程系统

公用工程系统包括供排水系统、压缩机(鼓风机)系统、惰性气体吹扫系统、去离子水处理系统、供电系统、油品蒸馏系统等组成。

（二）原料及产品

（1）原料：工艺用原料油为柴油、重油、洗涤用油、减压馏分油、航空洗涤用油等；催化剂用分子筛微球催化剂。

（2）产品：可收取产品有：汽油组分、柴油组分、催化重油和裂化气等。

二、工艺文件准备及要求

（一）实训目的

（1）通过催化裂化工艺实验，使学生能够对催化裂化工艺过程、原理、工艺条件、设备结构有更深刻的掌握。

（2）使学生掌握催化裂化装置操作要点。

（3）使学生进一步了解油品性能和油品分析方法。

（4）使学生分析问题、解决问题的能力得到进一步提升。

（二）实训要求

（1）熟练掌握实训装置的组成和工艺过程，并能绘制带控制点的工艺流程图。

（2）熟练掌握实训装置的操作规程及各种参数的调节方法。

（3）能够独立完成装置操作，并能解决装置运行过程出现的异常情况。

（4）了解油品分析方法，进行油品检测。

（5）能够撰写工程实训报告。

（三）实训准备

（1）工艺文件准备：工艺原理、工艺条件、操作规程、分析方法等。

(2) 设备准备：反应系统、再生系统、流体输送系统、加热系统、控制系统、公用工程系统全部处于正常状态。

(3) 原料准备：准备好不同的裂化原料，了解原料的理化性能。

三、工艺流程

小型提升管法催化裂化装置工艺流程如图 5-8 所示。

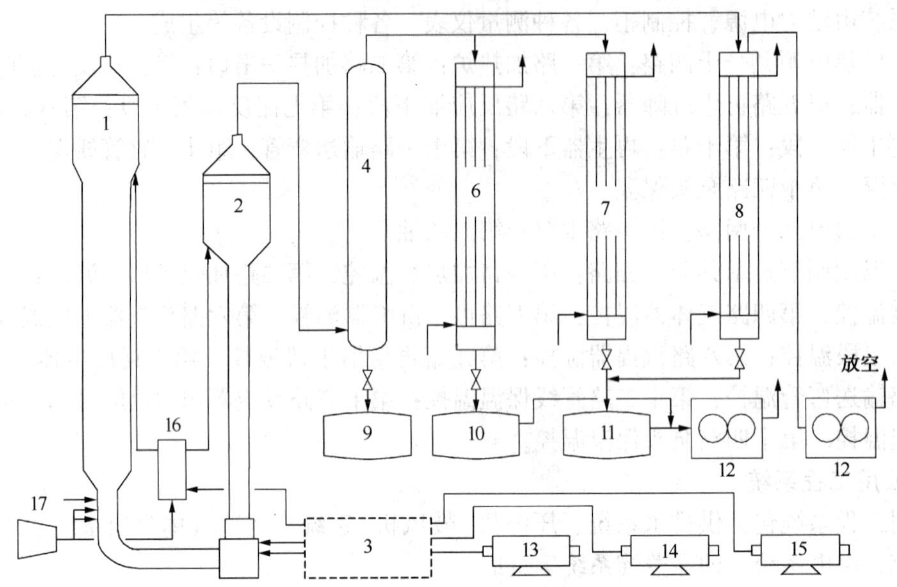

图 5-8 小型提升管法催化裂化装置工艺流程图

1—再生反应器；2—裂化反应器；3—加热炉；4—分馏塔；6、7—冷凝器；
8—烟道气冷凝器；9—裂化汽油储罐；10、11—裂化重油储罐；12—气体计量仪；
13—裂化原料泵；14—汽油泵；15—水泵；16—气体缓冲罐；17—压缩机

四、操作规程

(一) 装置开工

开工过程是为了完成实验目的，根据工艺要求和设备性能而制定的科学合理的开工方案的综合实施过程。要求所有参与人员须对工艺原理及流程熟记于心，熟知控制原理和控制参数及控制流程，所有参与人员应熟记开工方案，方能顺利完成开工过程。

开工过程由进气、装剂、冷流化、热流化(升温)、进水、换气、进柴油、换重油八个步骤完成。

第一步：进气。开气顺序为：模拟、气升、松动、分散、汽提再生、调催化剂量。

在开气过程中如发现有堵塞现象应及时处理，各路风量加应按下述范围调节：

模拟：180~200L/h；气升：180L/h；松动：10~20L/h；分散：150~180L/h；汽提：180~200L/h；再生：400~480L/h；剂量：150~200L/h。

第二步：装剂。装置内催化剂可维持在 1.5~2.5kg 之间，可根据试验要求装入一定量的经过筛分的催化剂。

第三步：冷流化。调节各路风量及催化剂量，使系统内达到正常流化状态，流化正常与否可从两器压差及汽提段压力与气升和反应器压力的波动过程观察。

反应器压强 mm H_2O　　　　　　再生器压强 mm H_2O

反应与汽提压差 mm H_2O　　　　汽升与汽提压差 mm H_2O

第四步：热流化。当冷流化正常后即开始升温达到热流化状态，升温过程为定时升温，升温速度为再生器每小时升温不超过250℃，其他各点温度应与再生温度同步成比生温。

第五步：进水。待热流化状态正常后，即由去离子水替代分散和汽提两路空气，进水量为：分散150g/h，汽提200g/h。

水气置换时因蒸汽量骤增，可造成系统中压力急剧变化，因而应将测压点通道关闭，待水运正常后方可打通测压通道。

第六步：换气。在开停工过程及正常运行过程中，反应系统运行压缩空气均用氮气替代（包括气升器）。目的是保证安全平稳运行，避免系统内发生燃烧现象。

换气时先打开氮气，反应与再生系统中间连接的连接阀也随之关闭。确保再生与反应系统隔离。

第七步：进柴油。待反应系统由氮气置换并平稳运行后即进柴油。先打开油泵，待放空位出油后，关闭放空阀，开启进料阀，待油进入装置后关闭模拟气路。在进油时亦因系统内同时进入油和气体，因量的增大会使测压点急剧波动，因而也应切断测量通道，待关闭氮气运行正常后打开测量通道。

第八步：换油。待柴油反应正常后，即清出柴油，换入原料油，观察分馏塔底反应物正常后即完成了全部开工过程，此时应更换受液瓶，开启记录系统，记录各操作参数、时间、油量及水量。

（二）生产状态运行操作

生产过程运行操作应维持流量、温度、压力诸参数的平稳运行，发现问题应及时分析处理，确保装置运行的平稳进行。

流量：进料量为油1kg/h，汽提水200g/h，分散水150g/h，恒定气体流量各路平稳运行时，即能保持系统内的物料平衡，若需调整系统内流量，应首选剂料量进行调节，每次调整幅度不大于10%。

温度：当流量恒定时，温度控制即为主要因素，因温度的变化可导致裂化深度，产物收率发生量的变化，进而导致系统内物料流及压力发生变化，所以应及时观察各点温度的细微变化，确保生产运行的正常进行。

主要温度控制参数如下：

加热炉420℃±5℃　　　　　　炉出口320℃±5℃

反应器上段500～540℃　　　　反应器下段500～540℃

反应沉降器400～450℃　　　　汽提器　440℃±5℃

气升器410℃±5℃　　　　　　反应器出口500～540℃

泵头保温70℃　　　　　　　　油缸保温72℃

管线保温72℃　　　　　　　　泵出入线58℃

生产运行条件不同，则操作压力不同，应根据运行要求确定合适的操作压力，压力平稳则运行正常，压力波动则操作不正常，因而应密切注视压力变化出现的问题，并及时分析处理。

再生器压力240mm H_2O（1mm H_2O=9.806Pa），反应器压力180mm H_2O，汽提-反应压差600mm H_2O，汽提气开500mm H_2O。

（三）停工

停工是开工的反顺序，停工过程由换油、换气、烧焦、冷循环、停气、放剂、清理油样、整理记录八个步骤完成。

第一步：换油。为维持油路畅通，将原料油切换为柴油，将原料缸中原料油放出，用柴油替代，待柴油进入装置后运行10~15min即完成过程。切换时应注意，原料油不能完全放空，以免造成抽空，而形成死床。

第二步：换气。当柴油完全替代原料油后关闭氮气，用压缩风替代反应系统内氮气，切换时应先打开空气阀，空气进入子系统后方能关闭氮气，同时用压缩空气分散水和汽提水。方法为：先开空气后停水，应事先切断测压通道。

第三步：烧焦。系统内加热烧焦10~15min，至催化剂样表面结焦完全烧尽时为止。

第四步：冷循环。停电峰温冷至200℃左右时停气。

第五步：停气。停气顺序为：剂量、再生、汽提、分散、模拟、松动、气升。

第六步：放剂。放出系统内催化剂、称量，计算损耗量。

第七步：清理油样。将试样生成油脱水后集中计量，计算出液体产物放出。

第八步：整理试样记录。对操作记录认真进行校核整理，对各相关实验参数均记录在案，为实验报告的撰写提供可靠的数据。

（四）油品蒸馏及分析

实验所得油样经蒸馏、分析后方能获得所有实验数据，因此，应对油品进行蒸馏和分析。

1. 油品蒸馏

油品通过简易蒸馏装置蒸馏后，将油品分为汽油馏分、柴油馏分和重油。简易蒸馏装置主要由调温加热装置、蒸馏瓶、冷却管及配套元件构成。

蒸馏由安装调试设备、称量油样、蒸馏和记录整理数据四个步骤完成。

2. 油品分析

对实验所得汽油馏分和柴油留分进行较全面分析，将分析结果与原料进行对比，可得出原料油经催化裂化加工后，本成品的结构和性质所发生的变化，并找出生产过程中所存在的问题以及相关参数、应调节的幅度范围，并制定新的试验方案。

汽油组分应做如下项目的分析：馏程、密度、碘值、辛烷值。

柴油组分应做如下项目的分析：馏程、密度、闪点、黏度、凝点、十六烷值。

各分析项目都要作好详尽的原始记录。

附录1 常用绘制工艺流程图设备图例

类别	代号	图　例
塔	T	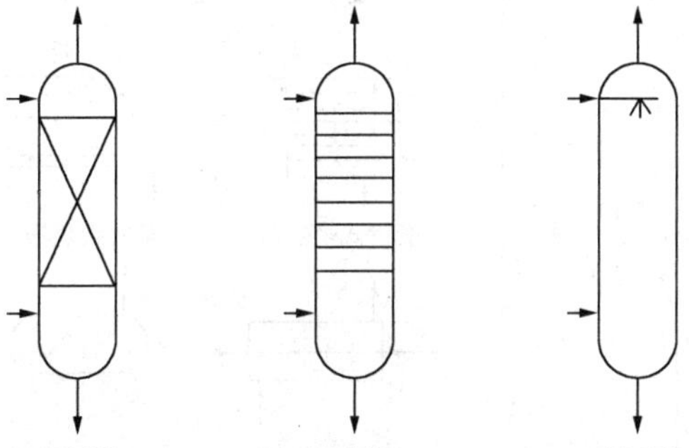 填料塔　板式塔　喷洒塔
塔内件		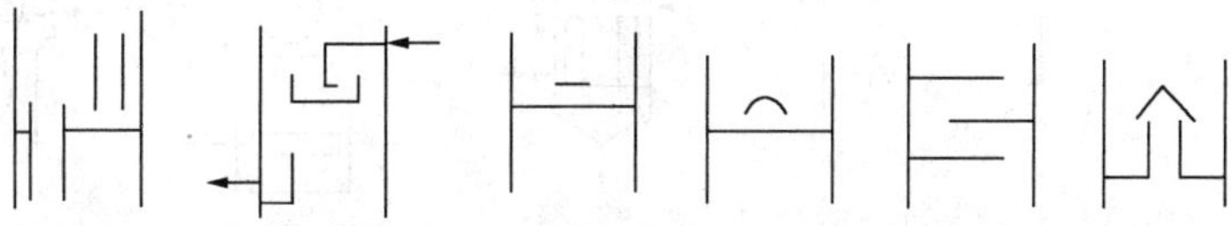 降液管　受液盘　浮阀塔塔板　泡罩塔塔板　格筛板　升气管  湍球塔　筛板塔塔板　分配（分布）器、喷淋器　（丝网）除沫层　填料除沫层
反应器	R	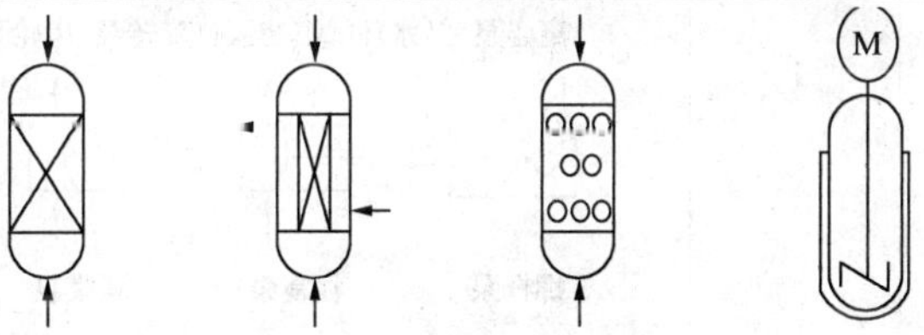 固定床反应器　列管式反应器　流化床反应器　反应釜（带搅拌、夹套）
工业炉	F	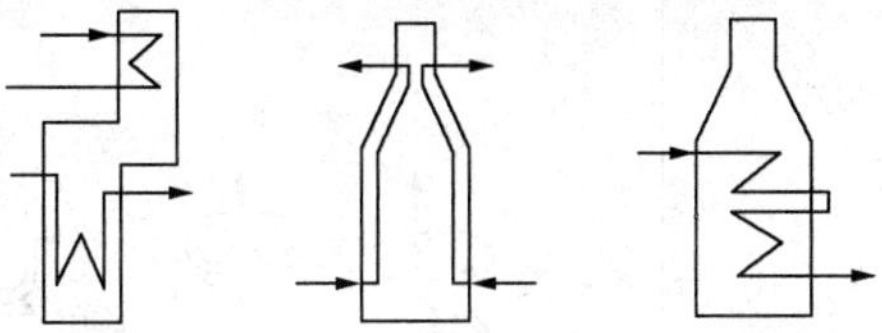 箱式炉　圆筒炉　圆筒炉
火炬烟囱	S	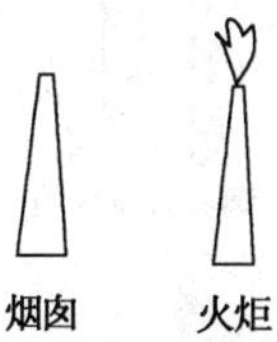 烟囱　火炬

续表

类别	代号	图例
换热器	E	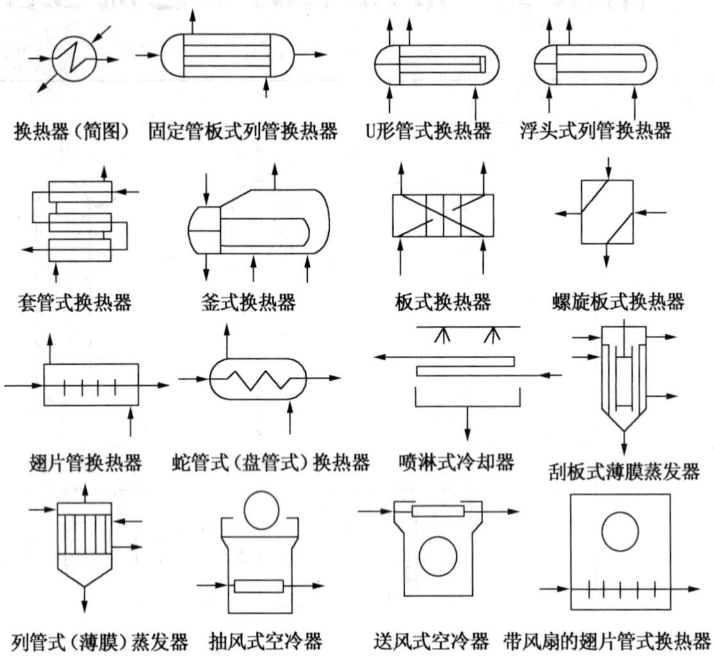 换热器（简图） 固定管板式列管换热器 U形管式换热器 浮头式列管换热器 套管式换热器 釜式换热器 板式换热器 螺旋板式换热器 翅片管换热器 蛇管式（盘管式）换热器 喷淋式冷却器 刮板式薄膜蒸发器 列管式（薄膜）蒸发器 抽风式空冷器 送风式空冷器 带风扇的翅片管式换热器
泵	P	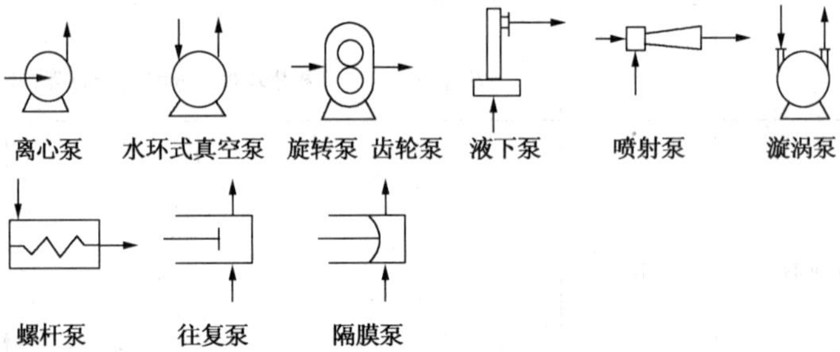 离心泵 水环式真空泵 旋转泵 齿轮泵 液下泵 喷射泵 漩涡泵 螺杆泵 往复泵 隔膜泵
压缩机	C	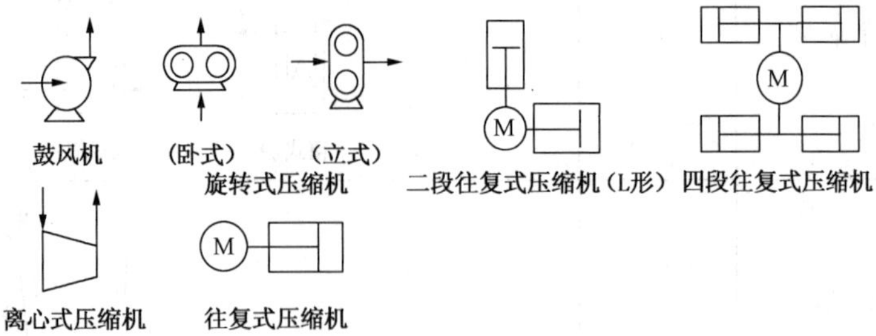 鼓风机 （卧式） （立式） 旋转式压缩机 二段往复式压缩机（L形） 四段往复式压缩机 离心式压缩机 往复式压缩机

类别	代号	图例
容器	V	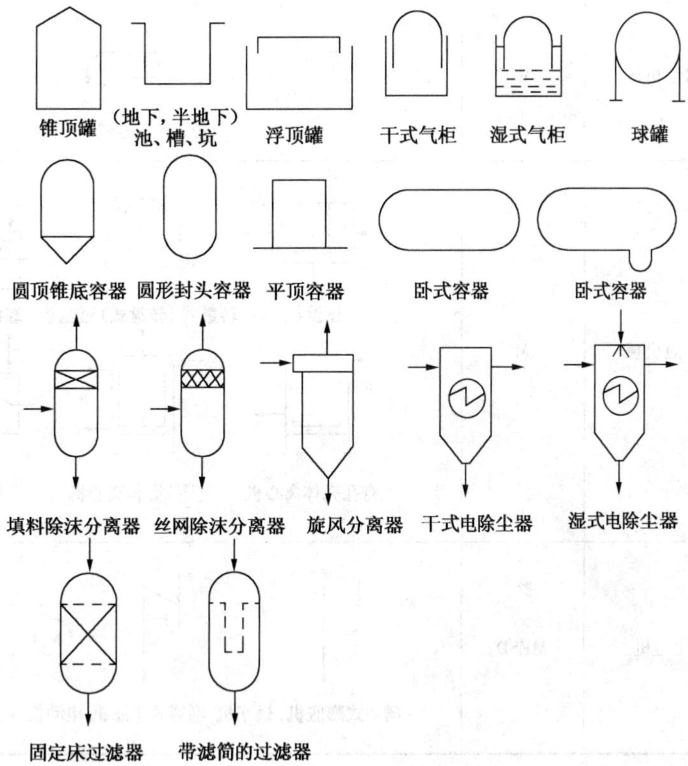 锥顶罐 （地下，半地下）池、槽、坑 浮顶罐 干式气柜 湿式气柜 球罐 圆顶锥底容器 圆形封头容器 平顶容器 卧式容器 卧式容器 填料除沫分离器 丝网除沫分离器 旋风分离器 干式电除尘器 湿式电除尘器 固定床过滤器 带滤筒的过滤器
设备内件、附件		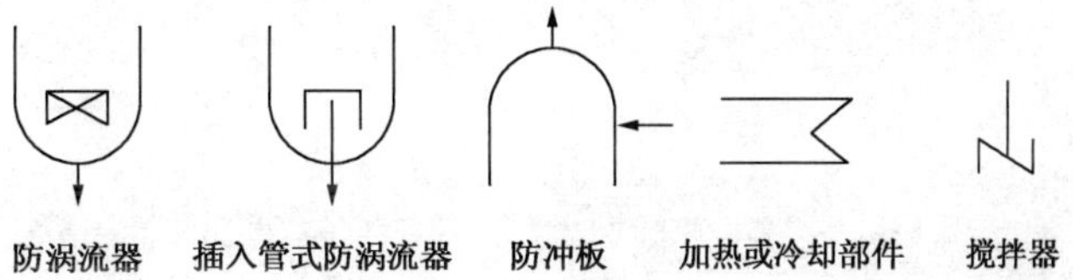 防涡流器 插入管式防涡流器 防冲板 加热或冷却部件 搅拌器
起重运输机械	L	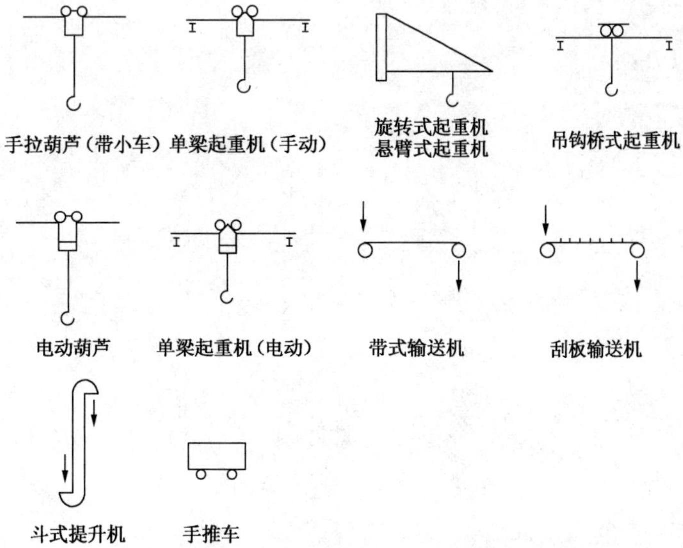 手拉葫芦（带小车） 单梁起重机（手动） 旋转式起重机 悬臂式起重机 吊钩桥式起重机 电动葫芦 单梁起重机（电动） 带式输送机 刮板输送机 斗式提升机 手推车

续表

类别	代号	图例
称量机械	W	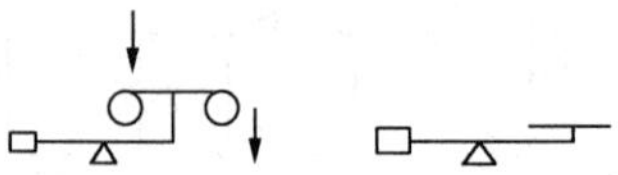 带式定量给料秤　地上衡
其他机械	M	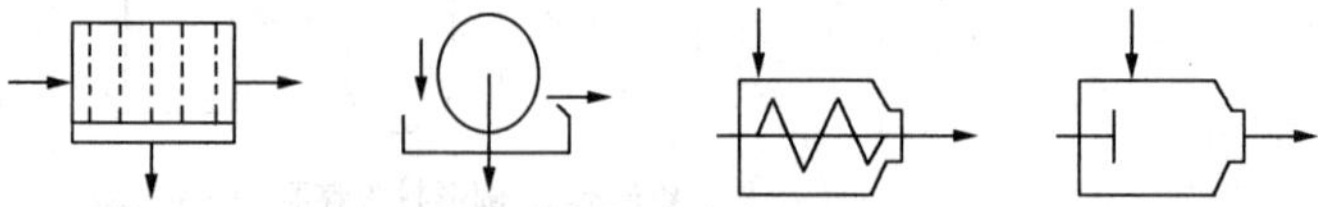 压滤机　转鼓式（转盘式）过滤机　螺杆压力机　挤压机 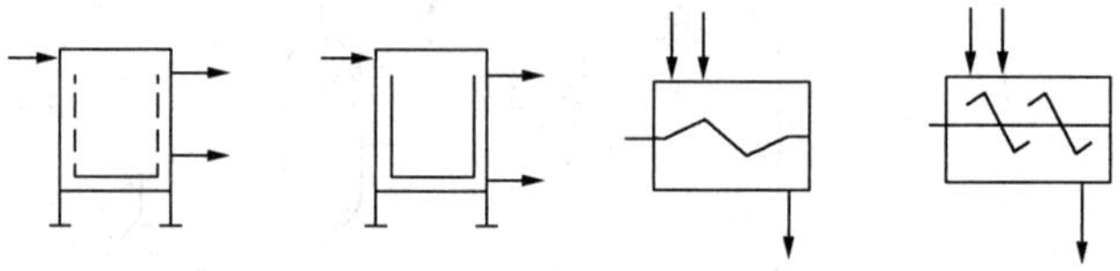 有孔壳体离心机　无孔壳体离心机　揉合机　混合机
动力机	MESD	 离心式膨胀机、透平机　活塞式膨胀机　电动机　内燃机、燃气机　汽轮机　其他动力机 M　E　S　D

附录 2　常用酸碱的密度和浓度

试剂名称	密度/(g/mL)	ω/%	c/(mol/L)
盐　酸	1. 18～1. 19	36～38	11. 6～12. 4
硝　酸	1. 39～1. 40	65～68	14. 4～15. 2
硫　酸	1. 83～1. 84	95～98	17. 8～18. 4
磷　酸	1. 69	85. 0	14. 6
高氯酸	1. 68	70. 0～72. 0	11. 7～12. 0
冰乙酸	1. 05	99. 0～99. 8	17. 4
氢氟酸	1. 13	40. 0	22. 5
氢溴酸	1. 49	47. 0	8. 60
氨　水	0. 88～0. 90	25. 0～28. 0	13. 3～14. 8

附录3 某些二元物系的气液平衡组成

1. 乙醇-水(101.3kPa)

乙醇摩尔分数		温度/℃	乙醇摩尔分数		温度/℃
液相	气相		液相	气相	
0.00	0.00	100	0.3273	0.5826	81.5
0.0190	0.1700	95.5	0.3965	0.6122	80.7
0.0721	0.3891	89	0.5079	0.6564	79.8
0.0966	0.4375	86.7	0.5198	0.6599	79.7
0.1238	0.4704	85.3	0.5732	0.6841	79.3
0.1661	0.5089	84.1	0.6763	0.7385	78.74
0.2337	0.5445	82.7	0.7472	0.7815	78.41
0.2608	0.5580	82.3	0.8943	0.8943	78.15

2. 苯-甲苯(101.3kPa)

苯摩尔分数		温度/℃	苯摩尔分数		温度/℃
液相	气相		液相	气相	
0.00	0.00	110.6	0.592	0.789	89.4
0.088	0.212	106.1	0.700	0.853	86.8
0.200	0.370	102.2	0.803	0.914	84.4
0.300	0.500	98.6	0.903	0.957	82.3
0.397	0.618	95.2	0.950	0.979	81.2
0.489	0.710	92.1	1.00	1.00	80.2

3. 氯仿-苯

氯仿质量分数		温度/℃	氯仿质量分数		温度/℃
液相	气相		液相	气相	
0.10	0.136	79.9	0.60	0.75	74.6
0.20	0.272	79.0	0.70	0.83	72.8
0.30	0.406	78.1	0.80	0.900	70.5
0.40	0.530	77.2	0.90	0.961	67.0
0.50	0.650	76.0			

4. 水-醋酸

水摩尔分数		温度/℃	水摩尔分数		温度/℃
液相	气相		液相	气相	
0.00	0.00	118.2	0.833	0.886	101.3
0.270	0.394	108.2	0.886	0.919	100.9
0.455	0.565	105.3	0.930	0.950	100.5
0.588	0.707	103.8	0.968	0.977	100.2
0.690	0.790	102.8	1.00	1.00	100.0
0.769	0.845	101.9			

5. 甲醇-水

甲醇摩尔分数		温度/℃	甲醇摩尔分数		温度/℃
液相	气相		液相	气相	
0. 0531	0. 2834	92. 9	0. 2909	0. 6801	77. 8
0. 0767	0. 4001	90. 3	0. 3333	0. 6918	76. 7
0. 0926	0. 4353	88. 9	0. 3513	0. 7347	76. 2
0. 1257	0. 4831	86. 6	0. 4620	0. 7756	73. 8
0. 1315	0. 5455	85. 0	0. 5292	0. 7971	72. 7
0. 1674	0. 5585	83. 2	0. 5937	0. 8183	71. 3
0. 1818	0. 5775	82. 3	0. 6849	0. 8492	70. 0
0. 2083	0. 6273	81. 6	0. 7701	0. 8962	68. 0
0. 2319	0. 6485	80. 2	0. 8741	0. 9194	66. 9
0. 2818	0. 6775	78. 0			

附录4 某些三元物系的气液平衡组成

1. 丙酮(A)-氯仿(B)-水(S)(25℃，均为质量分数)

氯 仿 相			水 相		
A	B	S	A	B	S
0.090	0.900	0.010	0.030	0.010	0.960
0.237	0.750	0.013	0.083	0.012	0.905
0.320	0.664	0.016	0.135	0.015	0.850
0.380	0.600	0.020	0.174	0.016	0.810
0.425	0.550	0.025	0.221	0.018	0.761
0.505	0.450	0.045	0.319	0.021	0.660
0.507	0.350	0.080	0.445	0.045	0.510

2. 丙酮(A)-苯(B)-水(S)(30℃，均为质量分数)

苯 相			水 相		
A	B	S	A	B	S
0.058	0.940	0.002	0.050	0.001	0.949
0.131	0.867	0.002	0.100	0.002	0.898
0.304	0.687	0.009	0.200	0.004	0.796
0.472	0.498	0.030	0.300	0.009	0.691
0.589	0.345	0.066	0.400	0.018	0.582
0.641	0.239	0.120	0.500	0.041	0.459